Will / Wünsch / Polewsky

Info-, Lern- und Change-Events

Hermann Will / Ulrich Wünsch / Susanne Polewsky

Info-, Lern- und Change-Events

Das **Ideenbuch** für Veranstaltungen:
Tagungen, Kongresse und große Meetings

Beltz Verlag · Weinheim und Basel

Dr. Hermann Will und **Susanne Polewsky** sind Trainer, Berater und Moderatoren. Arbeitsschwerpunkte bei WUP WILL UND PARTNER: Konzeptionsentwicklung, Beratung, Mitarbeit und Moderation »Inszenierter Arbeitstagungen«, »Lern-Events« und Kongresse. Akzent auf Aktivierung und Einbeziehung der Teilnehmerinnen und Teilnehmer und des Managements.
Homepage: www.wup.info

Professor Ulrich Wünsch, Head of Event-Management, Internationale Fachhochschule Bad Honnef-Bonn. Event-Berater, Konzeptentwickler. Arbeitsschwerpunkte: größer dimensionierte Corporate-, Public- und Consumer-Events.
Homepage: www.congruens.de

Lektorat: Ingeborg Sachsenmeier

www.beltz.de
Herstellung: Klaus Kaltenberg
Satz: Druckhaus »Thomas Müntzer«, Bad Langensalza
Druck: Druck Partner Rübelmann, Hemsbach
Umschlaggestaltung: glas ag, Seeheim-Jugenheim
Umschlagabbildung: Fotolia Deutschland, Berlin
Printed in Germany

ISBN 978-3-407-36464-7

Inhaltsverzeichnis

Orientierung

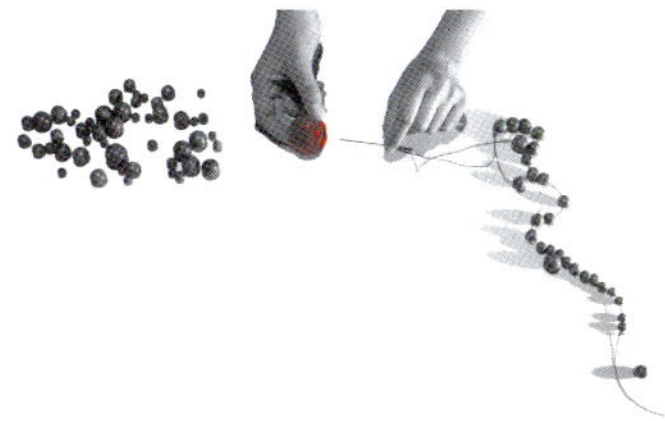

Teil A
Recherchen: Was Auftraggeber, Stakeholder und Teilnehmer wollen

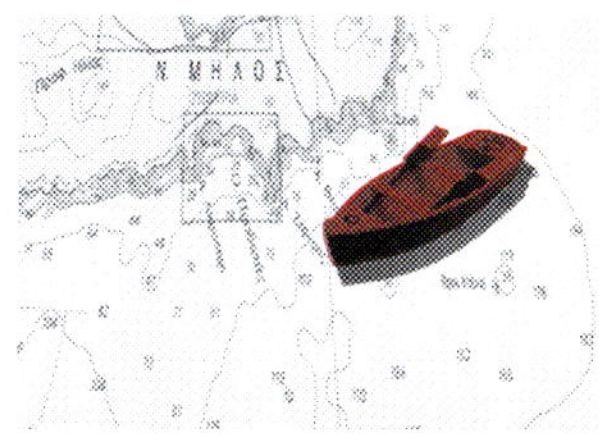

Teil B
Eckdaten: Veranstaltungsparameter und Philosophien

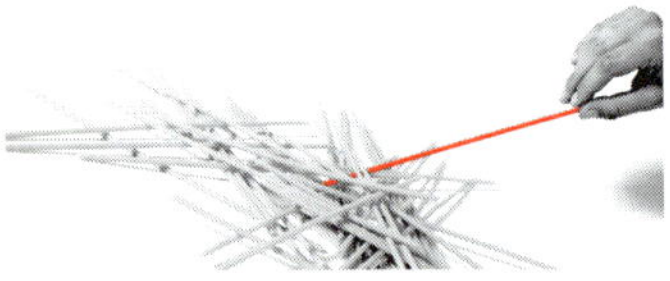

Teil C
Formate: Typen und Konzepte

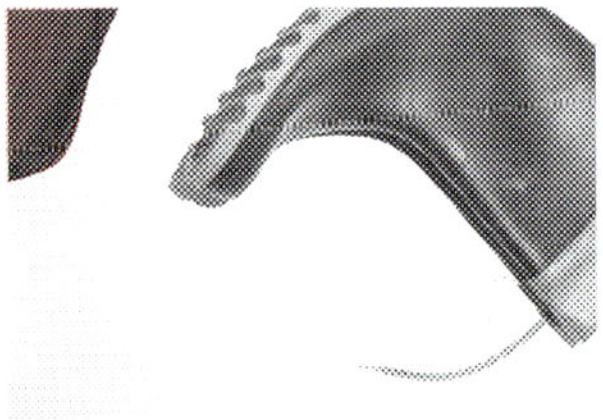

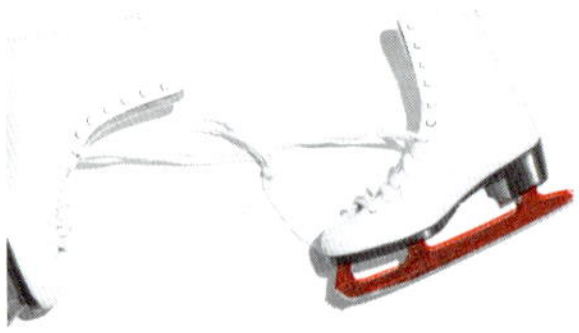

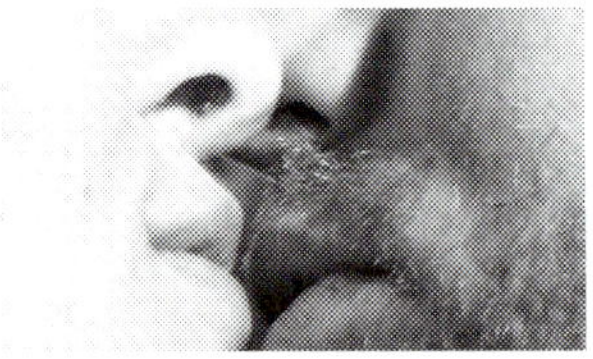

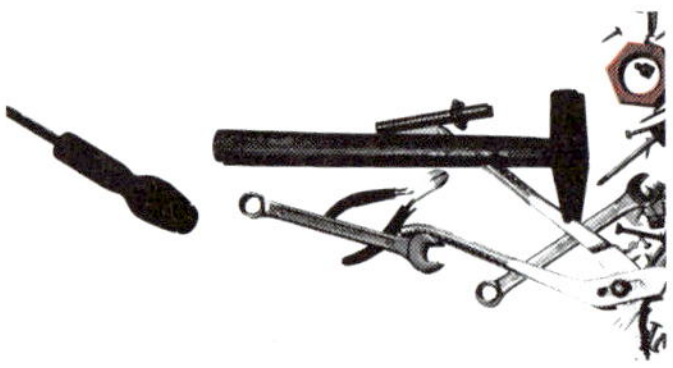

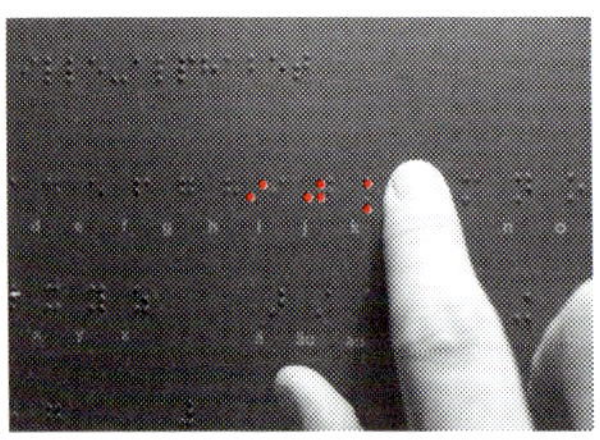

Teil E
Planen und Nägel mit Köpfen machen

Teil F
Nachhaltigkeit: Umwelt und Evaluation

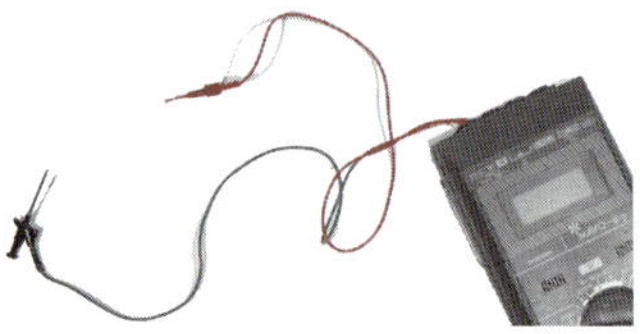

Teil G
Ideen-Pool: Mitdenker, Bücher, Bilder

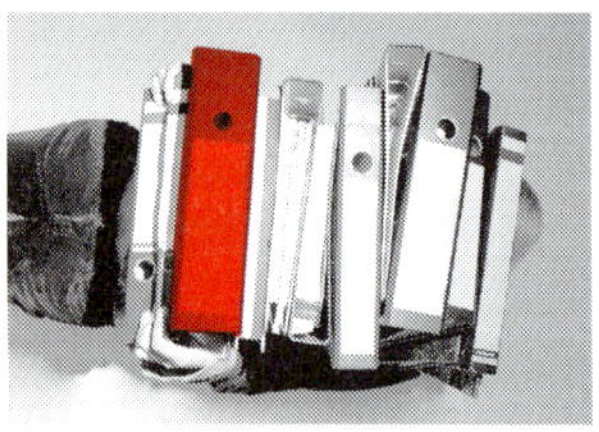

Vorwort

0

Wir hatten eben unsere 6. Sommer-Akademie Veranstaltungs-Designs mit 130 aktiven Teilnehmern und Impulsgebern abgeschlossen. Zum Entspannen wanderten wir ein paar Tage später zum Ross- und Buchstein. Auf einer sonnigen Almwiese unter dem Buch(!)stein liegend (wir hätten gewarnt sein sollen!), kam wieder der schon oft aufgeschobene Gedanke: »Veranstalten wir eine 7. Sommer-Akademie?« Da meldete sich eine innere Stimme: »Nicht schon wieder! Macht stattdessen ein Buch zum Thema, das ist weniger Arbeit!« – Susanne Polewsky und Hermann Will folgten der Eingebung und fanden als Mitstreiter Ulrich Wünsch, der bei der Sommer-Akademie schon als Impulsgeber mitgewirkt hatte. Sein Arbeitshintergrund der großen Kommunikations-Events war die ideale Ergänzung zu unseren Erfahrungen mit Inhouse-Mitarbeiter-Veranstaltungen für ganz verschiedene Unternehmen. Das Ergebnis der Alm-Eingebung liegt nun vor Ihnen.

Was Sie hier erwartet

Veranstaltungen, die etwas bewegen: Hier finden Sie Ideen und Beispiele für »merk-würdige« Events, die Themen in den Raum stellen, Menschen offen machen für das Zuhören und für den Dialog, die Organisationskontexte einbeziehen, »Publikum« in aktive »Teilnehmer« verwandeln. Sie finden Ideen für Veranstaltungen, die Lust machen, die im Gedächtnis bleiben und möglichst viel Energie für die anschließenden Folgeprozesse freisetzen.

Wer aus dem Buch Nutzen zieht: Alle, die im spannenden Grenzgebiet von Organisationsentwicklung, Lernen, Change- und Event-Veranstaltungen für 30 bis 300 Teilnehmer konzipieren, bestehende Designs »aufpeppen«, Events planen, verantworten oder moderieren. Dieses Ideenbuch zeigt eine Fülle von Anregungen, Beispielen, Ablaufplänen, Checklisten, Planungsparametern und Planungshilfen. Also all das, was man braucht für »schnörkelfreie« oder »inszenierte« Dialog-, Info-, Lern- und Change-Events, für Kongresse, Symposien, inszenierte Arbeitstagungen, Jahrestagungen, Projektleitertage, Mitarbeiter- und Infoveranstaltungen, Fusions-, Dialog- oder Führungsforen, Campus-Veranstaltungen, Auftakt-Events, Kick-offs … und wie sie alle heißen.

Brave Veranstaltungen gibt's genug!

Was die Autoren mit »Veranstaltungen« zu tun haben

Susanne Polewsky und Hermann Will: Wir von WUP WILL UND PARTNER (www.wup.info) kommen aus der Qualifizierungs-, Workshop-, Change- und Innovationskultur. Voll Lust auf Neues entstanden gemeinsam mit Auftraggebern Konzepte für ungewöhnliche Veranstaltungen im Rahmen von Entwicklungs-, Change- oder Fusionsprojekten. Wir brachten frischen Wind in allzu brave Event-Designs, kümmerten uns um das Einbeziehen von Mitarbeitern, trainierten Referenten, Führungskräften und hauseigene Moderatoren für ihre Auftritte, wir instruierten Schauspieler oder moderierten die ganze Veranstaltung von A bis Z. Parallel dazu wuchsen immer weitere Ideen in unseren mehrtägigen, offen ausgeschriebenen WUP Sommer-Akademien »Veranstaltungs-Designs«.

Ulrich Wünsch (www.congruens.de): Die Kollegen von WUP WILL UND PARTNER kannte ich von den inspirierenden Sommer-Akademien und hatte direkt Lust, an dem Werk mitzudenken und mitzuschreiben. Events beschäftigen mich seit langem: Zuerst war ich Dramaturg und Festspielleiter an diversen Stadttheatern und so mit Kunst und Kreativität befasst. Später habe ich als Kreativer und Berater Marketing-Events – hauptsächlich für die Industrie – umgesetzt und verantwortet, meistens mit großem Etat, für viele Gäste und europaweit. Das hatte durchaus mit Info, Lernen und Change zu tun, aber auch viel mit Technik, Sicherheit und Projektarbeit. Jetzt bin ich als (Teilzeit-)Professor für Event-Management an einer Fachhochschule angekommen. Seitdem berate und untersuche, trainiere und konzipiere ich entweder Großveranstaltungen oder Change-Events. Besonders das Thema Nachhaltigkeit mit all seinen Facetten hat es mir (schon seit Jahren) angetan, nun auch in Bezug auf Kommunikation und Events.

Herzlichen Dank an Impulsgeber, Illustratoren und Verlag

Veranstaltungen leben davon, dass schon im Vorfeld viele mitdenken und einbezogen werden. Das gilt auch für dieses Buch: Rund fünf Dutzend Kolleginnen und Kollegen baten wir um Anregungen, Beispiele, Fotos und um das Testlesen einzelner Kapitel. Für die Illustrationen initiierten wir gemeinsam – unterstützt vom Beltz Verlag – mit der Designschule München einen Wettbewerb für deren Studenten. Die besten Illustrationsteams machten sich dann mit hohem Engagement an die Arbeit. Hermann Beiler unterstützte uns mit Logistik und vielen guten Fotos aus unseren Veranstaltungen über die Jahre hinweg. Andreas Huber sorgte für Bilder im letzten Moment. Tobias Volke brachte die Fotos ins Druckformat. An all diese vielen »guten Geister« ganz herzlichen Dank. In Kapitel 24 und 26 finden Sie mehr darüber.
Unser Dank gilt auch Ingeborg Sachsenmeier und Klaus Kaltenberg vom Beltz Verlag. Ohne ihre Experimentierlust und Offenheit für unsere Ideen und Wünsche sähe das Buch anders aus. Frau Sachsenmeier hat bereits frühere WUP-Bücher lektoriert und uns bei der Suche nach attraktiver Gestaltung und Illustration sehr unterstützt – sie reiste unter anderem extra zur Entscheidung der Illustrations-Jury nach München. Und Klaus Kaltenberg als »Hersteller« hat sich für sein letztes »großes« Buch vor seinem verdienten Ruhestand auf arbeitsreiche Speziallayouts eingelassen – wir hoffen, er freut sich über das Ergebnis! Nicht zu vergessen beider Engelsgeduld, was die Fertigstellung unseres Manuskripts betraf, das sehr viel später fertig wurde, als eigentlich geplant!

Wie Sie dieses Buch am besten nutzen

Dicke Bücher liest man selten von vorne bis hinten. Darum haben wir dieses Ideenbuch als Fundgrube konzipiert: Starten Sie irgendwo bei einem Thema Ihrer Wahl und finden Sie dort Ideen, Beispiele, Checklisten, Lösungen oder Zündfunken fürs kreative Weiterspinnen. Beim nächsten Mal machen Sie sich an anderer Stelle auf die Suche. Folgen Sie also Ihrer Such- und Leselust!

Susanne Polewsky, polewsky@wup.info
Hermann Will, will@wup.info
Ulrich Wünsch, wuensch@congruens.de

1

Info-, Lern- und Change-Events

»Veranstaltungen« als Support für Lernen, Entwicklung und Veränderung. Im spannenden Grenzbereich von Beratung, Workshop, Organisationsentwicklung, Lernen und Veränderung, von Event-Kultur und Theater sehen wir unsere »Info-, Lern- und Change-Events«: Große Workshop-Tagungen, Projektleitertage, Seminare im Kongressformat, Mitarbeiter- und Infoveranstaltungen, Fusions- oder Dialogforen, Campusveranstaltungen, Auftakt-Events, Kick-offs, inszenierte Arbeitstagungen, Info-Tage aber auch Großgruppen-Events vom Typus Open-Space. Uns interessiert, wie man Veranstaltungen klug in Lern- und Veränderungsprozesse einfädeln kann.

Der eine wartet ,daSS die Zeit sich wandelt, der andere packt kräftig an und handelt.

Dante Alighieri

»Veranstaltung« oder »Event«? 1-1

Große Arbeitsmeetings und Zusammenkünfte gab es schon immer – als Stammesrat, belehrendes Theater, Predigt, Fest oder Kult. Heute heißen solche Veranstaltungen unter anderem Kongress, Forum, Symposium, Tagung, Convention oder Großgruppenmeeting.

Was »unsere« Veranstaltungen gemeinsam haben. Wir konzentrieren uns hier auf vorbereitete und geplante Zusammenkünfte, die um ein möglichst »heißes« Thema kreisen. Die Teilnehmerzahl liegt zwischen 30 und 300 Personen aus einem »System« – also Betroffene, Unternehmensmitarbeiter, Verbandsmitglieder, Kunden oder Vertreter eines Berufsstandes. Zur Teilnahme wird man eingeladen oder kann sich anmelden, falls man zur Zielgruppe gehört. Auftraggeber und Veranstalter wollen Botschaften absetzen, wollen Klarheit und Dialog, zielen auf Veränderung und »Bewegung«. Deshalb nennen wir diese Veranstaltungen Info-, Lern- und Change-Events.

Zwei konträre Begriffe für ein und dasselbe?

Veranstaltung: Das ist der klassische, aber nicht gerade aufregend klingende Überbegriff für alle großen und kleinen organisierten Meetings und Zusammenkünfte – vom regionalen Stadtfest, über Firmentagungen bis zum Wissenschaftskongress oder Großgruppenmeeting. Das »...ung« am Ende des Worts weckt bei manchen Assoziationen in Richtung fachlich-sachlich, seriös-schnörkelfrei – was kein Nachteil sein muss.

Event: Klingt poppiger und unterscheidet »Corporate Events« (Produkt-, Marken- und Unternehmensinszenierungen beispielsweise für Kunden und Händler), »Mitarbeiter-Events« (für die eigene Mannschaft) und »Public Events« (Info- und Image-Veranstaltungen für eine breite Öffentlichkeit). Auftraggeber und Teilnehmer erwarten organisatorisch und emotional Durchgestyltes – das Neue soll topp »ankommen«.

Denn eben wo Begriffe fehlen, da stellt ein Wort zur rechten Zeit sich ein …

Wir verwenden die Begriffe synonym. Spannender als feine Begriffsunterschiede, scheint uns die Idee, dass Veranstaltungen von der Event-Kultur Anleihen nehmen könnten. Im Gegenzug würde es manchen Events guttun, den Systemkontext mehr einzubeziehen, stärker auf Nachhaltigkeit zu achten und die Veranstaltungs-Energie aus Themen, Dialog und Betroffenheit zu gewinnen.

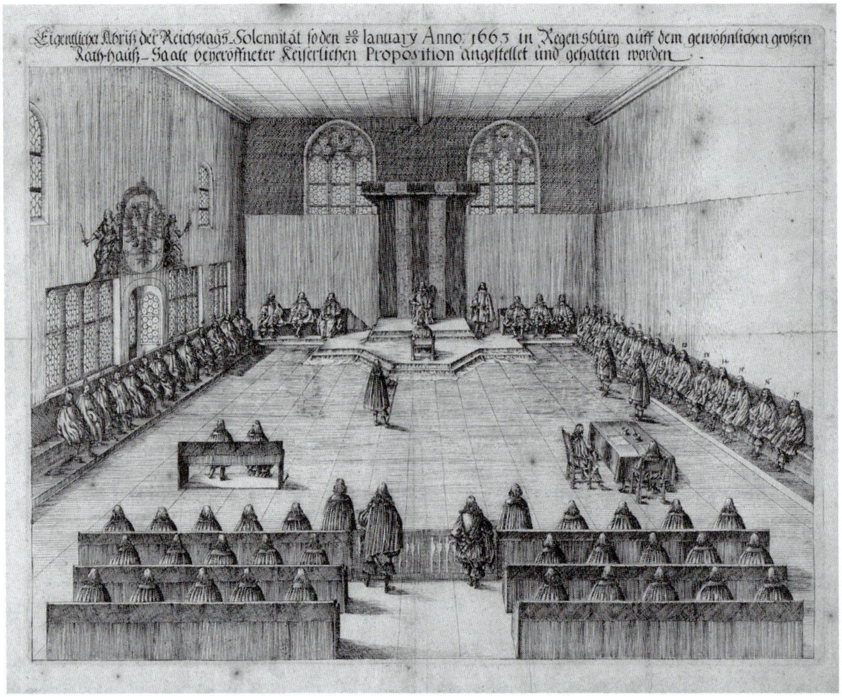

Veranstaltungen damals: Der »Immerwährende Reichstag« zu Regensburg, der von 1663 bis 1803 dauerte – eine Arbeitstagung mit naturgemäß wechselnder Besetzung

Veranstaltungskultur im Umbruch

1-2

Das Wort »Event« ist inflationär geworden. die einen nutzen es als Synonym für alles vom Workshop bis zum Bühnenhappening. Andere assoziieren damit »Fun and Entertainment«. Ob man es gut findet oder nicht: Es gibt den Trend zu mehr »Inszenierung«. Wer im Fernsehen, bei Bühnenshows und selbst bei Kirchentagen »Aktivierung« erlebt, erwartet auch bei Veränderungsprojekten, bei Kongressen, Arbeitstagungen und Schulungen mehr als trockene Vorträge.

»Schnörkellose« OE-, Workshop-, Lern- und Change-Kultur. Klischeehaft vereinfacht stehen diese Veranstaltungen im Rahmen von Organisationsentwicklung (OE), Change, Austausch und Lernen (vom Fachkongress bis zur Info-Messe) in der Tradition aufgeklärter, nüchterner, wortorientierter, »protestantischer« Denkweise: Intensiv, aber möglichst »ohne Sahne«. Langfristige Wirksamkeit zählt – nicht kurzfristiger Effekt. Die Veranstaltungsenergie kommt aus den heißen Themen, aus der Beteiligung und der Möglichkeit etwas zu bewegen.

»Barocke« Event-Kultur. Uns lässt sie an Action, Inszenierung und Theater danken, an Feuerwerk, Mysterienspiel, Kult, Prozession und katholisches Hochamt – mit Weihrauch und allem drum und dran. Erlebnis und beeindruckende Wirkung stehen im Zentrum. Langfristigkeit, System- und Kontexteinbindung, Beteiligung oder gemeinsam getragene Problemlösung haben weniger Bedeutung. Die Veranstaltungsenergie kommt überwiegend aus der Inszenierung.

Entwicklungszonen »zwischen« Event-, Workshop- und Lernkultur: Gut gemachte Tagungen und Workshops, gute Qualifizierungsprojekte und gute Events haben jeweils ihre Stärken. Spannend wird es, wenn man aus diesen Arbeitsfeldern das jeweils Interessanteste auswählt für Best-of-Mix-Designs – als Support für Wachstums-, Veränderungs- und Changeprojekte.

Die Szene im Umbruch: Event meets OE-Kultur! Inzwischen haben beide Seiten entdeckt, dass sie voneinander lernen können beziehungsweise, dass zwischen ihnen interessantes Neuland liegt. Die Event-Szene achtet mehr auf Kontext- und Managementeinbindung, auf Gesamtprozess, Langfristerfolg und Kosten-Nutzen-Relation. OE-, Workshop-, Lern- und Change-Verantwortliche haben mitbekommen, dass gezielt kreierte emotionale Erlebnisse der Sache guttun: »Ein wenig Klamauk kann nicht schaden«, denn »Menschen leben nicht nur vom Wort allein«. An dieser Schnittstelle bewegt sich unser Buch.

Veranstaltungen im 21. Jahrhundert: Der Zukunftskongress der Universität Freiburg zu ihrem 550-jährigen Bestehen. Hier offener Austausch im Foyer

Veranstaltungen als Change-Support

1-3

»Change is our Enemy!«

»Waste is our Enemy!« und »Change is our Challenge!« lauteten zwei auf Hochglanz gedruckte Slogans einer internationalen Unternehmensberatung für die Mitarbeiter eines traditionsreichen Pharmaunternehmens. Es dauerte nur drei Tage bis überall die Verballhornung zirkulierte. Die meisten Menschen sind nicht allzu sehr auf Veränderung aus – vor allem, wenn unentwegt alles in Bewegung gerät oder einem Veränderungsprozesse übergestülpt werden.

Events als Motor: Dinge ins Rollen bringen!

Es wird hoffentlich weiterhin »Events« geben, die einfach nur Spaß machen, bei denen man auf interessante Menschen und Themen trifft – ohne dass sich etwas »bewegen« soll. Aber hier reden wir von Veranstaltungen als Support für Lern-, Entwicklungs- und Veränderungsprozesse und nutzen alles an Methoden, was OE, Beratung, Change-Intervention, Training, Erlebnislernen, Theater und Eventkultur zu bieten haben.

Jeder Change-Prozess ist anders. Aber es gibt idealtypische Phasen: Problemwahrnehmung und Entwicklung von Lösungen im kleinen Kreis. Überraschung und Verwirrung der breiten Masse. Irritation, Skepsis und Widerstand auf vielen Ebenen. Latentes Hin und Her und – wenn es gutgeht – schrittweise Klärung, Akzeptanz und erfolgreiche Realisierung.

Einbetten in Kontext und Umfeld! Info-, Lern- und Change-Events haben ein soziales, wirtschaftliches und organisatorisches Umfeld. Sie initiieren und unterstützen Prozesse, sind Katalysator oder Hebel, achten auf Systembezüge, beziehen Teilnehmer und Hierarchien ein. Das tun sie mit einem Hauch Styling und professioneller Improvisation und behalten Ziele und Inhalte im Blick.

Menschen und Themen bewegen. Veranstaltungen dieser Art wollen etwas voranbringen, Themen in den Raum stellen, Menschen öffnen für das Zuhören, für Dialog, »Publikum« in aktive »Teilnehmer« verwandeln. Sie sollen Lust machen, im Gedächtnis bleiben und Energie freisetzen für Folgeprozesse.

Was ist das Besondere an »Change-Events«?

Zunächst einmal gar nichts! Prinzipiell unterscheiden sie sich nicht von anderen Veranstaltungen. Je nachdem, in welcher Phase des Change-Prozesses man sich befinden, wird man passend zu Zielen und Funktionen geeignete Formate, Designs und Methoden wählen. Folgende Event-Erfolgsfaktoren behält man besonders im Auge:

- **Change braucht Orientierung:** Gute Veränderungsprojekte haben attraktive Ziele und Visionen, für die das Engagement lohnt. Aber die und alle relevanten Hintergründe muss man transportieren. Das fordert ehrliche, klare und glaubwürdige Information.
- **Change lebt von Akzeptanz, Zustimmung und Unterstützung:** Nur was verstanden ist, kann umgesetzt werden! Einbahnstraßenkommunikation hat wenig Chancen oder kommt teuer. Stattdessen also möglichst vielfältig Gelegenheiten schaffen für Kommunikation: Vom Vermitteln der Ziele und Botschaften, Überzeugen und Ins-Boot-holen, über den Umgang mit Einwänden und Widerstand bis hin zum Einholen von Positionen, Erfahrungen und Vorschlägen.
- **Die richtige Intervention zum richtigen Zeitpunkt!** Je nach Grad der bereits erzeugten Irritation durch den Veränderungsprozess brauchen Events entweder Stabilisierung (Orientierung, Ruhe und Sicherheit), den »Schuss vor den Bug« (damit alle den Ernst der Lage mitbekommen), Raum für Enttäuschung, Angst und Trauer, Kommunikation zwischen den Betroffenen, Austausch mit dem Management, gemeinsames Entwickeln und Optimieren von Lösungswegen, Mut, Qualifizierung und die Lust auf neue Starts.
- **Veränderung braucht markante Designs:** Neues in alte Formen zu verpacken, beruhigt Ängstliche – ein Signal für Aufbruch ist das nicht. Also wird man Veranstaltungen so »anders« konzipieren, dass sie Signale setzen für Wandel und Veränderung. In jedem Fall sind Ehrlichkeit und Klarheit wichtiger als ein inszeniertes Spektakel.

1-4

Qualitätskriterien für Info-, Lern- und Change-Events

»Klasse Inszenierung, aber den Inhalt weiß ich nicht mehr ...!«

Was macht wirklich gute Info-, Lern- und Change-Events aus? Für uns als Berater, Konzipierer und Durchführer von Veranstaltungen sind folgende Qualitätskriterien zentral:

- **Kein Event ohne Sinn und Zweck:** Muss die Veranstaltung überhaupt stattfinden? Ist sie zum geplanten Zeitpunkt, mit dieser Zielsetzung, in diesem Umfang und mit der angepeilten Teilnehmerstruktur klug? Gibt es bessere Alternativmaßnahmen? Bitte nicht einfach nur »just for fun«!
- **Form folgt Funktion!** Zuschnitt und Ausgestaltung richten sich nach Aufgabenstellung, Zielen und Themen – und der Veranstaltungskultur im Unternehmen. Design und Inszenierung schaffen den Rahmen. Aber die »Verpackung« bleibt – und sei sie noch so illuster und aufwendig – Mittel zum Zweck.

if you
only look at
what **is,** you
might never
attain what could **be.**

Strategien und Vorgehen

2-1

Wer klärt eigentlich mit wem den Auftrag? Wer ist Auftraggeber, Expeditionsleiter und Sherpa? Wer spricht direkt mit wem?

Auftrag nach innen: Der Auftrag kommt von »Landesherren« oder Organisationsgremien, zum Beispiel von der Geschäftsführung, dem Chef einer großen Abteilung, der Leitung eines kommunalen Referats, der Spitze eines Verbandes, … Sie delegieren ihren Auftrag an interne Dienstleister (beispielsweise Unternehmenskommunikation, Marketing, Personalentwicklung, internes Veranstaltungsmanagement) oder an Projektteams. Die klären Ziele und Auftrag mit »oben«, entwickeln Konzept und Design und kümmern sich um die Umsetzung. Als interner Auftragnehmer kennen sie »den Laden« – klären müssen sie trotzdem einiges.

»Zwischenhändler« heuern Sherpas und Scouts an: Der Auftrag geht zuerst an die internen Dienstleister. Die kaufen dann Helfer von außen zu – als technischen Support, als Berater oder Moderatoren. Diese Externen haben nur begrenzt Zugang zu den Landesherren und klären Ziele und Auftrag überwiegend mit den internen »Zwischenhändlern«. Die sind zwar Entscheider für die jeweils nächsten Schritte, aber müssen sich intern Rückendeckung einholen und manchmal ist ihnen der »Auftrag von oben« auch nicht in allen Details klar. Das hat Konsequenzen auf Informationsqualität, Tempo und Entscheidungsbereitschaft.

Frühzeitig mitbekommen, wohin der Hase laufen soll!

Alles wird als Paket nach außen delegiert: In der Metaphorik der Expedition macht das der »Expeditionsleiter«. Der braucht besonders früh eine genaue Ziel- und Auftragsklärung, denn Nachjustieren kommt teuer, wenn der ganze Tross aufgebrochen ist.

Man ist sein eigener Auftraggeber: Man will die Veranstaltung selbst auf die Schiene setzen. Da wird man die Prüffragen der Ziel- und Auftragsklärung als Planungshilfe nehmen und so mögliche Risikopunkte frühzeitig entdecken.

Checkliste
Auftragsklärung und Zielarbeit

Ziele und Erfolg: Was soll erreicht werden?

- ☐ Bandbreiten: Minimal- und Maximal-Ziele?
- ☐ Worst-Case-Szenario: Negativ-Ziele
- ☐ Risiken und Chancen: Was sind Erfolgs- oder Misserfolgsfaktoren?
- ☐ Evaluations-Perspektive: »Woran erkennen Sie Erfolg?«
- ☐ Monitoring: Wertschätzt man Prozesskontrolle?

In welchem Kontext steht die Veranstaltung?

- ☐ Gesamtperspektive?
- ☐ Stellenwert des Events?
- ☐ »Achse« mitplanen!
- ☐ Passung zur Organisationskultur

Reicht der Sprit?

- ☐ Wie viel Energie steckt in den Event- und Projektzielen?
- ☐ Gibt es sinnstiftende Visionen?
- ☐ Welche Akteure garantieren Unterstützung und Mobilisierung?
- ☐ Reichen die Kraftreserven?

Um was geht's inhaltlich?

- ☐ Welchen Stellenwert haben »Inhalte« für die Veranstaltung?
- ☐ Stehen die richtigen und wichtigen Themen auf der Agenda?
- ☐ Themenmarktplatz: Bleibt Raum für Aktuelles?
- ☐ Wirbt man um Aufmerksamkeit für die Themen?

Nach den Zielen hinter den Zielen fragen!

Wer alles hat die Finger im Spiel?

- [ ] Welche Teilnehmergruppen und Akteure sind aktiv?
- [ ] Was brauchen, erwarten, befürchten, wissen die Teilnehmer?
- [ ] Sind Gäste, Referenten oder Erfahrungsträger angedacht?
- [ ] Welche Stakeholder und Lobbys, Befürworter und Gegner gibt es?

Was steht schon (weitgehend) fest?

- [ ] Sind Ort, Zeitpunkt und Dauer schon fix?
- [ ] Sind die Einladungen bereits raus?
- [ ] Moderatoren, Referenten und Keynote Speaker?
- [ ] Welches Format erwarten die Auftraggeber?
- [ ] Wie steht's mit den Ressourcen Zeit, Geld und Manpower?

Nicht nur für Historiker interessant: Was ist bereits gelaufen?

- [ ] Auslöser: Warum gerade jetzt?
- [ ] Vorlauf: Was wurde bereits früher dafür unternommen?
- [ ] Event-Vorerfahrungen: Welche Veranstaltungen gab's schon? Mit welchem Erfolg?

Wie soll es weitergehen?

- [ ] Eckdaten und Arbeitspakete: Was sind die nächsten Schritte?
- [ ] Kommunikationsstruktur, Ansprechpartner und Entscheider?
- [ ] Wer kümmert sich um Pre- und Post-Event und Schnittstellen?
- [ ] Unterstützer, Alarmstelle und Nothelfer?
- [ ] Angebote, Verträge, Konditionen, Ressourcen?

Tipp der Macher

Nicht mit allen die Methodik diskutieren!

Bei Lern-Events mit hochkarätigen Rednern darf man sich die Methodik nie von den Referenten genehmigen lassen. Der Kunde neigt dazu, von seinen Meinungsbildnern oder Vorständen die Absolution für innovative Vermittlungsformen zu holen. Das Problem ist: Meistens bekommt er sie nicht, und das Event versinkt im Mittelmaß. Bei allem Respekt vor Menschen, die Informationen haben, die sie weitergeben wollen. Meistens sind sie in ihrem Fachgebiet die »Größten«. Wissensvermittlung ist jedoch ein anderes Fachgebiet, und deshalb wird ihr Urteil über eine Vermittlungsmethode von Faktoren geprägt wie:

- Mangelndes Abstraktionsvermögen
- Unsicherheit und Angst, selbst mit einer neuen Methodik umgehen zu müssen
- Mehrarbeit durch völlig veränderte Arbeitsweise bei der Vortragsvorbereitung

Hier ist der Tipp, die Referenten immer mit Tatsachen zu konfrontieren und nicht die Methodik zu diskutieren. Sie reden ja auch nicht mit dem Architekten des Hauses über die Finanzierung, obwohl beides zum Hausbau gehört.

Dr. Gerd Wirtz, face to face, Köln

Teilnehmerbedürfnisse

3

Was Teilnehmer von Veranstaltungen erhoffen, wünschen und fordern. Teilnehmer haben Bedürfnisse, Erwartungen und Befürchtungen zur anstehenden Veranstaltung. Wenn sich diese deutlich von den Vorgaben oder Vorstellungen der Macher unterscheiden, dann kann es schwierig werden. Damit man als Veranstalter nicht zu sehr im Dunkeln tappt, befragt man vorab typische Schlüsselpersonen und greift auf ein psychologisches Motivationsmodell zurück. Aber: Alle Bedürfnisse lassen sich nie unter einem Hut vereinen, und manchmal wird man auch gar nicht alle befriedigen können, wollen oder dürfen.

Nie die **Rechnung** ohne den **Wirt** machen.

Event-Parameter »Teilnehmer« 3-1

Das Konzept der »Basic Needs« ist eine interessante theoretische Grundlage für Veranstaltungen. Es geht von drei zentralen, psychologischen Grundbedürfnisse aus (jenseits von Essen, Sex und Wohnen), die sich als Such- und Optimierungsraster für das Gestalten erfolgreicher Lernprozesse bewährt haben. Gemeinsam mit Professor Andreas Krapp haben wir das auf Veranstaltungen übertragen. Eine Zusammenfassung der »Basic Needs« hat Krapp in einem Zeitschriftenartikel 1998 beschrieben. Hier einige zentrale Ausschnitte:

Was den Teilnehmern wirklich wichtig ist!

»... Der Grundgedanke ist einfach: So, wie die Befriedigung basaler biologischer Bedürfnisse (Triebe) eine Naturnotwendigkeit darstellt, ist auch die hinreichende Erfüllung grundlegender psychologischer Bedürfnisse eine notwendige Voraussetzung für die optimale Funktionsweise des psychischen Systems. ... Gemäß der Selbstbestimmungs- und Interessentheorie spielen für Motivation und Lernen folgende drei ›Basic Needs‹ eine zentrale Rolle: Kompetenzerfahrung, Autonomieerleben und soziale Eingebundenheit.

Im Bedürfnis nach *Kompetenzerleben* (competence) äußert sich das natürliche Bestreben des Individuums, sich als handlungsfähig zu erleben. Es möchte den gegebenen und absehbaren Anforderungen gewachsen sein und die anstehenden Aufgaben oder Probleme aus eigener Kraft bewältigen können.

Im Bedürfnis nach *Autonomie* (autonomy) äußert sich das natürliche Bestreben, sich als eigenständiges ›Handlungszentrum‹ zu erleben. Das Individuum möchte die Ziele und Vorgehensweisen eigenen Tuns selbst bestimmen. ... In Lehr-Lern-Situationen ist dieses Bedürfnis stets auf das jeweils erreichte Kompetenzniveau bezogen. Ein Lerner wünscht sich nur dort Handlungsfreiheit, wo er glaubt, anstehende Aufgaben mit hinreichender Wahrscheinlichkeit weitgehend selbständig erfolgreich bewältigen zu können.

Das Bedürfnis nach *sozialer Eingebundenheit* (relatedness) besagt, ... dass der Mensch ein starkes Bestreben nach befriedigenden Sozialkontakten hat und ohne das Gefühl der sozialen Geborgenheit nicht existieren kann. ... Der Wunsch nach Eingebundenheit basiert auf einer Identifikation mit bestimmten Personen oder Personengruppen. Man möchte von ›signifikanten Anderen‹ akzeptiert und anerkannt werden. Dies hat notwendigerweise zur Konsequenz, dass man sich mit jenen Tätigkeiten, Wertorientierungen und Handlungszielen ›anfreundet‹ und identifiziert, die von diesen Personen besonders geschätzt werden. Nicht nur in der frühen Kindheit, sondern auch in späteren Lebensphasen ist das Bedürfnis nach sozialer Eingebundenheit deshalb ein mächtiger Antrieb zur Erweiterung der individuellen Person-Gegenstands-Bezüge.

Ausweitung des Modells auf Veranstaltungen

Drei Basic Needs: Kompetenz, Autonomie, Eingebundenheit

Diese drei ›Basic Needs‹ gelten selbstverständlich auch für Besucher von Kongressen, Arbeitstagungen und Lern-Events. Aber es gibt doch Unterschiede zu Lernsituationen von Kindern und Jugendlichen: Veranstaltungen dauern nicht lange und sind somit weniger prägend, Erwachsene überstehen lustarme Situationen besser und sie kommen auch mit kognitiv-rationalen und logistischen Wünschen und Forderungen.

Um dem gerecht zu werden, gruppieren wir um den Kern der drei zentralen ›Needs‹ vier ergänzende Teilnehmerbedürfnisse. Die lassen sich zum Teil aus den ›Basics‹ ableiten, aber als Erwartungen, Wünsche, Hoffnungen oder Anforderungen gehen sie weniger zentral ans psychologisch ›Eingemachte‹.

Dank an Prof. Dr. Andreas Krapp, Universität der Bundeswehr München, und WUP-NETZWERK

- Bedürfnis nach ›Kompetenzerleben‹ (klassisch ›Basic Needs‹)
- Bedürfnis nach ›Autonomie‹ (klassisch ›Basic Needs‹)
- Bedürfnis nach ›Zugehörigkeit‹ (klassisch ›Basic Needs‹)
- Forderung nach ›gutem‹ Inhalt
- Forderung nach spannender ›Verpackung‹
- Forderung nach (Lust-)Gewinn und Nutzen
- Erwartungen zum ›Veranstaltungsrahmen‹

Diese nun insgesamt sieben Anforderungen an Veranstaltungen nennen wir alltagssprachlich ›Teilnehmerbedürfnisse‹. Sie sind ein nützliches Suchraster fürs motivationale, rationale und logistische Gestalten von Veranstaltungen und fürs Generieren neuer Tagungsideen.

Ungelöst bleiben Grundsatzfragen

Haben die »Basic Needs« und die ergänzenden Bedürfnisse gleich viel Gewicht? Kann man schwach abgedeckte Bedürfnisse in einem Bereich durch höhere Dosierung in anderen Bereichen kompensieren? Soll und darf man alle Erwartungen und Bedürfnisse erfüllen? Und: Ist die Veranstaltung überhaupt für die Teilnehmer vor Ort konzipiert?«

Bedürfnis nach »Kompetenzerleben« 3-2

Nummer eins der drei klassischen »Basic Needs«: Teilnehmer wollen Anforderungen gewachsen sein, auftauchende Aufgaben oder Probleme aus eigener Kraft bewältigen können. Sie wollen ernst genommen werden und sich auch im Vergleich mit anderen als kompetent erleben und bewähren. Sie möchten erfahren, dass man weiterlernen und über sich hinaus wachsen kann. Wie befriedigen Veranstalter dieses »Erfolgsbedürfnis«?

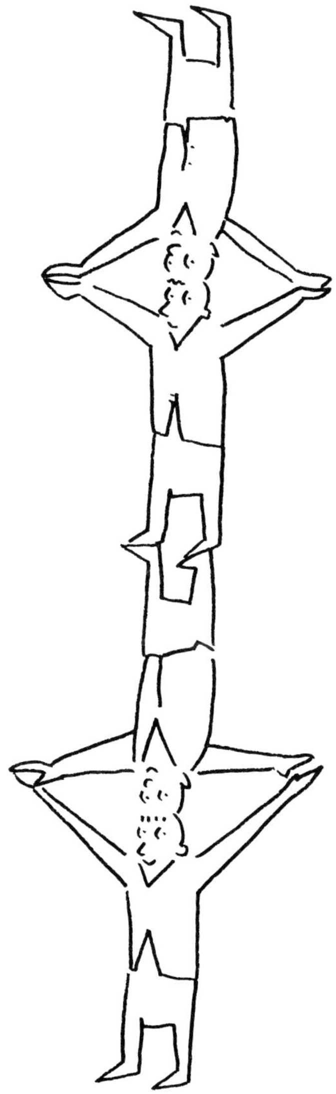

Kompetenz-Erleben forcieren. Rahmenbedingungen schaffen, damit die Teilnehmer Bestätigung bekommen und zum Beispiel bei Diskussionen und Aktionen mithalten können und während der Veranstaltung vom Teilnehmer zum Aktiven werden. Für junge Teilnehmer könnte es im Programm markierte Überblicksangebote, Junior-Diskussionsforen oder interaktive Einführungsworkshops geben oder die Möglichkeit, eigene Themen in Postersessions öffentlich zu präsentieren.

Bewährung im Wettkampf ermöglichen. Nicht alle Teilnehmer haben Lust am Kräftemessen, am Weiterspinnen oder eigenständigen Lösungen zu finden, aber für Mutige kann man Anreize und Möglichkeiten schaffen – so wie das Kleinkunstbühnen mit offenen Programmtagen tun oder Poetry-Slam-Wettkämpfe, die auf die Lust am Auftritt, am Wettkampf und am Erfolgsapplaus setzen (s. Kapitel 13-3). Wie würden sich Kongresse verändern, wenn mehrere Keynotespeaker im Wettbewerb jeweils fünf Minuten Redezeit hätten und das Publikum dann mittels Applaus abstimmt, wer anschließend die volle Redezeit im Plenum bekommt! Nicht ganz so abgedreht wären »Debattierclubs« oder Leistungs- und Themenwettbewerbe, die schon im Vorfeld mit Preisen ausgelobt wurden.

Eigenständig etwas produzieren können. Das bedeutet: Unter professioneller Anleitung sinnvolle und gute Arbeitsergebnisse entwickeln oder bei kollegialer Beratung mitwirken können. Ideal, wenn abschließend der eigene Erfolg handfest zum Ausdruck kommt.

3-3 Bedürfnis nach »Autonomie«

»Wahl- und Entscheidungsfreiheit« im aktuellen Handeln ist das zweite »Basic Need«: Teilnehmer möchten sich als eigenständiges »Handlungszentrum« erleben und Ziele und Vorgehensweisen mitbestimmen und wählen können, was sie hören, sehen, tun wollen.

Spielräume bieten!

Parallelangebote und Wahlmöglichkeiten anbieten. Zur Auswahl stehen Programmangebote auf unterschiedlichen Levels im Angebot: zum Beispiel als Überblick oder zur Vertiefung, als Theorie- beziehungsweise Praxisangebot, als Programm für Spezialisten oder Einsteiger. Und das Foyer-Café wird als zentraler und attraktiver Treffpunkt etabliert – für Spontanes, für unentschlossene Teilnehmer oder Programmaussteiger.

Mitgestalten und Einfluss nehmen können. Zeit und Raum im Programm lassen für »Themen auf Wunsch«, für Open-Space-Module und Werkstattarbeit. Themenforen und Talkrunden anbieten oder Rahmen schaffen für kurzfristige Beiträge der Teilnehmer. Die Qualität der Inhalte hat man dann als Veranstalter nicht mehr unter Kontrolle, aber die Veranstaltung gewinnt an Lebendigkeit. Solch flexible Programmelemente können sowohl mit konventionellen Programmteilen als auch mit offenen Formaten, wie beispielsweise »BarCamp«, Open Space oder ähnlich partizipativen Designs (s. Kapitel 8, 9) gemischt werden.

Schon im Vorfeld mitwirken und mitgestalten können. Autonomie erlebt auch, wer im Vorfeld Einfluss auf das Programm nehmen oder dazu zuarbeiten kann: beispielsweise durch Beiträge für den Passwortbereich der Event-Website, durch Vorleistungen oder Vorbereitungen für die Veranstaltung (Poster- oder Infomarktstände, Kurzreferate, selbst erstellte Videoclips zum Thema, ...), durch Vorabbewertung der geplanten Tagungsthemen oder bei Vorbereitungstreffen von Planungsteams (s. Kapitel 16-6).

»Floating Markets«: Das Publikum entscheidet selbst

Klassische Konferenzen sind statisch mit festen Räumen und Zeitfenstern. Was wäre, wenn sich dieses fixe Raster (zeitweise) auflöste und ein Mittelding zwischen Messe, Jahrmarkt und Tagung entstünde? Auf verschiedenen »Bühnen« und zu wechselnden Zeiten »ereignen« sich kurze, zum Teil wiederkehrende Aktionen (zum Beispiel Interviews, Thesenverkündigungen, Streitgespräche, thematische Videoclips, Quizfragen, intellektuelle oder körperliche Wettkämpfe und vieles mehr).

»Herolde« sorgen für den Überblick, und das Publikum zirkuliert frei zu den Plätzen, die im Moment höchste Attraktivität und Novität versprechen. Mehrere Cafés geben dem Publikum Raum für Austausch und Sammlung. Bei diesem offenen »Format« wäre es an den Themenanbietern, um die Gunst des Publikums zu buhlen.

Vom Jahrmarkt lernen!

3-4 Bedürfnis nach »Zugehörigkeit«

Emotional und sozial »ankommen«!

Sozialkontakte und das Gefühl sozialer Eingebundenheit sind für Veranstaltungen wichtig. Das merkt man, wenn man beim Besuch einer Tagung niemanden kennt und von niemandem wahrgenommen wird. »Soziale Eingebundenheit« ist Nummer drei der klassischen »Basic Needs« und eine Voraussetzung für intrinsisch motivierten Veranstaltungsbesuch: Teilnehmer möchten von den »signifikant Anderen« (Krapp), von Personen oder Personengruppen die ihnen persönlich wichtig sind, akzeptiert und anerkannt werden, zum Beispiel von den »alten Hasen«, den »Spezialisten« oder »jungen Wilden«. Teilnehmer wollen Bekannte, Kolleginnen und Kollegen, Mitbetroffene oder neue Leute aus ihrer »Szene« treffen, wollen erleben und fühlen, dass sie dazugehören. Ausschließlich deswegen fährt kaum jemand auf Kongresse, aber wichtig ist es dennoch. Folgendes hilft, dem zentralen Bedürfnis nach »sozialer Eingebundenheit« gerecht zu werden:

Vernetzen der Teilnehmer im Vorfeld (Pre-Event). Teilnehmer können schon vorab Texte, Fragen, Thesen oder Fotos ins passwortgeschütze Veranstaltungsintranet stellen. »Spezialwissenslisten«, »Biete-Suche-Rubriken« oder Vorabbewertung der Themen – analog zur Aktienbörse – erleichtern die Vernetzung. Oder man regt regionale Kollegenfahrgemeinschaften an (im Auto oder Zug).

Begegnung und Austausch vor Ort unterstützen. Kontakt und Nähe schaffen. Gemeinschaftserleben und Zugehörigkeit zur Zielgruppe forcieren. Spannende Kontakte anbahnen – sei es über häufige Gruppenbildung oder Austauschgruppen (homogen oder heterogen nach Branchen, Funktionen, Alter, Geschlecht, besuchten Workshops ...). Oder »Blind Dinner Dates«, bei denen sich Teilnehmer in Abendessenslisten eintragen und sich dann in Restaurants unbekannterweise jeweils zu acht an einem Tisch zusammenfinden.

Forciertes Vernetzen verschiedener Subgruppen. Kleine, kurze Meetings als Wahlangebote ins Programm nehmen, zu denen man (junge) Gäste mitbringen soll oder Gäste anderer Disziplinen oder Branchen. Oder man verkuppelt Newcomer und »alte Hasen« in kleinen gemischten Gruppen beziehungsweise arrangiert Peergroup-Meetings oder Cross-Culture-Kontakte. Manche Konferenzen bieten dazu Frühstücksrunden oder verlängerte Kaffeepausen.

Zugang zu SIGs (Special Interest Groups) erleichtern. Kontaktmöglichkeiten zu Spezialistengruppen bieten und Gelegenheiten schaffen, um schrittweise in attraktive Gruppen hineinwachsen zu können und akzeptiert zu werden. Attraktiv sind durchaus auch informelle Fach-, Tratsch- und Klatschbörsen, Peergroups oder Alumnizirkel.

Einzelaktionen in Richtung »soziale Eingebundenheit«. Von allen Teilnehmern hängen Fotos und Steckbriefe aus. Jeder bringt etwas Typisches aus seiner Heimat oder Arbeit mit – und sei es ein Kinderbild. Informelles Vernetzen in der »inszenierten Spielhölle« am Abend mit vielen Brett-, Geschicklichkeits- oder Gemeinschaftsspielen (die nicht lange dauern und bei denen mehrere mitspielen können). Gemeinsames Musikmachen schafft Verbindung: Mit Geräuscherzeugern, mit Body-Percussion oder man bittet schon in der Einladung um das Mitbringen von Instrumenten. Witzig sind auch »falsch« eingedeckte Essenstische: An jedem Teller entweder nur Löffel oder nur Gabeln beziehungsweise Messer. Da kommt man automatisch mit den anderen Personen am Tisch ins Gespräch.

Gemeinsam statt einsam!

3-5 Teilnehmerwünsche nach »gutem« Inhalt

Unser erstes ergänzendes Teilnehmerbedürfnis jenseits der Basic Needs: Bei den meisten Veranstaltungen wollen Teilnehmer »schlauer« gehen, als sie gekommen sind, wollen Neues erfahren und dazulernen. Der Wunsch nach »guten« Inhalten zielt allerdings auf sehr Verschiedenes.

Hard Facts gewünscht. Von Fachtagungen, Kongressen und Lern-Events erwarten Teilnehmer verlässliche, komprimierte und nützliche Hard-Fact-Info, neue Sachverhalte, Erkenntnisse, Ergebnisse, pointierte Empfehlungen oder »Messages«. Vor allem bei Kongressen sorgen Auswahlgremien schon im Vorfeld für qualitätsgeprüfte Inhalte.

Schlauer gehen, als man gekommen ist!

Soft Facts und frühzeitig das Gras wachsen hören. Auch auf weniger »harte« Sachverhalte sind Teilnehmer neugierig: Trends, Zwischenberichte und »Geheimwissen« (zum Beispiel »Tricks der Besten« oder »ob Fusionen anstehen«). Das kommt sowohl von »vorne« als auch aus den Reihen der übrigen Teilnehmer: persönliche Meinungen, Wertungen, Hintergrundinformationen und die subjektiven Einschätzungen von Kolleginnen, Kollegen oder Kunden zu aktuellen Themen. Manchmal erfährt und begreift man dann, dass die anderen auch nicht mehr wissen. Das Richtige möglichst früh zu wissen gibt Orientierung und Macht, hilft beim Entscheiden, Handeln und Mitreden. Auch unsicheres Wissen hat Wert – Aktienspekulation lebt davon.

Neugierig auf Gerüchteküche, Klatsch und Tratsch. Natürlich geht man auch (aber selten primär) zu Veranstaltungen, um »das Neueste aus der Gerüchteküche« der Szene zu erfahren – besonders, wenn man zur Szenegruppe gehören will. Da bringen dann auch Jubiläen, Sommerfeste oder Weihnachtsfeiern subjektiv relevante Information. Klatschkolumnen der Boulevardzeitungen belegen, wie wichtig dieses Bedürfnis ist.

Klare Aussagen vom Management gefordert. Im Idealfall liefern hochrangige Führungskräfte in Veranstaltungen nicht nur ausweichende Monologe, sondern reden Klartext und sind zum Dialog bereit (in Diskussionen, Fishbowl-Diskussionen oder Expertenbefragungen). Das befriedigt das Bedürfnis nach gutem Inhalt.

Bedürfnis nach spannender »Verpackung«

3-6

Teilnehmer wollen auch sinnlich und emotional angesprochen werden, wollen attraktive Verpackung, wollen Darbietungs-Eleganz als »gute Form«. Die aktuelle Veranstaltung soll möglichst »besser« sein als die letzte. Stimulierend wirken An- und Entspannung, Spannungsbogen und Rhythmus. Markanz kommt über die Abwechslung und das »Anders-als-üblich« bei Abläufen, Methoden und Medien (s. Kapitel 17).

Strukturiertheit und Verdaulichkeit der Inhalte. Für Texte liefert das Hamburger Verständlichkeitsmodell (s. Langer/Schulz von Thun/Tausch 2002) vier pragmatische Qualitätskriterien: (1) Einfachheit, (2) Gliederung und Ordnung, (3) Kürze und Prägnanz, (4) Zusätzliche Stimulanz – wobei »mittlere Stimulanz« optimal ist. Das Modell lässt sich als Planungshilfe gut auf Veranstaltungen übertragen.

»Endlich mal was anderes!«

Inszenierung und Erlebnis. Auch Info-, Lern- und Change-Events brauchen Überraschungen, Inszenierung, Lachen, den »Kitzel der Achterbahn«, den Reiz der Metaphorik und (später aufgelöste) Widersprüche. Man will (auch) Ungewöhnliches erleben und tun – also viel von dem, was Kapitel 13, 14, 15 unter »Erlebnis-«, Makro- und Mikro-Inszenierung bringen.

Das »Drittelprinzip« als Faustregel für Inhalt und Verpackung. Grobe Regeln passen nicht für jede Zielgruppe und jeden Anlass. Aber zum Nachdenken sind sie gut: Ein Drittel Bekanntes, ein Drittel Neues und ein Drittel »Verrückt-Überraschendes« bringen spannende Würze. Bedarfsklärung recherchiert klugerweise vorab, was für welche Teilnehmer in welche Rubrik fällt.

3-7 Bedürfnis nach (Lust-)Gewinn und Nutzen

Über alle Bedürfnisse hinweg wollen Veranstaltungsteilnehmer »Lust« und »Gewinn«. Stimulierendes, das sie »mitnehmen« können: Inhalte und Erlebnisse – keineswegs nur materiellen Nutzen.

Zeitzeugenerlebnisse. »Den alten de Bono noch erlebt haben!« oder »Bei der Entscheidung mit dabei gewesen zu sein«, – und sei es nur als privilegierter Beobachter. In der Veranstaltung wird man diese Erlebnisse zelebrieren.

»Ich will alles … und zwar sofort!«

Wissen, Ideen und Lösungen zum Mitnehmen. Liefert die Veranstaltung Anregungen, Trends, Inspiration, Risiko- und Gefahrenhinweise, Benchmarkwissen oder erkennbaren Anwendungsnutzen, zum Beispiel durch Problem-, Muster- oder Modelllösungen?

Produkte, Materialien oder Selbsterarbeitetes zum Mitnehmen. Bekommt man Demo- und Arbeitsmaterial. Entstehen Beratungs- und Werkstatt-Ergebnisse?

Wirtschaftlich greifbarer Nutzen. Veranstaltungen sind immer auch Markt- und Handelsplatz, obwohl das kaum auf der Agenda steht. Man knüpft »Geschäftskontakte«, verhandelt Projekte, Stellen, Etats bzw. bahnt den Verkauf von Gütern bzw. Dienstleistungen an. Unterstützt die Veranstaltung diese Wünsche?

Veranstaltungs-»Souvenirs« als Take aways. Viele Teilnehmer freuen sich über Erinnerungsobjekte, Reisemitbringsel, Tagungsfetische. Gute sind ungewöhnlich, witzig, persönlich, emotional aufgeladen, symbolisch zum Thema passend, haltbar und transportabel. Manchmal sind es Fotos, Erinnerungsvideos, Veranstaltungsdokumentationen, Tagungsbände, abrufbare Beratungsmodule oder interessante Objekte (zum Beispiel Werkzeuge, Blumensamen, signierte Bücher). Den Teilnehmern soll das »wertvoll« sein – die Veranstalter wenig kosten. Man wird darauf achten, dass kein Geschenksondermüll am Kongressort zurückbleibt.

Erwartungen an den »Veranstaltungsrahmen«

3-8

Über die bisherigen Teilnehmerbedürfnisse hinaus existieren »Wohlfühlerwartungen« – manchmal sind es auch Ansprüche.

Alternativ attraktive Orte prüfen. Manche Teilnehmer freuen sich noch über »edle« Tagungshäuser. Routinierten Event-Besuchern hängen die üblichen Hotels zum Hals heraus – da sind sie zu oft. Wenn es zum Anlass passt, finden sie »einfache« Alternativen (teilweise) aufregender, dazu gehören beispielsweise Selbstversorgerhäuser oder Zeltcamps.

»Slow-Meetings«: Von der Slow-Food-Bewegung lernen. Viele Veranstaltungen werden mit Programm vollgestopft und erzeugen Hektik. Besser ist es, Zeit und Raum zu lassen. Ein Kreativitätskongress pflegte folgenden Zeittakt: Eine Stunde Programm, eine Stunde freie Zeit, eine Stunde Programm, eine Stunde freie Zeit. Davon profitierten Austausch und Vernetzung in den angenehmen Café-Zonen.

Programm nicht vollstopfen!

Rahmen- oder Begleitprogramm als Wahlangebot. Rahmenangebote für den Abend, die Nacht oder den Morgen entwickeln (zum Beispiel Morgengymnastik, Joggen) – abgestimmt auf Teilnehmergruppen und Metaphorik. Ping-Pong-Pausen oder Meditation fürs Zentrieren – als Gegengewicht zum Programm. Angehörige oder Kinder vor Ort freuen sich über flankierende Angebote. Oder man lädt sie zwischendurch als Gäste in das Normalprogramm ein.

Teilnehmern Wertschätzung signalisieren. Teilnehmer mit Incentive-Erfahrung zählen bei Hotel und Cognac die Sterne und schließen daraus, wie viel sie den Veranstaltern wert sind. Solchen Sternekult vermeidet man klugerweise. Wertschätzung zeigt sich besser durch ein kreativ und liebevoll gestaltetes Programm, durch Anwesenheit und Dialogbereitschaft des Managements, durch das Angebot, eigenen Leuten eine Bühne zu geben. Vermutlich ist dann »Selbstkochen« attraktiver als Galadinners in einem Hotel und der Sternenhimmel in freier Natur stimulierender als Hotelsterne.

Bewegt, erfrischt, belebt: »Beb-breaks«. Erfrischende Bewegungsübungen als Konferenz-»Pausenprogramme«, die innerhalb weniger Minuten die geistige Aufmerksamkeit des Publikums wieder auf Trab bringen. Aktuelle Anbieter dazu finden Sie unter »Beb-breaks« im Netz.

Geht es wirklich um Teilnehmerbedürfnisse?

3-9

Unser Bedürfnis- und Erwartungsmodell geht davon aus, dass die Teilnehmer vor Ort die relevante Zielgruppe der Veranstaltung sind. Aber es gibt Events, bei denen ist das anders – da sind die Anwesenden eigentlich Stellvertreter oder Statisten. Aber selbst, wenn die Veranstaltung »für andere« ausgelegt ist, ist es wichtig, die anwesenden Teilnehmer bei Laune halten.

Veranstaltungen als Sendeplattform ins Unternehmen. Wenn im Großunternehmen einige Hundert Führungskräfte eingeladen sind, dann zielen manche der Themen, Botschaften und Ergebnisse über diesen Personenkreis hinaus in den Rest des Unternehmens. Den Multiplikatorenjob übernimmt dann beispielsweise die Unternehmenspresse, und man einigt sich schon vor Ort auf eine einheitliche Sprachregelung.

Gutes tun
und darüber reden!

Events als PR-Plattform: »Was soll morgen in der Zeitung stehen?«. Von einem prominenten Redner wissen wir, dass er stets überlegt, welchen Satz er am nächsten Tag gerne in der Presse lesen will – er formuliert dann seine Beiträge entsprechend. Wer also Minister, Kanzler, Präsidenten, Lobbyisten & Co. als Redner einlädt, weiß, dass sie die Tagung als Plattform für politische Botschaften nutzen. Deren Beiträge sind immer auch auf das Presseecho ausgerichtet.
Die Teilnehmer vor Ort merken das, aber sie schätzen es, »live dabei gewesen zu sein«. Sie kennen das von TV-Shows, bei denen das Publikum vor Ort als Klatschkulisse dient, oder von Bundestagsdebatten, bei denen Abgeordnete in »Fensterreden« mehr in Richtung Kamera reden als in Richtung von Kolleginnen und Kollegen.

»Almauftrieb«: Das Renommee der großen Namen. Wem es als Veranstalter gelingt, den »Papst«, den Dalai Lama, Präsidenten, Ministerinnen ... oder andere Premium-Speaker als Redner zu gewinnen, dem ist es oft weniger wichtig, was der oder die sagt (darauf hat man sowieso kaum Einfluss). Wichtiger ist die Anwesenheit des hohen Gastes und der damit gewonnene Imagegewinn nach außen und innen. Die Veranstaltung wird Signal der eigenen Wichtigkeit. Wenn es gut geht, dann sind damit alle zufrieden.

FAQs zu »Teilnehmerbedürfnisse«

»Wie erfährt man mehr über die Bedürfnisse der Teilnehmer?« Auftraggeber, typische Teilnehmer, Betriebsräte beziehungsweise »NichtDabeis« im Vorfeld interviewen. Möglichst auch skeptische Stimmen hören – nicht nur Jubelperser. Auf Neutralität achten.

»Wie checke ich die Wichtigkeit von Themen?« Gespräche führen. Vorab Rankinglisten ins Netz stellen: Manche Kollegen versteigern vorab Teilnahmeplätze. Da entwickeln sich dann »Kurswerte« der Themen – fast wie an der Börse. Oder man bestimmt die Gewichtung vor Ort per Applausometer (s. Kapitel 17) – wie bei Poetry Slams.

»Soll und kann man alle Bedürfnisse erfüllen?« Erstens kennt man nie alle Teilnehmer, zweitens kollidieren deren Bedürfnisse manchmal mit Zielen und Vorstellungen der Auftraggeber. Bei Arbeitstagungen und Change-Events werden Teilnehmer inhaltlich oft nicht glücklich. Interessengegensätze gehören da dazu – inhaltlich und in Bezug auf den Prozess. Wichtig ist es, die Diskrepanzen zu kennen und sie möglichst fair zu verhandeln. Das ist weder in der Planung noch in der Veranstaltung einfach.

»Bedeutet Change immer auch ›Irritation‹?« Change-Theoretiker behaupten, dass Systeme (und Menschen) bevorzugt in »Komfortzonen« verweilen und nur durch Irritation aus diesen herauskämen – also erst durch die Irritation mitbekämen, dass Veränderung angesagt ist und sie sich auf die Socken machen sollten. Vermutlich haben sie das Bild einer Katze auf der Ofenbank im Kopf, die man erst aufscheuchen muss, damit sie den warmen Platz verlässt. Aber viele Ofenplätze sind jetzt gar nicht mehr so warm und manche »Katzen« schon verschreckt und neurotisch. Da braucht es bisweilen vielleicht eher Ruhe statt neuer Irritation.

»Was tun, wenn Bedürfnisse und Bedarf nicht übereinstimmen?« Die Frage unterstellt, dass Teilnehmer »Themen« bräuchten, die sie nicht kennen oder nicht wertschätzen und sie Erwartungen haben, die ihnen nicht wirklich guttun oder die sie vom Wesentlichen ablenken. Da ist was dran – denken Sie an Betäubungsmittel oder an »Brot-und-Spiele«. Man wird Teilnehmer und Organisationen nicht zu ihrem Nachteil »berauschen«, man wird im Vorfeld genau zuhören – aber wer kann von außen definieren, was wem guttut oder schadet?

»Harte« Veranstaltungsparameter

4

Sieben wichtige Event-Eckdaten, die festgelegt werden müssen!

Früher oder später muss man Nägel mit Köpfen machen und »harte« Parameterentscheidungen fällen – auch, wenn manches vielleicht noch in der Schwebe ist. Es geht um Teilnehmer, Gäste, Akteure, Zeitpunkte und Zeiten, Orte, Übernachtungen ... Wer diese Parameter konventionell löst, bekommt tendenziell »brave« Veranstaltungen. Oder man wird mutiger und sucht nach ungewöhnlichen Lösungen. Ob sich das lohnt, zeigt sich erst später.

Mutige Entscheidungen: "Sieben auf einen Streich."

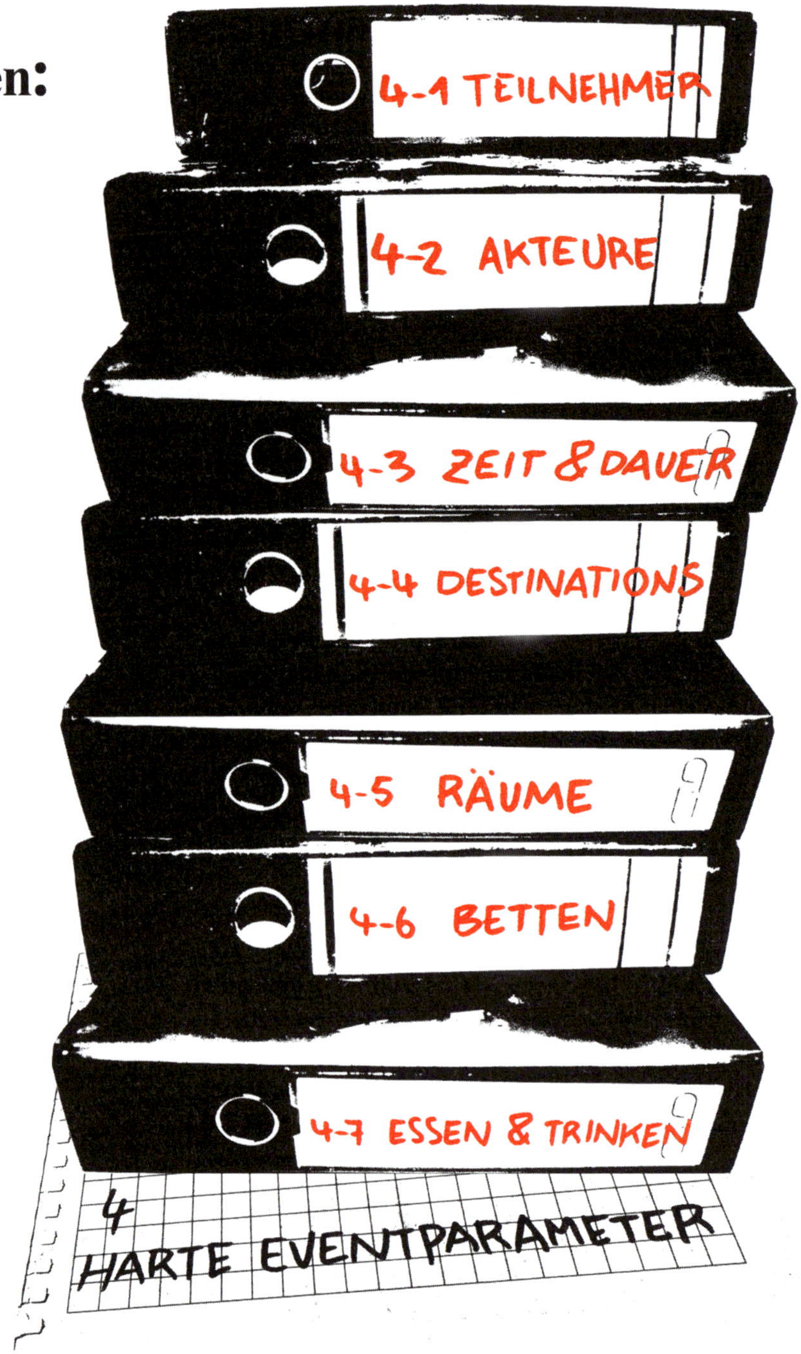

Event-Parameter »Teilnehmer« 4-1

Teilnehmerauswahl und -zusammensetzung sind als Parameter zentral. Da lassen sich Fehlgriffe kaum kompensieren. Also lohnt es, über Teilnehmermischung und -rekrutierung, Gäste und das Einbinden Abwesender nachzudenken – gerade, wenn die »geborenen« Teilnehmer festliegen.

Heterogenität und Homogenität klug komponieren

Von Diversität profitieren. Gezielt Teilnehmer mit verschiedenen Hintergründen einladen. Das eröffnet spannende Kontakte, bringt andere Sichtweisen und Erfahrungen, dient dem Abgleich von Positionen. Schon wenige unübliche Teilnehmer setzen Akzente. Das Spektrum für gezielt bunten Mix ist groß:

Vielfalt statt Einfalt!

- Menschen vom Vorstand bis zum Pförtner.
- National und international.
- Alte und Junge.
- Männer und Frauen.
- Erwachsene, Jugendliche und Kinder.
- Erfahrene und »Frischlinge«.
- Innendienst und Außendienst.
- Kunden/Zulieferer und Interne.
- Vertreter der »Gegenseite«.
- Vertreter aus Profit- und Nonprofit-Unternehmen.

Manchmal macht gezielte Homogenität Sinn. Das bedeutet: nur Chefs, nur Projektleiter, nur Auszubildende, nur Frauen, nur Teilnehmer des gleichen Bereichs, Ortes oder Werks ... Das bringt Vertrautheit und Sicherheit und beruhigt zum Beispiel in Phasen der Verunsicherung oder Teambildung.

Zeitliche Mischungen sind interessant. In heterogen gemischten Veranstaltungen treffen sich homogene Subgruppen zwischendurch zum Austausch, zur Abstimmung – als »Homebase-Treffen«. Bei »Zukunftskonferenzen« ist das fester Ablaufschritt (s. Kapitel 9).

Teilnehmer-»Rekrutierung«

Ist man »automatisch« dabei? Muss man teilnehmen? Ist es eine Ehre, dabei zu sein? Zahlt man dafür? Nehmen nur Gewählte oder Delegierte teil?

Exklusivität durch erschwerten Zugang. Strenge Türsteher kennt man von Nobeldiscos und beim Wiener »Clubbing«. Es kommt nur rein, wer als Insider das »Passwort« kennt. In England gibt es »Under Age Parties« nur für unter 18-Jährige. Events könnten davon lernen und Bewerberauswahlverfahren vorschalten, zu erbringende Vorleistungen beziehungsweise Voraussetzungen oder Referenzen fordern.

»Das ganze System im Raum«?

Big is trendy! Großgruppen sind Energiebringer, und manchmal braucht es die Vielen als kritische Masse, damit Veränderung zum Laufen kommt. Nicht automatisch muss »das ganze System« live im Raum sein (wirklich »alle« bekommt man nur selten gleichzeitig). Es ist schon viel gewonnen, wenn möglichst »alle« zumindest repräsentativ vertreten sind. Wer Mitarbeitertage bezahlen muss, wird deutlicher nach dem Nutzen der großen Zahl fragen.

»Wer da ist, ist genau richtig!« Open-Space-Veranstaltungen geben sich mit den Teilnehmern zufrieden, die anwesend sind. Für Meetings offen strukturierter Organisationen ist das stimmig. Da bringt es wenig, lange über Fehlende zu trauern. In Firmen ist das anders: Da wird man alles daransetzen, dass zum Beispiel der Betriebsrat, das obere Management oder wichtige Minderheiten mit dabei sind.

»Nicht-Dabeis«: Über gute und böse Geister

Die »Fehlenden« sind trotzdem dabei. In Events sind Nicht-Eingeladene, Gekündigte, ehemalige Chefs und Vorstände, Verstorbene, Kranke, Verweigerer, Lieferanten, Kunden, Nachbarabteilungen und Stakeholder ... oft massiv mit im Raum – gerade weil sie fehlen.

Wer kann, darf oder soll nicht dabei sein? Als Eventplaner will man das Warum wissen? Wie reagieren Ausgegrenzte und verbleibende Teilnehmer darauf? Kann man »Nicht-Dabeis« trotzdem »irgendwie« einbinden?

Den »Nicht-Dabeis« Rauchopfer bringen. Naturvölker bringen Opfer für die Abwesenden, damit sie nicht zu bösen Geistern werden. Bei Veranstaltungen würde gezielte und transparente Kommunikation Wunder wirken – vorab und im Nachhinein. Oder man gibt Fehlenden vor Ort eine »Stimme«, zum Beispiel aus dem Off oder als vorgelesener Text.

Checkliste

Wer könnte, müsste, sollte dabei sein?

- ☐ **Entscheider:** Für Rahmenvorgaben, für das Aufwerten der Veranstaltung, für das Absegnen von Ideen.
- ☐ **Chefs:** Damit sie eingebunden sind und hinter den Ergebnissen stehen.
- ☐ **Kunden/Lieferanten:** Als Infogeber und Rückmelder, als Quelle für neue Sichtweisen.
- ☐ **Multiplikatoren:** Für das Überbringen von Ideen ins Unternehmen, in Abteilungen oder Teams, nach draußen, zu den Kunden, in die Öffentlichkeit.
- ☐ **Unterstützer:** Für Flankenschutz und Support.
- ☐ **Umsetzer:** Damit Ideen auch Taten folgen.
- ☐ **Gegner:** Damit klar wird, was deren Positionen sind.
- ☐ **Betroffene, Tangierte:** Damit man die Rechnung nicht ohne den Wirt macht.
- ☐ **Familienangehörige, Partner, Kinder:** Wenn sie betroffen sind.

Unterschiedliche Sichtweisen und Erfahrungen bereichern

4-2 Event-Parameter »Akteure«

Es macht atmosphärisch einen großen Unterschied, ob Externe oder »eigene Leute« im Rampenlicht stehen und wer das jeweils ist.

Moderation: Wer führt durch das Programm?

Externe Moderatoren. Wenn es um das glatte Image nach außen geht, wenn alles wie am Schnürchen laufen soll, wenn aus »innenpolitischen« Gründen niemand auf die Bühne will oder darf, dann wählt man Externe.

Wer kommt auf die »Bühne«?

Eigene Leute auf die Bühne! Dafür spricht viel – jenseits der Kosten. Vor allem für Inhouse-Veranstaltungen wirken Externe allzu leicht »glatt«, haben zu wenig Hintergrundwissen, und ihnen fehlt der Stallgeruch. Zudem verhindern sie, dass sich eigene Leute profilieren, dass Chefs beziehungsweise Kollegen als »Menschen« sichtbar werden.

Weitere Akteure: Wer wird aktiv oder präsentiert?

Viele Auftraggeber trauen ihren Mannschaften wenig zu und tendieren zu externen Referenten, Schauspielprofis und Spezialisten. Aber viel spricht dafür, dass Mitarbeiter als Präsentierende, Workshopleiter, Anbieter von Marktständen oder als Musiker beziehungsweise Kabarettisten aktiv werden.

»Von-uns-für-uns«-Veranstaltungen. »Eigene Leute Live on stage!« das bringt Energie, trägt zum »Stärken stärken« bei und entwickelt Know-how innerhalb der durchführenden Organisation. »Do it yourself« hat den Charme der Improvisation – hochgestylte Events gibt es genug! Aber der Zeitaufwand im Vorfeld ist höher: Das Einbinden Vieler braucht Vorbereitungs- und Abstimmungszeit – eventuell auch Training, Auftrittscoaching oder Probeläufe.

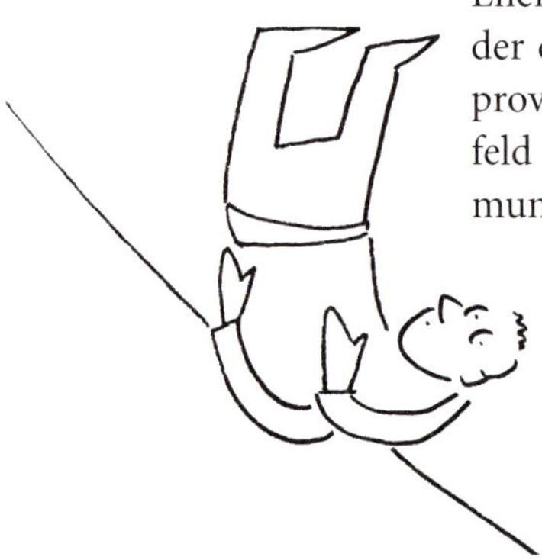

Event-Parameter »Zeitpunkt, Zeit und Dauer«

4-3

Events haben Reifezeitpunkte wie Camembert: Zu früh angesetzt, ist die Zielgruppe noch nicht offen für das Thema und wer mit seiner Veranstaltung zu spät kommt, den bestraft das Leben. Zum Thema Zeit gehören aber auch Terminwahl und Uhrzeiten.

Sommerakademie, Winterfest, Walpurgisnacht. Spezielle Zeitpunkte verleihen Veranstaltungen Markanz: Januar-Kongresse firmieren als »Winterfest«. Hexen sammeln sich beim 12. Glockenschlag in der Walpurgisnacht, Stonehenge-Fans bei Vollmond. Pilger wallfahrten nachts zum Domberg, Johannisfeuer flackern in dunkler Nacht.

Die »lange Nacht der …« – eigenwillige Tages- und Jahreszeiten. »Die lange Nacht« hat bei Museen, Kirchen, Literatur, Wissenschaft und einigem mehr Einzug gehalten. »Erdbeerpflücken in der Vollmondnacht« und Meetings vor Sonnenaufgang gehen in die gleiche Richtung. Auch wenn man das inzwischen schon kennt – einen Reiz scheint die Nacht immer noch zu haben.

So viel Tage gibt es gar nicht, wie es »lange Nächte« gibt

Für Nachtschwärmer. Unter dem Motto „Nach oben, bitte!“ lädt die Universität Hamburg am 25. November zur „Siebten Langen Nacht der Weiterbildung“ ein. Das Institut für Weiterbildung stellt seine berufsbegleitenden Studiengänge und Seminarreihen vor. Außerdem erfahren die Besucher in Workshops, wie Querdenker ihre Ideen für die Karriere nutzen, mit welchen Methoden man seine Zuhörer fesselt oder wie man erfolgreiche Verkaufsgespräche führt. Tel. 040-428386-128, www.wiso.uni-hamburg.de *jup*

Besonders kurz, lang beziehungsweise portioniert!

Kurz und knackig! Bei Siemens-Nixdorf traf man sich einmal die Woche zu großen, moderierten »Friday-Foren« (45-Minuten-Stehmeetings für große Abteilungen). Anderswo haben »Eat und Learn« oder Arbeitsessen Tradition. »Verdecktes Theater« (s. Boal 1989) und »Flash-Mob-Events« dauern nur wenige Minuten – für das Publikum kommen sie überraschend »aus dem Nichts« und sind ebenso plötzlich wieder zu Ende (s. Kapitel 15).

Marathons – Veranstaltungen mit Open End. Verhandlungen kultivieren das Ritual, Uhren anzuhalten. 24-Stunden-Events entwickeln ihren speziellen Reiz bis hin zur Trance. Bei der Papstwahl wird das Kardinalskollegium eingemauert und tagt so lange, bis weißer Rauch das Ergebnis verkündet.

Anders als üblich: Zeitpunkt, Zeit und Dauer!

Einmalig oder mehrteilig portioniert? Einzelveranstaltungen sind logistisch einfacher zu organisieren als miteinander verknüpfte Mehrteiler oder Veranstaltungsreihen. Aber periodisch wiederkehrende Events (zum Beispiel Jahresauftaktkonferenzen, Quartalmeetings, Community-Treffen oder Kongresse des Typs »The 7th International Conference on …«) könnten thematisch Brücken zwischen den Terminen schlagen – vielleicht gibt es sogar zwischendurch reale oder virtuelle Arbeitgruppen, die sich austauschen beziehungsweise Themen vertiefen.

Pragmatische Kriterien für die Wahl der Zeiten

Metaphorik und Inszenierung sind nicht die einzigen Kriterien für die Wahl von Anfangs- und Endzeiten. Auch Handfestes spielt eine Rolle:

- Wann geht das letzte Schiff, der letzte Bus?
- Wann kommt der erste gute Zug an?
- Wann staut es auf der Fahrt zum Flughafen?
- Ist das Programm des letzten Tages gegen Ende noch attraktiv genug oder droht da das Publikum zunehmend abzuschmelzen?

Und generell: Wie voll soll das Programm zeitlich sein – vollgestopft wie eine Gänseleber-Gans oder mit viel Luft für Austausch und Freiraum. Beide Extreme und viele Lösungen dazwischen können Sinn machen. Frühzeitig bedenken sollte man es.

»Destinations und Locations« als Parameter

4-4

Wo findet die Veranstaltung statt: Zentral in einer (welcher) Stadt, im Gewerbegebiet, auf dem Lande, auf der Insel oder »warum nicht gleich in Afrika?«. Kongresszentren, Stadthallen und Tagungshotels sind einfach zu buchen und verführen durch eingespielte Infrastruktur. Aber viele sind steril und austauschbar und schicken die unterschwellige Botschaft »Weiter, wie bisher!«. Das läuft Themen des Typs »Aufbruch, Change und Innovation« massiv zuwider. Darum finden Sie hier Alternativen. Nicht alle passen für Ihre nächste Veranstaltung – aber inspirieren lassen können Sie sich allemal!

Mobile und variable »Tagungsorte«

Ortswechsel bringen neue Perspektiven und Festgefahrenes in Bewegung. Warum also fest an einem Ort tagen?

»Fahrt ins Blaue« – Auf unbekannte Ziele einlassen. Um 9:00 Ihr treffen sich alle Teilnehmer am Busparkplatz. Ab da ist unklar, wohin die Reise geht und was im Detail abläuft. Nur die Rückkehrzeit ist bekannt.

Warum eigentlich nicht?

Quer durchs Gelände – bis hin zur »Arbeitswanderung«. Mit Saumpferden oder Bikes quer durch Niederbayern. Als Bootsarmada im Fluss- und Seenland. Als Ralley, Karawane, Nacht- oder Sternmarsch, Wettkampf oder ganz im Stil einer Wallfahrt. Dr. Müller-Großer (mueller-grosser@wup.info) hat dafür das spannende Format der »Arbeitswanderung« entwickelt: Größere Gruppen sind mit einer wichtigen Fragestellung wandernd unterwegs, klären Themen im Gehen, tagen an überraschenden Rastorten, machen Ergebnisse an gut merkbaren Stationen fix.

»Eurotrain«: Mehr als ein Schlafwagenkongress. Der insgesamt fünftägige europäische Fortbildungskongress startete in Berlin (1. Tag) und hatte in den Folgetagen landesspezifische Regionalkongresse in Warschau (2. Tag), Prag (3. Tag), Budapest (4. Tag) und Wien (5. Tag). Konstant dabei waren 400 Teilnehmer, die jede Nacht in Schlafwagen-Sonderzügen zur nächsten Stadt fuhren. Am frühen Morgen brachten Busse alle vom Bahnhof zum Waschen in öffentliche Hallenbäder und dann ging es ins jeweilige Tagungszentrum. Dort kamen immer lokale Teilnehmer dazu.

Schiffe als Tagungsort mieten. Zum Beispiel Kreuzfahrtschiffe oder Fähren beziehungsweise Linienschiffe auf dem Fluss. »Sich in Bewegung« setzen, »In See stechen« oder »Leinen los!« könnten dafür passende Metaphoriken sein. Suchworte fürs Netz: Konferenz-, Tagungs-, Event-Schiff – auch auf Binnenseen.

»Open airs«. Inszenierungselemente klassischer Konzert-, Film- oder Feiernächte: griffige Veranstaltungstitel, publikumswirksame Angebote beziehungsweise Aktionen, bekannte Akteure (zum Beispiel »drei Tenöre«) oder die Option, selbst aktiv zu werden. Dazu inspirierende Plätze im Freien, Sitzgelegenheiten und eine möglichst warme Sommernacht. Ähnliche Strickmuster haben Open-air-Veranstaltungen mit Wettkampf um die Gunst des Publikums, Baumpflanzaktion im Lawinen-Bannwald (s. Kapitel 13), Beachmeetings mit Lkw-weise angekarrtem Sand (www.sandevents.de), beziehungsweise Veranstaltungen mit Jahrmarkt- oder Stadtfestatmosphäre.

Wer Neues will, tagt nicht in ausgelutschten Räumen!

Veranstaltungen an mehreren Orten zugleich! Zur gleichen Zeit und mit gleichem Zuschnitt und Ziel finden an verschiedenen Orten koordiniert Veranstaltungen statt. Das erreicht mehr Teilnehmer und erhöht die Wirkung nach außen. Demonstrationen und weltweite Konzerte praktizieren das. Etwas kleiner gestrickt macht das auch mit verschiedenen Unternehmensstandorten Sinn oder mit mehreren regionalen Niederlassungen. Manchmal folgen solche Multi-Location-Veranstaltungen auch knapp zeitversetzt aufeinander mit der Führungscrew auf Tournee von Ort zu Ort.

Nur temporär andere Orte – sonst konventionell!

Man kann auch beides haben: Konventionell in üblichen Tagungshotels arbeiten, aber dann zwischendurch alle Teilnehmer mit einer Aufgabe ins Museum oder durch die Stadt schicken und so den Flair mächtiger Orte nutzen.

Zur »Zukunft des Reisens« kommt die internationale Unternehmensberatung zu dem Ergebnis, dass die Attraktivität eines Reisezieles immer weniger von der Zahl der dorthin zurückzulegenden Kilometer abhängen wird, als vielmehr immer stärker vom Nimbus und der Authentizität der jeweiligen Destination.

© GCB German Convention Bureau e.V. newsletter 8-2008

4-5 Parameter »Räume und Raumgestaltung«

Hotels »umfunktionieren«. Wer in einem ganz normalen Tagungshotel gelandet ist, hat immer noch die Chance, mit Metaphorik, Inszenierung und kreativer Raumnutzung Ungewöhnliches zu gestalten.

Schon »Kleinigkeiten« bringen Leben in nichtssagende Räume. Akzente setzen dezentrale Bühnen, Großplakate, Pinnwände mit schwarzem Stoff überworfen, Scheinwerferlicht, Beamerprojektion auf Wände, Stehtische, eine unübliche Sitzordnung. Oder Arbeitsgruppen tagen zwischendurch auf dem Fußboden, beziehen Spielzimmer oder Tennisräume des Hotels mit in die Veranstaltung ein. Nicht alles zugleich und nur das, was die Veranstaltungsziele unterstützt.

Stehen und Bewegung. Nicht lange an den gleichen Plätzen festsitzen! Für Arbeitsgruppen und deren Präsentationen Räume wechseln oder Gruppen mit klaren Aufgaben und Zeitlimits ins Freie, ins Kaufhaus, ins Museum, in die Fußgängerzone schicken (vgl. »Outdoor-Association«, s. Kapitel 17-6 Tools) – aber nur, wenn das eine Brücke zum Thema schlägt.

Checkliste

Räume: Bedarf – Ausstattung – Nutzung

- [ ] **Große Räume:** Anzahl? Quadratmeter? Fenster? Zugang nach draußen? Raumhöhe? Zugänge? Dominieren Säulen, Bühnen oder eingebaute Kulissen? Lüftung? Hitze im Sommer? Technische Ausstattung? Bisherige Erfahrung mit diesen Räumen (zum Beispiel Bühnen, Leinwände, Akustik, Licht, Temperatur)?
- [ ] **Foyer:** Größe, Entfernung vom Plenum? Auch von anderen Gästen genutzt?
- [ ] **Gruppen- oder Workshopräume:** Zahl, Größe, Entfernung vom Plenum und Foyer, Medienausstattung ... (wie bei großen Räumen)?
- [ ] **Funktions- und Nebenräume:** Für Organisationsbüro, Administration, Helfer, Lager, Gepäck- und Stauraum, technische Ausstattung? Netzzugang? Kann man abschließen?
- [ ] **Pausenräume, Cafe, Bar und Restaurant:** Wo gibt es Kaffee, Pausen und Mahlzeiten? Wie weit von den Arbeitsräumen entfernt? Weitere Besucher – jenseits dieser Veranstaltung? Ungestörte Plätze fürs angenehme und ungestörte interne Zusammensetzen am Abend? Bar und Bierstüberl, Öffnungszeiten?
- [ ] **Außenräume:** Zugang ins Freie? Arbeits- und Sitzmöglichkeiten? Schatten?
- [ ] **Parallelveranstaltungen:** Zeitgleich oder überschneidend? Deren Art und Größe? Entstehen Geheimhaltungsprobleme?
- [ ] **Ausstattung und Technik:** Was ist da? Was hat sich bewährt? Dekoration? Technische Ausstattung? Netzzugang und Handyempfang? Wie steuert man Licht und Verdunkelung, Luft und Temperatur? Wie kompetent sind die Haustechniker? Ab wann und wie lange sind sie da? Gibt es beziehungsweise braucht es zusätzlich externen Support (zum Beispiel Strom, Ton, Licht)?
- [ ] **Raumbuchung:** Ab wann vorher und wie lange nachher frei? Ab wann am Morgen offen? Schließzeiten am Abend?

Unter 2 m^2 pro Person ist's nicht mehr kuschelig, sondern eng!

4-6 Parameter »Übernachtung«: Mehr als Betten!

Übernachtungen kosten, aber sie erlauben längere Arbeitszeit und tun dem Tagungsklima gut – vorausgesetzt, man nutzt den Abend (s. Kapitel 16). Wenn es Ziel und Metaphorik unterstützt, setzt man noch eines drauf und sucht ungewöhnliche Nachtquartiere. Hier Ideen zur Wahl:

Im Zelt oder bei Familie Meier wohnen?

Wie bei Kirchentagen in Privatquartieren wohnen. Bei Kunden oder Betroffenen übernachten, Studentenwohnheime nutzen, Selbstversorgerhäuser, Campingplätze, Wohnwagen oder Schiffe buchen. Das macht die Tagungsatmosphäre informeller, persönliche Kontakte nehmen zu, man taucht in fremde Welten ein.

Zentrale Anlaufstellen schaffen. Beim Wohnen in verschiedenen Quartieren braucht es Sammelstellen, zum Beispiel Tagungscafes, Infobörsen oder optionale Treffpunkte »Wer Lust hat, heute ab 21:00 Uhr im Rauchhof«.

Zeltcamp als Symbol für »Aufbruch«. Matthias Wilke (WUP-NETZWERK) plante die große Sommertagung eines IT-Konzerns in einem Zeltgelände, und jeder der vielen Teilnehmer bekam beim Einchecken ein kleines, neues Einmannzelt. Das löste Probleme mit den Zimmerkontingenten, vor allem aber schickte es Botschaften des Typs »Aufbruch!« und »On the road«. Da passen Zelte und die Camp-Atmosphäre wie in Jugendzeiten.

Japaner wohnen privat im Rheintal. Ein europäischer Kfz-Hersteller lädt japanische Vertriebsleute samt Familien zur Produktpräsentation nach Deutschland. Die übliche Quartierlösung wären Zimmer im Hilton gewesen. Ungewöhnlicher sind Übernachtungen in Privatquartieren in einem Rheingaudorf. Und weil die Region touristische Infrastruktur und Ambiente hat, ist das auch logistisch gut zu lösen.

4-7

Parameter »Essen, Trinken, Wohlbefinden«

Wegen Essen und Trinken fährt kaum jemand zu Events. Aber wenn da etwas schiefläuft oder als »zu billig« ankommt, dann verbuchen Teilnehmer das als mangelnde Wertschätzung. Das tötet die Atmosphäre.

Arbeitszeit nicht mit dem Warten auf Küche und Kellner verbraten. Viel spricht für Büffets. Die bringen Auswahl, Bewegung und sind zeitlich flexibel. Stehtische fördern Kontakt – man sitzt noch lange genug. Büffets so organisieren, dass Teilnehmer sich nicht gegenseitig im Weg stehen. Große Mineralwasserflaschen stehen schon vorab auf allen Tischen.

Leicht und lustvoll. Bio, regional und saisonal. Manchen Teilnehmern liegen schon die Themen im Magen. Da muss die Küche nicht noch eins draufsetzen oder alle ins Suppenkoma versetzen. Speisepläne mit Küche oder Caterer durchsprechen – gerade bei begrenztem Etat.

Es rächt sich, wenn da was schief läuft!

Spezialwünsche außer der Reihe. Rücksicht nehmen auf Vegetarier und Allergiker. Speisen mit Schweinefleisch kennzeichnen. Zwischendurch etwas außerhalb klassischer Catererverpflegung, zum Beispiel große Brotlaibe, Butter und Salz, ganze Salamis zum Abschneiden, große Käsestücke, erkennbar regionale Äpfel, Birnen und Nüsse vom Bio-Bauern.

Teilnehmer kochen selbst oder mixen Cocktails. Eine »Inszenierung« in Richtung »Kontakt«. Teilnehmer mixen Cocktails unter Profianleitung und wählen ihre Drinkfavoriten – mit und ohne Alkohol. Die Rezeptgeheimnisse gibt es später in der Dokumentation.

Wohlbefinden – jenseits von Essen und Trinken

Sitzen und Bewegung im Raum. Auf gute Stühle achten. Nicht immer nur sitzen und zuhören. Bewegung durch Bühnenwechsel, Vernissage oder Workshops in Arbeitsgruppen anbieten (s. Kapitel 17). Krankengymnasten oder Kinesiologen als auflockernde Minuten-Entspannung ins Programm einbinden (gegebenenfalls als Running Gag).

Auch Kleinigkeiten zählen!

Checkliste

Pausen wichtig nehmen!

- [ ] **Ausreichend lange Pausen:** Nur notfalls unter 30 Minuten.
- [ ] **Lustorte:** Attraktive, leicht erreichbare und kommunikationsförderliche Pausen- und Kaffeezonen.
- [ ] **Zentrale Tagungscafés bei großen Events:** Mehrere Kaffeezonen als durchgehend besetzte Kontakt- und Anlaufstellen.
- [ ] **Stauvermeidung:** Viele räumlich verteilte Stehtische und Abgabestellen – so aufgestellt, dass man sich nicht im Weg steht.
- [ ] **Überblick:** Klar erkennbare Struktur, wo es was gibt.
- [ ] **Wahlmöglichkeiten:** Auch für Tee-, Wasser- und Safttrinker!
- [ ] **Kalorienreduktion:** Mehr Mineralwasser statt zuckerhaltiger Säfte.
- [ ] **Nicht nur trockene Bröselkekse:** Alternativen reichen vom Obst bis zu Gemüsestreifen.
- [ ] **Schneller Abräumservice:** Abstellplätze für schmutziges Geschirr beziehungsweise funktionierender Abräumservice für benutztes Geschirr.
- [ ] **Atempausen:** Nach dem Kaffee noch ein paar Minuten zur freien Verfügung – erst dann geht das Programm weiter.

»Weiche« Event-Parameter

5

Weiche Entscheidungsfragen mit »harten« Konsequenzen. »Harte« Parameter sind Faktenentscheidungen, zum Beispiel Ort, Raum, Teilnehmer. »Weiche« Event-Parameter sind weniger »entweder-oder«. Sie hängen ab von »Glaubenssätzen« über Führung, Wachstum und Veränderung sowie vom Stil, wie man mit Mitarbeitern und Teilnehmern umgehen will. Sie sind zentraler Kern der Veranstaltungsphilosophie (s. Kapitel 6). Diese Weichenstellungsentscheidungsfragen definieren den »Charakter« einer Veranstaltung – die »Event-Identity«. Da wirken sie härter, als man es »weichen« Parametern zutraut.

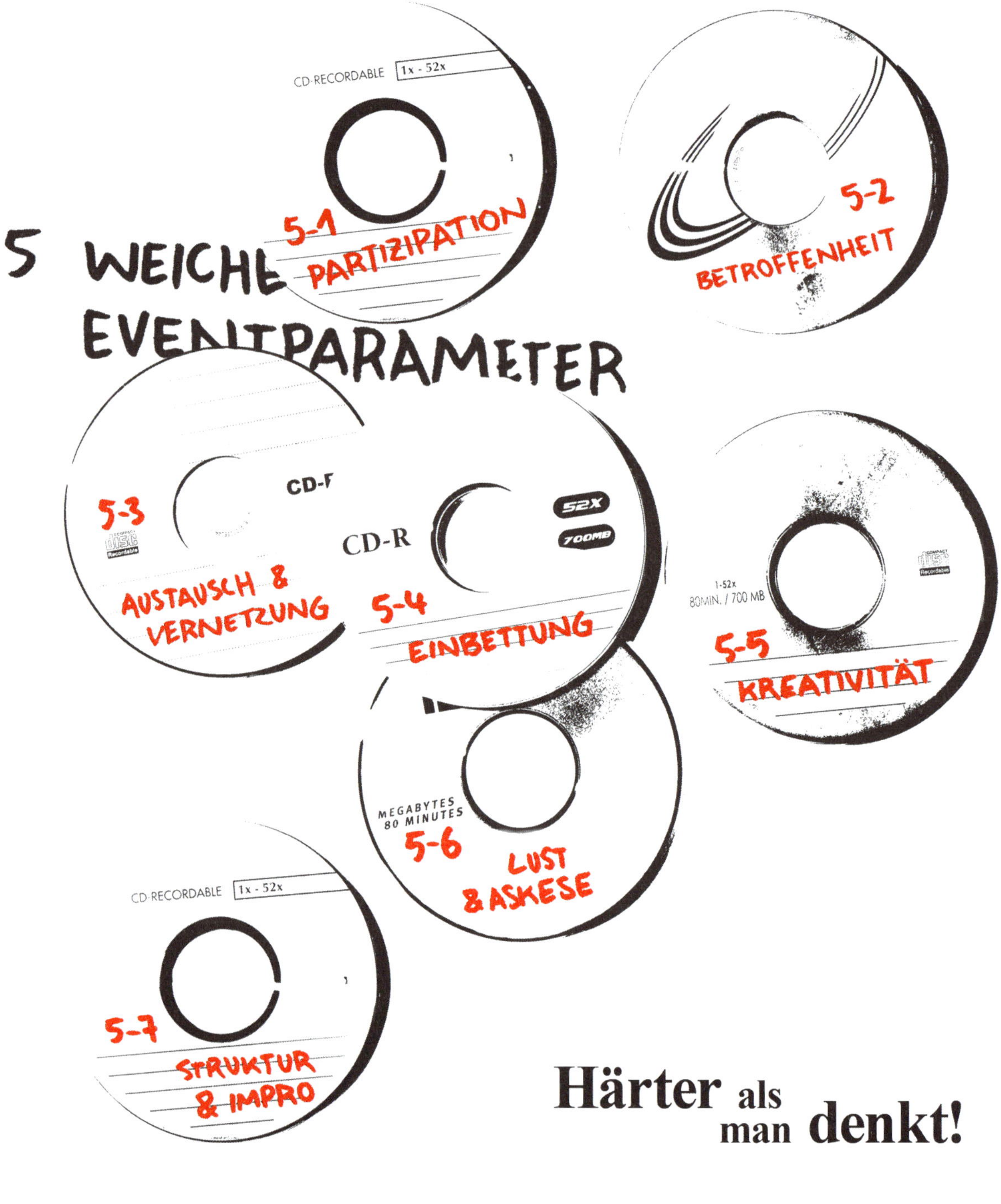

Härter als man **denkt!**

Stellenwert von »Partizipation« 5-1

Nicht nur bei der Stadtplanung weiß man: Bürgerbeteiligung erhöht Qualität und Akzeptanz der Projekte (s. Ley/Weitz 2003). Auch in Veranstaltungen bringt »Mitmischen«-können Energie für Event und »Projekt«. Open Space und Zukunftskonferenz (s. Kapitel 9) setzen darauf explizit, aber auch alle anderen Formate lassen sich »partizipativ« konzipieren. Man wird klären, was »Partizipation« jeweils bedeutet und wie sie realisiert wird.

Achtung: Nicht alle wollen Partizipation!

Wollen Auftraggeber, Management und Teilnehmer überhaupt Beteiligung? An welcher Stelle und in welchem Umfang? Geht es »nur« ums Mitreden, Mitdenken oder auch ums Mitentscheiden und Umsetzen? Wer bekommt Verantwortung und Ressourcenzugriff? Ist das ganze »System« eingebunden oder kommen nur Teile zum Zug? Wie sind die ausgewählt?

Veranstaltungstyp »Aus eigener Kraft: Von uns – für uns!« Viel Energie wird frei, wenn Mitarbeiter oder Führungskräfte als Akteure die Veranstaltung mitgestalten, wenn »Menschen wie ich und du« Erfahrungen, Erfolge, Thesen oder Fragen in Interviews, Workshops, Marktständen einbringen oder live »auf die Bühne« kommen. Für solche Auftritte brauchen sie manchmal Support.

Zeitpunkte der Partizipation: Vorher – während – danach. Alle drei versprechen Erfolg: Im Vorfeld mitmischen können. Während der Veranstaltung Wahlmöglichkeiten haben, Einfluss nehmen können. Bei Folgeaktivitäten oder Kampagnen als »Willige« aktiv sein dürfen. Einen Strich durch die Rechnung macht da manchmal die Ungeduld der Beteiligten. Die wollen schnelle Reaktion und Konsequenz – möglichst sofort. Aber viele Change-Projekte dauern (zumindest subjektiv) zu lange und verlieren an Energie. Darum von Anfang an die Zeitschiene transparent machen, Status-quo-Zwischenberichte liefern oder Etappen-Info-Veranstaltungen auf »halber Strecke« planen.

»St. Partizip«: Säulenheiliger der Event-Kultur? Nicht alle Betroffenen wollen in Change-Projekten und Events permanent gefragt oder einbezogen werden – vor allem wenn unklar ist, was Beteiligung bewegen kann. Für manches sollte die Leitung schon selbst den Kopf hinhalten! Da helfen dann auch die Schutzheiligen nur noch bedingt.

Das Management vor Partizipationseuphorie schützen. Es ist nichts gewonnen, wenn Chefs – durch die Situation verführt – spontan aus dem Stand reagieren, später aber dann doch blockieren oder alles versanden lassen. Der so entstehende Flurschaden ist schlimmer, als wenn man niemanden beteiligt hätte. Also kühlen Kopf behalten und eine Nacht darüber schlafen. Vor allem aber sollte dem Management vorher klar sein, was auf es zukommen könnte.

Party und Partizipation sind zweierlei!

Partizipation ist mehr als »Aktivierung«! Aktivierung energetisiert Teilnehmer und fährt den Erlebnischarakter von Veranstaltungen hoch, zum Beispiel durch Klatschen, Kontakt mit den Nachbarn, Arbeit in Kleingruppen, Fragen, Dialoge, Diskussionen – themenbezogen oder klamaukartig bis zum »Tschakatschaka« (s. Kapitel 17). Das beeinflusst das Klima von Veranstaltungen und hebt den Erinnerungswert – mit Beteiligung hat das wenig zu tun.

Checkliste

Zum Stellenwert von Partizipation

Auf diese Checklistenfragen wird man nicht immer eindeutige Antworten bekommen – das spricht nicht gegen die Fragen.

- [ ] Ist Partizipation überhaupt gewünscht – vom Management und den Betroffenen?
- [ ] Wie viel Partizipation und an welcher Stelle?
- [ ] Wie realistisch ist Partizipation? Wird hier eventuell etwas mitbestimmt, was an anderer Stelle wieder ausgehebelt wird?
- [ ] Sind Grenzen und Möglichkeiten der Mitsprache für alle transparent und nachvollziehbar?
- [ ] Passt die Beteiligung in der Veranstaltung zur Organisationskultur?

Stellenwert von »Betroffenheit« 5-2

Organisationsentwicklung (OE), Workshop- und Change-Kultur gewinnen Prozess- und Event-Energie unter anderem aus ungelösten Problemen und Dilemmata. Für sie sind »Ehrlichkeit«, »Betroffenheit« und »Themen, die unter die Haut gehen«, gleichsam Lebenselexier. Klassische Event-Kultur wertschätzt »Emotion« und »Erlebnis« – aber »betroffen« müssen Teilnehmer nicht unbedingt sein.

Abarbeiten »heißer Themen«. Change-Events haben ihren Platz meist in heißen Phasen von Umorganisation, Fusion oder Veränderung. Da ist Turbulenz in der Veranstaltung wahrscheinlich, und Teilnehmer fordern Information, Klarheit und Richtung. Das Management will seinerseits Themen und Botschaften unters Volk bringen, will, dass sich Teilnehmer auf Neues einlassen oder kontrolliert Dampf ablassen. Solche Heiße-Themen-Veranstaltungen sind vom Typus her Dialog-, Arbeits- oder Problemlöse-»Workshops«, unabhängig davon, ob sie offen strukturiert (zum Beispiel Open Space) oder durchgeplant sind, Stilmittel der Inszenierung nutzen und in großen beziehungsweise kleineren Gruppen stattfinden.

»Cooling down«. Manchmal sollen Veranstaltungen gezielt nicht heißlaufen, um Flächenbrände oder wenig durchdachte Beschlüsse und Aktionen zu vermeiden. Change-Events zielen dann auf Abkühlung. Transparenz und Fairness sind da wichtig, damit das Herunterkühlen nicht zum Bumerang wird.

Schade, wenn Themen Teilnehmer »kalt« lassen. Natürlich setzen auch Tagungen, Klausuren, Jahres- beziehungsweise Quartalmeetings, Infoveranstaltungen, Hausmessen oder Foren auf aktuelle und wichtige Themen, aber »brandheiß« sind die selten. Da wird man sich gezielt ans Energetisieren machen oder die Veranstaltung stornieren.

5-3

Stellenwert von Dialog, Austausch und Vernetzung

Es geht um den Stellenwert von Dialog, Austausch und Vernetzung, um das Wieviel und um das Wie. Klassische Info-Events (Fachkongress, Vortragsreihe, Messe) überlassen Austausch und Vernetzung der kommunikativen Geschicklichkeit der Teilnehmer und dem informellen Programm. Bei Arbeitstagungen, partizipativen Großgruppen und Lern-Events ist das anders: Den Teilnehmern sind Kontakt und Austausch untereinander und zwischen »oben« und »unten« wichtig – nicht nur wegen der Atmosphäre. Hier und in den Kapiteln 3, 8, 16, 17 finden sich dazu Tipps und Tricks.

Blind Dates wecken Neugier

Kontakte zwischen den Teilnehmern fördern. Fast alle Veranstaltungsformate profitieren, wenn Teilnehmer fachlich und persönlich miteinander näher in Kontakt kommen. Aber man kann nicht darauf vertrauen, dass das flächendeckend »von selbst« geschieht. Also schon in der Anfangssituation damit starten (s. Kapitel 16) und Dialog, Austausch und Vernetzung auch im weiteren Verlauf forcieren, zum Beispiel durch Kontakt-»Meetingpoints«, Treffpunkte und Treffzeiten für Teilnehmeraktionen, »Blind-Date«-Essensverabredungen und zentrale Tagungs-Cafés als Anlaufstellen.

Ebenenmix: Kontakt zwischen »oben« und »unten«. Zusätzliche Dynamik entsteht, wenn Veranstaltungen mehrere Hierarchiestufen miteinander »verknüpfen«, beispielsweise mittels »Expertenbefragung«, Fischbowl-Diskussion oder Kleingruppenarbeit, bei der man Chefs auf die Gruppen verteilt (s. Kapitel 17). Darüber hinaus wird man darauf achten, dass sich das Management in Pausen, beim Essen und in Workshops gezielt unters »Volk« mischt und dass Hierarchen nicht der Verlockung verfallen, an Tagungen längst fällige Meetings im kleinen Managementzirkel nachzuholen.

Die Teilnehmergruppe bunt anreichern. Vernetzung und Austausch leben davon, dass »interessante« Menschen vor Ort sind, zum Beispiel aus anderen Arbeitsfeldern, Standorten oder Organisationen, aus dem Profit- und Non-Profit-Bereich, Interne und Externe. Da ist gezielt bunter Mix wichtig (s. Kapitel 4), und sei es, dass man temporär auch Gäste in die Veranstaltung einlädt.

Damit Austausch Lust macht!

Was es sonst noch für mehr »Dialog« braucht. Dialog, Austausch und Vernetzung brauchen Orte und Plätze, Freiräume im Programm, häufigere und längere Pausen, flexibles Aufgreifen von Teilnehmerwünschen, Aktivierung und Beteiligung. Am besten plant man das schon von Anfang an ein, das verringert die Versuchung, das Programm einfach so »durchzuziehen«

Harun al Raschid: Sonderfall – Der Chef hört zu! Geschichten aus Tausendundeiner Nacht erzählen vom Kalifen, der als fremder Kaufmann verkleidet, nachts durch Bagdad ging und den Bewohnern zuhörte. So erfuhr er, was sonst nie durch seine Palastmauern gedrungen wäre. Hochrangige Führungskräfte müssen sich in Events nicht verkleiden, aber das Harun-Prinzip ist klug: Sich unter die Mitarbeiter mischen, fragen, zuhören und dabei ein offenes Ohr und Herz haben.

5-4 Stellenwert von Kontext- und Managementeinbettung

Info-, Lern- und Change-Events stehen immer in Projekt- und Unternehmenskontexten. Oft sind darüber hinaus auch Regionen, Verbände, Politik und Öffentlichkeit relevant. Inwieweit man die in der Veranstaltung »irgendwie« mit berücksichtigt und in welcher Art man das Management einbezieht, ist wichtige »weiche« Grundsatzentscheidung.

Kontexteinbettung

Zum Kontext gehört immer mehr, als man denkt!

Einbinden der Veranstaltung in die Makro- und Mikropolitik. Allen soll klar sein, wie das Event (samt Pre- und Postphasen) zu den Organisations- beziehungsweise Unternehmenszielen und Geschäftsprozessen passt, mit welchen Change-Prozessen es verknüpft ist und welchen Stellenwert es im übergeordneten »Projekt« hat.

Vorgeschichte und Erfahrungen einbinden. Raum geben für Erfahrungen und Projekte der Vergangenheit. Bisherige Stärken sowie Regional- und Standorterfahrungen würdigen. Schwachpunkte wahrnehmen. Hilfreich dafür sind beispielsweise Postersessions, Infomärkte über Erfolgsprojekte, Interviews und Wertschätzende Interviews (s. Kapitel 17).

Heißen Themen Raum geben, ohne sie dominieren zu lassen. Nicht um den heißen Brei reden. Brisantes direkt ansprechen ist meist weniger gefährlich als Tabuisierung. Aber deshalb müssen heiße Themen nicht die ganze Veranstaltung dominieren. Wir kennen einen Kollegen, der schleppt einen großen Teppich in seine Veranstaltungen, legt diesen demonstrativ mitten im Saal auf den Boden und macht so klar, dass immer einiges unter dem Teppich liegt. Aber dann frägt er, ob man jetzt die restlichen Themen über dem Teppich bearbeiten könne.

»Geistern«, Themen und Tabus eine Stimme geben. In Veranstaltungen mischen immer auch metaphorische »Mitspieler« mit: Unternehmensgründer und Unternehmenskultur, Ziele und Visionen, der Ruf des Hauses, Tabu und Widerstand, Finanzen und Qualität, Konkurrenz, Erfolg und Risiko, Bestechung und Betrug und viele andere »Hausgeister«. Es kann sinnvoll sein, sie als »Figuren« oder »Stimmen« auf die Bühne zu bringen – in den Köpfen und Herzen der Teilnehmer sind sie ja sowieso.

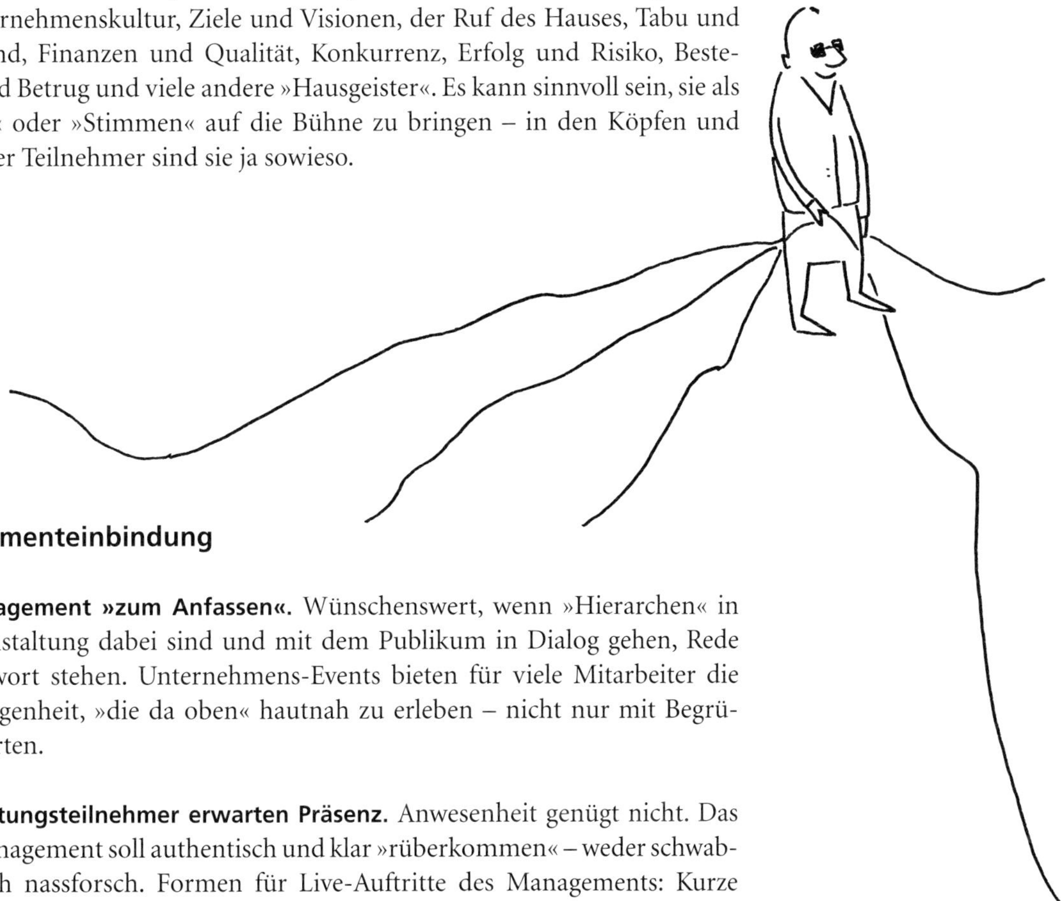

Managementeinbindung

Das Management »zum Anfassen«. Wünschenswert, wenn »Hierarchen« in der Veranstaltung dabei sind und mit dem Publikum in Dialog gehen, Rede und Antwort stehen. Unternehmens-Events bieten für viele Mitarbeiter die gute Gelegenheit, »die da oben« hautnah zu erleben – nicht nur mit Begrüßungsworten.

Veranstaltungsteilnehmer erwarten Präsenz. Anwesenheit genügt nicht. Das obere Management soll authentisch und klar »rüberkommen« – weder schwabbelig noch nassforsch. Formen für Live-Auftritte des Managements: Kurze Thesenpräsentation, Statements, Interview vor Plenum, Expertenbefragung, Fischbowl-Diskussion, Zuhören und Mitdiskutieren in Arbeitsgruppen (s. Kapitel 17).

Teilnehmer erwarten Konsequenzen. Beschlüsse oder Zusagen sind schädlich, wenn sie anschließend nicht Wirklichkeit werden. Bei Vorgesprächen mit dem Management darauf achten, dass sich niemand übernimmt. Lieber ein klares, gut begründetes »Nein« als Zusagen, die anschließend versanden.

Klare Managemententscheidungen vor Ort!

Vier schnelle Antwortmuster

In Arbeitstagungen erhoffen sich Teilnehmer schnelle, klare Entscheidungen. Aber was tun, wenn Sachverhalte komplex sind beziehungsweise mehrere Vorstände unabgestimmt auf der Bühne stehen? (s. Kapitel 10, 17):

1 **Ein klares »Ja« mit Begründung** – falls möglich.
2 **Ein klares »Nein« mit Begründung** – falls nötig.
3 **Ein »Ist uns noch zu unklar.** Präsentieren Sie bitte bis zum ... Ihren Vorschlag konkretisiert«.
4 **»Das wollen wir gerne noch untereinander besprechen.** Bis zum ... veröffentlichen wir unseren Beschluss im Intranet beziehungsweise informieren im Gremium x.«

»Warum wir trotzdem anders entschieden haben« Manchmal kommt trotzdem alles anders als geplant. Da wird das Management bei nächster Gelegenheit erklären, warum Entscheidungen, Vorhaben oder Zusagen zurückgenommen wurden.

Zeitpunkte der Kontext- und Managementeinbindung

Vorher – während – nachher!

Einbindung im Vorfeld. Manche »Akteure« sind besonders im Vorfeld inspirierende und nützliche Mitdenker, Ratgeber oder Infoquellen. Ihre Beiträge gehen in die Konzeption ein, hinterlassen später erkennbare Spuren in der Veranstaltung oder dienen als Schutzschirm.

Einbindung während der Veranstaltung. Neben realen Auftritten sind das auch Zuschaltungen über Telefon- oder Videokonferenz, eingespielte Video-Interview-Mitschnitte, gespielte Dialoge, veröffentlichte Tagebucheinträge, Thesen, Marktplatzposter (s. Kapitel 17).

Einbindung im Anschluss an die Veranstaltung. Persönliches Überreichen beziehungsweise Durchsprechen der Ergebnisse für wichtige Schlüsselpersonen. Key-Persons um Rat und Tat für die Umsetzung bitten oder sie als Botschafter gewinnen für alle, die nicht dabei waren.

A.a.ü.: Stellenwert von Kreativität

5-5

Auf den Kopf stellen ist noch nicht kreativ – bringt aber neue Blickwinkel!

Wie **a**nders **a**ls **ü**blich muss oder darf eine Veranstaltung werden? Überfordert sie Publikum und Auftraggeber? Man wird vorsichtig dosieren, denn »schräg« ist nicht automatisch besser als »ordentlich-gerade« und »Kreatives« nicht von Haus aus dem «Konventionellen« überlegen. Die entscheidende Frage: Entsteht Neues, und bringt das Veranstaltung und »Projekt« voran?

»Was dem enen sin Uhl, ist dem anderen sin Nachtigall«. Brav innerhalb des Bisherigen zu bleiben verspricht wenig Markanz. Konzepte zu weit jenseits des Üblichen machen kopfscheu – damit wäre auch nichts gewonnen. Die Entscheidung ist knifflig, denn »konventionell« und »schräg« werden subjektiv erlebt – stimulierend oder bedrohlich. Wer zum Beispiel erstmals an einer »Open-Space«-Konferenz teilnimmt, mag die »revolutionär« empfinden – für andere ist das »üblich«. Um das rechte Maß auszuloten, recherchiert man frühzeitig Wertmuster, Erfahrungen und Erwartungen der Teilnehmer und Auftraggeber. Ideal: »Anders als üblich« zu pflegen, ohne Irritation durch zu irritierende Oberflächen.

Beispiel

Eine Veranstaltung – zwei Bewertungen

Der »Zukunftskongress« zum 550. Gründungstag der Universität lief unter der Metaphorik »Labor« und »Experimentieren mit den Grenzen ...« (s. Kapitel 8). Schon im Vorfeld hatte man Hochschulangehörige aktiviert, Workshops vorzubereiten, die nicht nur diskutieren, sondern auch Nägel mit Köpfen machen sollten. Die Atmosphäre war überraschend locker. Da schien uns Anders-als-üblich-Moderation angemessen.

Die publizierte Sicht einer FAZ-Journalistin

Sie tauchte erst ab der Halbzeit auf (da kamen Minister und Co), hatte Stimmung und Spirit des ersten Teils nicht mitbekommen und einen »Festakt« erwartet. Ihr kritischer Bericht las sich dann Tags darauf in der FAZ auszugsweise so »... dass Organisations- und Managementberater den Kongress im Stil einer Mitmachveranstaltung für Erwachsene moderierten und das Publikum zu allerlei gruppendynamischen Mätzchen animierten«.

Die Sicht des Auftraggebers

Solches Pressefeedback macht sauer. Da war der Auftraggeber unsere nächste Anlaufstelle. Sein Feedback klang anders: »Wie bisher zu arbeiten wäre eine saubere, glatte Veranstaltung gewesen – hätte aber nichts ausgelöst. Endlich einmal etwas anderes!«. Das war Trost für uns, aber gegen die FAZ kam das trotzdem nicht an.

»Und waun ma oiweu nur vo dem ausgengan wos ma kenna – daun kennan ma oiweu nur im Graas herumrenna.«
(Attwenger)

»The same procedure as every year, Miss Sophie«. Man muss nicht immer alles anders machen! Lustvolles Festhalten am Bekannten zelebrieren TV-Kanäle an Sylvester mit der Kultsendung »Dinner for one«: Da warten die Zuschauer schon darauf, dass der Butler zum x-ten Mal wieder über das Tigerfell stolpert oder mit Mr. Pomeroys Trinkspruch kämpft. Nichts ist neu! Die Lust liegt im Wissen um das, was kommt. Das gilt vielleicht auch für Jahreshauptversammlungen, Preisverleihungen, Gedenktage, Festvorträge, Literaturwettbewerbe, politische Foren, diplomatische Treffen, religiöse oder familiäre Feste, Sportereignisse oder Karnevalssitzungen, die alle seit vielen Jahren ritualisiert gleich ablaufen.

Stellenwert von »Lust« und »Askese« 5-6

Früher waren die Grenzen klar: Auf der einen Seite klassische Eventkultur mit Erlebnis, Fun, Entertainment, Action, Feuerwerk und Überraschung – bis hin zur Tigernummer. Auf der anderen Seite die rationale Inhalts-, Organisationsentwicklungs- und Workshop-Kultur mit kopflastiger Arbeit an Problemen oder Schweiß-Blut-und-Tränen-Themen. Inzwischen verschwimmen die Trennlinien, und es braucht bewusste Weichenstellung, wie viel Herz, Bauch oder Kopf und wie viel »Lust« oder »Askese« eine Veranstaltung haben soll.

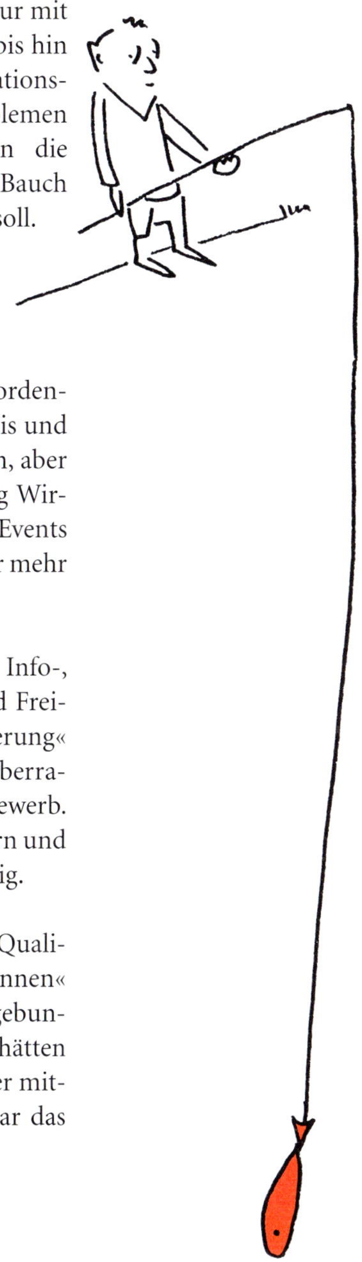

Was spricht für Lust, Fun und Entertainment?

Bei Info-, Lern- und Change-Events erwarten Teilnehmer keine überbordenden Happenings. Sie akzeptieren »Arbeit«, aber freuen sich über Erlebnis und Lust. Die erzeugen Wirkung und helfen Veranstaltungsziele zu erreichen, aber sie sind (hier) kein Wert für sich. Oft bringt schon niedrige Dosierung Wirkung – die gut »geschüttelte« homöopathische Verdünnung. Bei unseren Events ist das zum Beispiel das »Zitat der großen Vorlagen«. Hier Argumente für mehr »Lust« in Veranstaltungen.

Gelernte »Lusterwartung«. Warum den ganzen Wirbel bei Dialog-, Info-, Lern- und Change-Events? TV- und Bühnenshows, Erlebnisurlaub und Freizeitparks haben zwar nicht das Niveau, aber den Anspruch an »Inszenierung« und Entertainment erhöht. »Man« erwartet mehr Tempo, »Kick«, Überraschung, Überraschungsgäste, schnelle Wechsel, Drive und Action, Wettbewerb. – Es muss »was los sein«! Dieses gezüchtete Bedürfnis kann man bedauern und muss es nicht voll bedienen – es einfach nur zu negieren ist aber zu wenig.

»Der Köder muss dem Fisch schmecken, nicht dem Angler!« Bei der Qualitätsolympiade einer Brauerei (s. Kapitel 10) standen u.a. »Biertraglrennen« (Bierkästenrennen), »Lkw-Ziehen« und Hallenfußball mit zusammengebundenen Teilnehmerbeinen auf dem Programm. Wir als externe Berater hätten uns das nicht vorzuschlagen getraut. Die Ideen kamen aus der Runde der mitplanenden Mitarbeiter. Für die und ihre Kolleginnen und Kollegen war das witzig, spritzig und stimmig – und für die muss es passen!

Infotainment: Wie viel Spaß darf sein?

»Katholische« und »protestantische« Events?

Die Grenzfragen zwischen »Lust« und »Askese« stellt sich – überspitzt formuliert – auch anderswo:

Lust: »Barock-katholischer« Event-Ansatz
Das klassische Arbeitsfeld traditioneller Event-Agenturen: Live-Marketing mit Entertainment, teuren, aufwendig durchgestylten Happenings mit allem Drum und Dran, mit Feuerwerk, Tigern, Bauchtänzerinnen und großen Namen. Das macht was her, setzt auf Regie, Choreografie, Erlebnis und Wirkung. Pointiert von außen betrachtet steht das in der Tradition kirchlich-barocker »Hochämter« mit Choral, Orgel, Weihrauch und Prozession.

Askese: »Protestantischer« Veranstaltungsansatz
Ursprünglich die Heimat von Change-Agenten, Workshop-Moderatoren und Organisationsentwicklern (OE). Rational-sachlich, cooler »Wortgottesdienst« – weit entfernt vom schrillen Happening. Partizipation, Systemeinbindung, gemeinsames Erarbeiten und Diskutieren, Arbeiten an heißen Themen, langfristige Wirksamkeit und Nachhaltigkeit sind zentrale Werte. »Inszenierung« (als Entertainment) steht im Ruch teuflischer Verführungskünste.

Ökumene: Die spannende Schnittmenge von Lust und Askese
Inzwischen lernen beide »Kirchen« voneinander – insbesondere an den Schnittstellen von Lern-, Workshop-, OE-, Change- und Event-Kultur: Die »Asketen« haben die Kraft der großen Gruppen, das Theater und die Inszenierung (neu) entdeckt. Die »Event-Macher« diskutieren Nachhaltigkeit, inszenieren auch Mitarbeiter-Events, sind für Non-Profit-Organisationen aktiv und arbeiten mit kleineren Gruppen und Etats – vielleicht nicht ganz freiwillig.

»Erlebnis bringt Ergebnis!« Dieser Leitspruch einer Theatergruppe für Business-Entertainment postuliert, dass lustvolle Veranstaltungen die Aufmerksamkeit für Themen erhöhen, die Teilnehmer mehr einbeziehen und die Veränderungsbereitschaft positiv beeinflussen. Das klingt plausibel, aber im Einzelfall weiß niemand, ob und welche Art von »Erlebnis« Ergebnisse bringt.

Lernen fällt leichter. Selbst wenn Arbeit an Themen und Lernen ernst zu nehmende Prozesse sind – muss deshalb auch die Vermittlung karg und »ernst« sein? Auch diese These ist nicht unumstritten, aber »Blut, Schweiß und Tränen« sind vermutlich keine echte Alternative.

Signal für Anerkennung und Wertschätzung. Manche Veranstaltungen haben nach einem erfolgreichen Geschäftsjahr oder Projektabschluss auch Incentive-Charakter – als »Dankeschön« der Leitung für Leistung. Da registrieren und wertschätzen Teilnehmer die Anzahl der Sterne von Hotel und Cognac sehr wohl und auch das Ausmaß weiterer »Lustfaktoren«.

Mit Lust an ernsten Themen arbeiten!

Form follows Function.

Bunte Formatevielfalt

6-1

Eine Vielzahl blumiger Begriffe beschreibt mit variierender Bedeutung Formen, Formate, Funktionen oder Vorgehensweisen von Veranstaltungen. Hier ein kleiner Überblick.

Formatbezeichnungen, die offen lassen, was wie ablaufen wird. Meeting, Kongress, Fachkongress, Konferenz, Labor, Arbeitstagung, Forum, Campus, Camp, Festival, Symposium, Klausur.

Aus der Fülle schöpfen!

Formatbezeichnungen mit dominierenden Funktionen und Anlässen. Kick-off, Fusionsklausur, Fest, Sommerfest, Betriebsfest, Info-Tag, Tag der offenen Tür, Roadshow, Hausmesse, Messe, Ausstellung, Lernforum, Lernfest, Betriebsversammlung, Mitarbeiterversammlung, Austauschtreffen, Netzwerkforum, Marketingtreffen, Festival, Incentive.

Formate, die sich über die Zielgruppen definieren. Außendienstkonferenz, Zahnärztekongress, Psychologenkongress, Führungskräftetag, Trainertreffen, Bürgerversammlung, Pressekonferenz und viele mehr.

Formatbezeichnungen mit Bezug auf Zeitlich-Saisonales. Jahresauftakt, Jahrestagung, Herbsttagung, Winterfest, Quartalskonferenz, 100-Jahr-Feier, Jubiläum, Sommerakademie, lange Nacht der Museen, Lunchmeeting.

Inhalte beziehungsweise Marken als Teil der Benennung. IT-Days, entwicklungspolitisches Forum, Islam-Gipfel, Sicherheitskonferenz, TED Konferenz.

Benennung nach bekannten Vorgehensweisen. BarCamp-Konferenz, Großgruppenkonferenz, Open-Space-Tagung, Zukunftskonferenz, Zukunftswerkstatt, RTSC-Konferenz, AI-Summit, Townhall-Meeting.

6-2 »Filosofi«, Format, Design, Methode

Weil fast jeder ein wenig anderes darunter versteht, definieren wir diese Begriffe hier so, wie es uns sinnvoll und nützlich erscheint.

Event-»Filosofi« als Basis. Grundsatzentscheidungen zum Stellenwert von Partizipation, Betroffenheit, Austausch und Dialog, Lust und Askese sowie von straffer Ordnung versus Improvisation (s. Kapitel 5) geben Veranstaltungen eine jeweils charakteristische »Event-Identität«. Die nennen wir auch Veranstaltungs-»Filosofi« und markieren mit der Schreibweise, dass diese Weichenstellungen nicht das Niveau großer Philosophie haben – aber für den Charakter von Veranstaltungen und deren Ergebnisse sind sie zentral.

Veranstaltungs-»Format« – das durchgehende Muster. In Fernsehen und Theater bezeichnet »Format« einen bestimmten Typus von Sendung oder Stück: Show, Quiz, Krimi, Komödie, Drama ... Jede dieser Formen unterliegt eigenen Regeln und weckt Erwartungen beim Publikum. Für uns sind Formate durchgehende, funktionsgesteuerte Grundmuster. Sie definieren eine ganze Veranstaltung – von Anfang bis Ende. Ein Info-Kongress bleibt ein Info-Kongress, solange durchgehend informiert wird, ein Sommerfest ein Sommerfest, solange vor allem gefeiert wird. Die meisten der vielen Veranstaltungsformate lassen sich vier Grundformaten (Formatfamilien) zuordnen: »Kongress«, »Arbeitstagung«, »Lern-Event« sowie »Feier und Fest«.

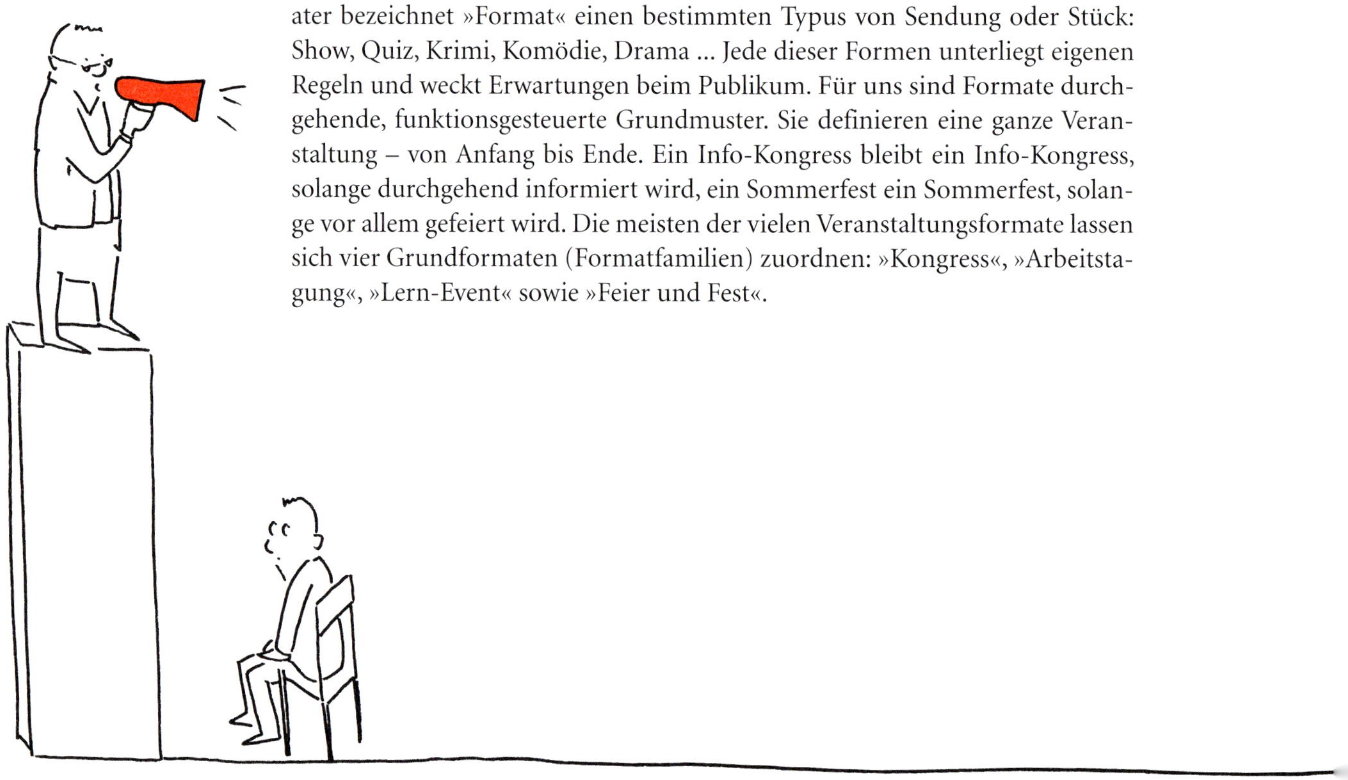

Veranstaltungs-»Design« – die Ausgestaltung. Dazu zählen wir all das, was man absichtsvoll (mehr) tut, um Wirkung und Wirksamkeit zu erhöhen: Also alles, was Emotion und Erlebnis auslöst samt Makro-Inszenierung und Metaphorik als durchlaufendes Stilmittel (s. Kapitel 13, 14). Ebenfalls dazu zählen punktuell wirksame Stilmittel – von den 100 »Kleinigkeiten« der Mikro-Inszenierung bis zu Methoden und Sinnlich-Medialem (s. Kapitel 15, 16, 17, 18).

Die »gute Form«!

»Methoden« und »Tools« – die Werkzeuge. Als Unterelemente des Designs sind das zeitlich begrenzte Werkzeuge, die in jedem Arbeitsschritt Inhalte und Abläufe voranbringen: vom Thesenvortrag über Expertenbefragung, Fishbowl-Diskussion, »Wertschätzende Interviews« bis zum »World Café«. »Tools« nennen wir die kleinen schnellen Werkzeuge ohne viel Aufwand (zum Beispiel Blitzlicht). »Methoden« sind für uns etwas komplexere Werkzeuge, beispielsweise eine Fishbowl-Diskussion (s. Kapitel 17). Sinnlich-Mediales ist selten eigenständig, sondern flankiert die Methoden (s. Kapitel 18).

6-3 Vier Formatfamilien und ihre Stammbäume

Die Stammväter folgender vier »Veranstaltungen« gibt es wohl schon seit der Stonehenge-Zeit. Ausdifferenziert haben sich Formen, Oberflächen und Akzente.

Stammbaum Predigt: Kongress und Info-Tag

Musik von vorne

Dieses Grundformat hat sich aus Predigt, Verkündigung und Vorlesung entwickelt. Es ist Musik von vorne: Ein »Schlauer« oder Weiser steht auf der »Kanzel« oder dem Podium und erzählt den anderen das, was die hoffentlich noch nicht wissen.

Informiert werden und Neues hören. Beim Fachkongress kommen die Teilnehmer vorwiegend aus verschiedenen Einrichtungen. Input, Weitergeben von Neuem, Informationsfluss von »oben nach unten« stehen im Zentrum. Austausch hat wenig Bedeutung. Es wird nichts gemeinsam erarbeitet beziehungsweise umgesetzt.

Typische Formatvertreter. Kongress, Fach- und Info-Tagung, Info-Tag, Vortragsreihe, Ausstellung. Auch in Unternehmen gibt es kurze Info-Veranstaltungen, wenn beispielsweise Neues verkündet wird. Die Rolle der Teilnehmer reduziert sich auf Zuhören und klärendes Nachfragen (s. Kapitel 7, 8).

Stammbaum Stammesrat: Arbeitstagung

Im Prinzip sind das Veranstaltungen zwischen Stammesrat und großen Workshops – auch wenn mehrere Hundert Personen teilnehmen. Die »partizipativen« Großgruppenverfahren zählen wir ebenfalls hierzu.

Gemeinsam etwas erarbeiten. Die Teilnehmer kommen überwiegend aus dem gleichen Arbeitsfeld oder Unternehmen und sollen oder wollen gemeinsam etwas diskutieren, entwickeln oder beschließen. Austausch, Kommunikation, Vertiefen und Bewerten haben hohen Stellenwert. Der Teilnehmerkreis ist idealerweise repräsentativ für alle »Betroffenen (»das ganze System im Raum«). Mit einem Hauch Event-Kultur werden das »inszenierte Arbeitstagungen«. Für partizipative Großgruppenformate gibt es Musterablaufpläne – die kann man relativ einfach »nachkochen« (s. Kapitel 9.5). Das erklärt zum Teil ihre Attraktivität.

Typische Formatvertreter. Klausur, Arbeitstagung, Inszenierte Arbeitstagung, Forum, Austauschforum, Symposium, BarCamp, Bürgerversammlung, Open Space, Zukunfts-Konferenz, Zukunftswerkstatt, RTSC-Konferenz (s. Kapitel 9, 10).

Stammbaum Schulung: Inszenierte Lern-Events

Lern-Events sind zielorientierte Lehr-Lern-Veranstaltungen mit großen Gruppen – mehr oder minder anspruchsvoll »inszeniert« (sonst wären es ja nur Vorlesungen). Oft wird werkstattmäßig auch etwas erarbeitet (s. Lipp 2008), aber Schulung und Unterweisung stehen im Zentrum.

Gemeinsam Lernen und Trainieren. Die Teilnehmer sollen nach der Veranstaltung mehr wissen und können. Vorab hat man Bedarf und Lernziele geklärt, über förderliche Lernwege nachgedacht, und man kümmert sich um Transfersicherung und Lernerfolgskontrolle.

Typische Formatvertreter. Schulung, Werkstatt, Lernfest, Lernkongress, Lernsymposium, Lernzirkel, Powertraining, Computercamp (s. Kapitel 11, 12).

Stammbaum Kult: Feier und Fest

Feiern und Zusammenschweißen. »Feier und Fest« meint beides: Kultisch-rituell oder einfach »nur« Fun und Entertainment. Kultisch wird »Gottesdienst« gefeiert, werden rituelle Handlungen vollzogen. Unterhaltend geht es um Spaß, um lockeres Feiern, eventuell auch um Belohnen und Anerkennen von Erfolgen und das Zusammenschweißen von Mannschaften.

6-5 Event-Grundformate im Vergleich

Die Veranstaltungsszene ist facettenreich, und es gibt viele verschiedene Formate und Mischtypen. Hier bringen wir ein wenig Ordnung in die Vielfalt, damit wir vom Gleichen sprechen. Folgende Tabelle vergleicht unsere drei idealtypischen Grundformate:

Ordnung der Vielfalt!

Fachtagung, Kongress	Inszenierte Arbeitstagung	Inszeniertes Lern-Event
Inhalte/Themen		
Heterogenes Themenfeld. Wissensbruchstücke ohne Anspruch auf Vollständigkeit.	Tagespolitisch aktuelles oder heißes Thema des Unternehmens, der Branche oder der Teilnehmer.	Klar vorgeben. Wird gründlich, systematisch und möglichst umfassend dargeboten.
Teilnehmerzusammensetzung		
Aus verschiedenen Organisationen. Heterogen, aber mit ähnlichem beruflichen Hintergrund.	Aus einer Organisation, aber ggf. aus verschiedenen Arbeitsfeldern. Manche kennen sich und arbeiten auch sonst zusammen.	Kommen meist aus einer Organisation. Homogen. Arbeiten in der Regel in ähnlichem Arbeitsfeld.
Teilnehmererwartung		
Punktuell das Neueste, Trends, Zuckerstückchen und Sahnehäubchen mitbekommen. Kein Anspruch auf Vollständigkeit.	Hintergründe mitbekommen, einbezogen werden, mitgestalten können. Etwas klären, erarbeiten, voranbringen. Keine »Wissensabfüllung«!	Lernen und anschließend »schlauer« sein, mehr wissen, mehr Überblick haben, etwas besser können. »Wissensabfüllung« liegt im Erwartungshorizont.
Ziele der Auftraggeber/Veranstalter		
Breite Palette anbieten. Novitäten positionieren. Fachdiskurs anheizen. Image fördern.	Breit in den Dialog gehen. Klarheit schaffen. Positionen angleichen. Motivation und Rückendeckung sichern. Mobilisieren.	Alle erreichen tendenziell dieselben Lernziele.

Fachtagung, Kongress	Inszenierte Arbeitstagung	Inszeniertes Lern-Event
Ergebnisorientierung		
Kein gemeinsames Ergebnis angestrebt.	Idealerweise ergebnisoffen. Am Ende entstehen ein gemeinsames Ergebnis und Konsens.	Schon vorab klar, was am Ende herauskommen soll – eher die Frage, ob alle das auch erreichen.
Erfolgssicherung		
Nicht Aufgabe klassischer Kongresse.	Man will in Summe was erreichen.	Man will, dass jeder Teilnehmer erfolgreich abschließt.
Erfolgskontrolle		
Keine definierten Lernziele. Bestenfalls Zufriedenheitsmessungen am Ende.	Zufriedenheitsmessung und Überprüfung, ob Beschlossenes umgesetzt wurde.	Messen der Lernzielerreichung möglich, aber nicht immer üblich. Gelegentlich Abschlussprüfung oder Zertifizierung.
Change-Bezug		
Gering. Kein gemeinsamer Anspruch. Keine gemeinsame Zukunft	Hoch, wegen aktuellen Themas. Gemeinsame Zukunft soll geklärt werden.	Nicht zwingend. Change-Bezug hängt von Thema und Kontext ab.
System- und Managementeinbindung		
Es gibt keine übergeordneten Hierarchien – bestenfalls Gurus. Ohne engen Systembezug.	Geschäftsführung und oberes Management wichtig für Ablauf und Ergebnis. Passung zu Unternehmenskultur und Systemkontext.	Hilfreich und unterstützend, aber nicht immer nötig. Einbinden der Fachabteilungen gegebenenfalls wichtiger.
Moderator und Verantwortlichkeiten		
Moderator strukturiert Ablauf. Fachexperten sind Rückgrat der Veranstaltung.	Moderator führt durch das Programm. Inhaltlich verantwortlich sind Chefs und Teilnehmer.	Moderator oder Trainer für Inhalte, Ergebnisse und Zielerreichung verantwortlich.

Die Wirklichkeit passt nicht so einfach in drei Schubladen!

6-6 Stimmigkeit von Inhalt, Format und Design

»Stimmigkeit« und Glaubwürdigkeit sind Prüfkriterien für Format- und Designentscheidungen: Passen Wertmuster der Auftraggeber und Stakeholder zu denen der Eventmacher? Gibt es Widersprüche zwischen Event-»Filosofi«, Format, Design und Methoden? Predigt man Wasser und trinkt Wein – oder umgekehrt? Ist »Change« die Botschaft, aber das Event läuft ab wie immer? Heißen Projekte »Benefit«, bedeuten aber eigentlich nur mehr Druck?

Rundes rund vermitteln – Eckiges eckig!

Beispiel

»Glaubwürdiges Design«

Ralf Besser hat uns aus seinem Buch »Betriebsversammlungen, die etwas bewegen …« (2007) ein markantes Beispiel geschickt:

»Teilnehmer überprüfen die Stimmigkeit der Inhalte mit der Form der Veranstaltung. Das geschieht eher intuitiv, hat aber große Wirkung. Dieser Faktor ist mir auf einer großen Führungskräfteveranstaltung deutlich geworden. Die Kernbotschaft des Managements war, dass die eigenen Produkte die Kunden flexibel in ihrem eigenen Geschäft machen sollen. Das Motto lautete: Wir unterstützen unsere Kunden in ihrer Flexibilität. So weit so gut. Allerdings saßen alle 1.000 geladenen Führungskräfte bei dieser Veranstaltung in Reih und Glied wie im Kino und lauschten einer Präsentation nach der anderen. Die Veranstaltung selbst hatte durch die Art und Weise der Gestaltung die Idee der Flexibilität nicht aufgenommen. Sie vermittelte als Botschaft sogar das Gegenteil: ›Sei passiv und höre zu, was dir geboten wird‹. Die gut gemeinte Botschaft der Flexibilität (…) wirkte so unglaubwürdig, weil auf der inhaltlichen und gestalterischen Ebene zwei vollkommen unterschiedliche Botschaften gesendet wurden. Eine Lösung wäre zum Beispiel gewesen, die Führungskräfte aufzufordern, ihre Stühle so anzuordnen, dass der Raum Flexibilität ausstrahlt. Und nach jedem Vortrag hätte es die Aufforderung geben können, auf eine noch unbekannte Führungskraft zuzugehen und sich über die gerade gehörten Inhalte auszutauschen. So wäre auch in der Form Flexibilität erlebt worden.«

Grundformat »Kongress« 7

»Teilnehmerbedürfnisse« als Ideenfundus für stimulierende Kongresse und Fachtagungen. Förmliche Fachkongresse gibt es weiterhin: Ehrengäste werden begrüßt, Grußadressen verlesen, VIPs und Keynote-Speaker treten ans Pult. Zwischendurch bombardieren Referenten das Publikum mit Referaten, die »Workshops« heißen und vor allem stattfinden, damit sie später als »Paper« publiziert werden. Gemeinsam mit Professor Dr. Andreas Krapp haben wir exemplarisch für Wissenschafts- und Fachkongresse Stimulanzideen gesammelt, die diese »Events« lebendiger, lustvoller und wirkungsvoller machen. Beispiele für Kongresse bringt Kapitel 8.

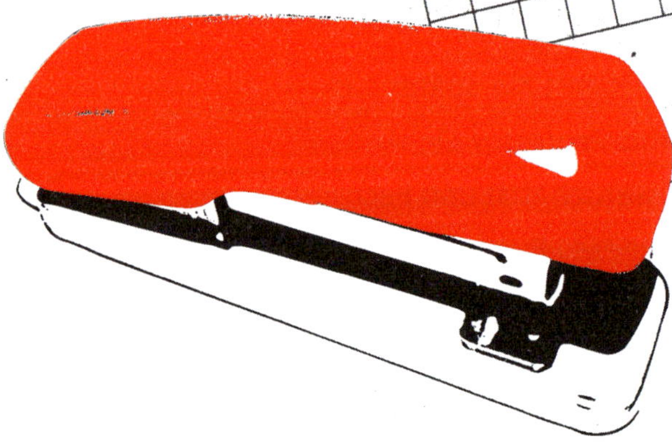

Teilnehmer
bedürf**nisse**
berücksichtigen - sonst
kommt niemand.

Typisch Fachkongress, typisch Fachtagung

7-1

Kongresse sind große, fachbezogene Informationsveranstaltungen, die vom Wissensunterschied leben: Referenten, Speaker, Inputgeber haben Spezialwissen – davon sollen Teilnehmer etwas abbekommen.

- Die Teilnehmer kommen aus unterschiedlichen Organisationen und haben kein gemeinsames Thema. Deshalb gibt es auch selten Beschlüsse oder abzustimmende Folgemaßnahmen. Jeder kehrt anschließend an seinen Arbeitsplatz zurück und macht für sich das Beste aus seinen Fundstücken.
- Kongresse finden oft turnusmäßig statt – ohne aktuellen Anlass.
- Der Informationsfluss zwischen den Teilnehmern steht nicht im Zentrum der Planer (aber den Teilnehmern ist das wichtig).
- Um Lernwege, Lerngewinn und Umsetzung kümmern sich Kongresse wenig – man verlässt sich auf Programm und Teilnehmer.

Jahrmarkt der Eitelkeiten?

Kongressfrust der alten Hasen

Für Einsteiger ist alles neu. Schlimmstenfalls verlieren sie beim Kongress den Überblick. Aber wie sieht das bei sturmerprobten Kongressbesuchern aus? Hier die Klage eines erfahrenen Wissenschaftlers:

»Frust habe ich, weil ich oft feststelle, dass Redner Sachverhalte darstellen, die schon längst bekannt sind – gewürzt mit einer persönlichen Note und getrieben von immensem Selbstdarstellungsdrang. Wer sich aufplustern will, spricht auf möglichst vielen Kongressen. Bei manchen hat man den Eindruck, sie tummeln sich nur auf Kongressen, und man fragt sich, wann sie noch Zeit für die Arbeit haben, über die sie da berichten, wie alt die Ergebnisse sind und wer tatsächlich für die Resultate verantwortlich ist. Wirkliche Neuigkeiten werden grundsätzlich publiziert, also dienen die Fachkongresse nur zum Networking und Auffrischen des bereits Gewussten. Gewinnbringender sind Workshops: der Erfahrungsaustausch mit Menschen, die an gleichen Themen arbeiten. Aber meist lässt das vollgestopfte Kongressprogramm dafür viel zu wenig Zeit.«

7-2 »Teilnehmerbedürfnisse« als Suchfelder und Stimulanzfaktoren

Das motivationspsychologische Modell der »Basic Needs« (s. Kapitel 3) beschreibt drei Grundbedürfnisse jenseits von Essen, Sex und Wohnen: das Bedürfnis nach **K**ompetenzerleben, nach **A**utonomie (Wahl- und Entscheidungsfreiheit) sowie nach sozialer **E**ingebundenheit (Zugehörigkeit).
Speziell für Veranstaltungen packen wir noch vier ergänzende Wünsche, Erwartungen beziehungsweise Forderungen von Teilnehmern dazu: die Forderung nach gutem **I**nhalt, nach spannender **D**arbietung und Verpackung, nach (Lust-)**G**ewinn und Take-away-Nutzen sowie die Erwartungen an den **V**eranstaltungsrahmen.
In Summe gibt das sieben Kategorien von »Teilnehmerbedürfnissen« – wichtige Stimulanzfaktoren für das Optimieren von Kongress-Events.

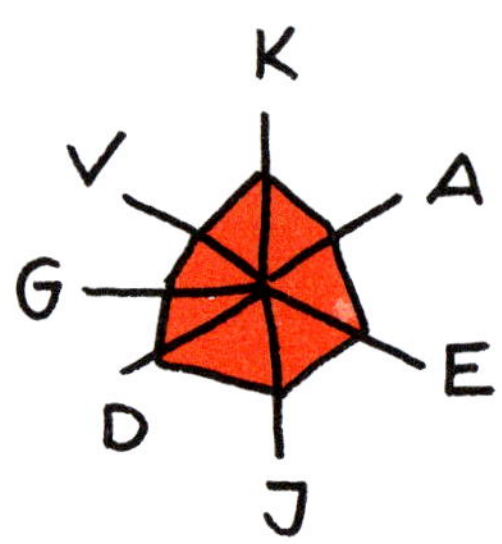

Ist- und Sollwerte im Netzdiagramm darstellen. Man wird überprüfen, welche »Bedürfnisse« beim derzeitigen Planungsstand »gut« und welche weniger »gut« bedient sind. Schwach berücksichtigte Kategorien bekommen auf ihrer Achse niedrige Werte (nahe am Zentrum), stark berücksichtigte Bedürfnisse hohe (weit außen). Wer die Punkte verbindet, erhält ein »Spinnennetzprofil«, das Stärken und Schwächen der anstehenden Veranstaltung veranschaulicht. Jetzt kann man ganz gezielt nach Optimierungsideen suchen.

»Stimulanz« als gezielte Energiebringer. Im Hinterkopf haben wir stets unser Energiemodell: Veranstaltungen brauchen »Energie«, damit sie erfolgreich zum Laufen kommen und Früchte tragen (s. Kapitel 2-4). Als Stimulanz kann man die gezielt zuführen. Die folgenden Seiten nennen viele große und kleine Möglichkeiten.

Kompensation nur bedingt möglich. Nicht alle Bedürfnisse kann oder will man in gleicher Intensität befriedigen. Manche Defizite lassen sich durch ein »Mehr« anderswo ausgleichen – aber eben nur bedingt: »Rauschende Inszenierung« gleicht beispielsweise den Frust über schwache Inhalte oder chaotische Abläufe kaum aus.

7-3

Kongress als Ort der »Kompetenz- und Erfolgserlebnisse«

Kompetenz- und Erfolgserlebnisse sind zentrale »Basic Needs«. In Lern-Events haben sie hohen Stellenwert. Kongresse achten darauf weniger. Was können Veranstalter tun, damit diese Erlebnisse bei möglichst vielen Teilnehmern entstehen?

Zeigen, was man kann!

Sich bewähren können. Mithalten können bei Diskussionen und Aktionen, vergleichen können, Bestätigung bekommen, merken, dass man in der Veranstaltung »wächst«.

Dialog und Diskurs fördern. Im Programm Raum schaffen für Diskussion, Streitgespräche und Frage-Antwort-Runden. Wenn das Programm dafür ausreichend Zeit lässt, dann startet das auch informell.

Zeigen und präsentieren dürfen. Teilnehmer können in Postersessions, im offenen Programm, in Ausstellungen, Workshops und im Plenum aktiv zum Programm beitragen. Sie werden von »Teilnehmern« zum Aktiven oder Experten.

Echte Workshops ins Kongressprogramm aufnehmen. Viele »Workshops« in Tagungen sind nur kaschierte »Vorträge« mit etwas Frage-Antwort-Spiel. Es wird mehr geshopt, als geworkt. Kompetenzerlebnisse haben da bestenfalls die Referenten. Dem Anspruch »Workshop« gerechter würden kleine Meetings mit Austausch, Dialog und Diskurs. Die passen dann aber kaum in einen 20-Minuten-Takt. Ein Drittel der verfügbaren Zeit wäre für thesenartig eingebrachte Inputs reserviert – der Rest wäre kritischer Austausch mit Moderation und Ergebnisdokumentation (s. Kapitel 18, »Visueller Marktplatz«)

Schwierigkeitsgrade wie bei Schipisten anbieten. Themen im Programm in unterschiedlichen »Schwierigkeitsgraden« anbieten (zum Beispiel Überblick – Vertiefung – enges Spezialthema). Dann kann sich jeder »sein« Niveau aussuchen – das, was man sich zutraut.

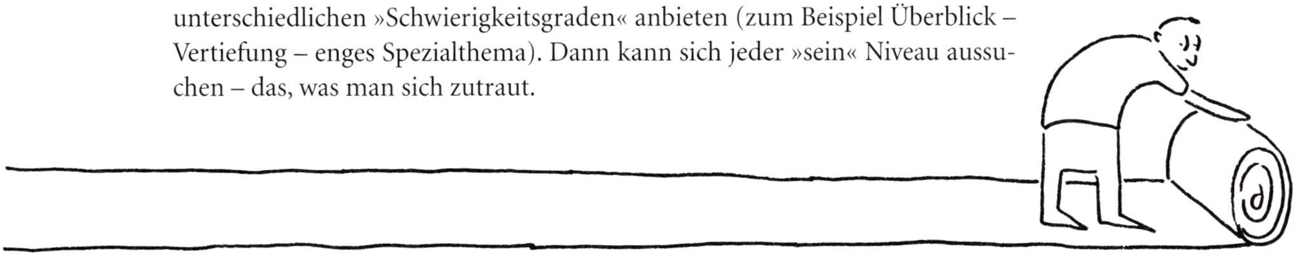

7-4 Autonomie, Wahl- und Entscheidungsfreiheit

Das Bedürfnis nach Autonomie, Wahl- und Entscheidungsfreiheit ist zweites klassisches »Basic Needs«-Motiv. Teilnehmer möchten wählen können, was sie hören, sehen und tun, wollen Einfluss auf Programm, auf Inhalte, Abläufe und Akteure. Was können Veranstalter dazu beitragen?

Vorfeldeinfluss. Einfluss nehmen lassen auf die Programmgestaltung im Vorfeld, beispielsweise über Weblogs oder Chatrooms.

Nichts übergestülpt bekommen!

Parallelangebote als Wahlmöglichkeiten. Auswahl haben und entscheiden können und für Unentschlossene und Aussteiger zusätzlich ein attraktives Tagungs-Café als Treffpunkt für Informelles.

Mitgestalten und Einfluss nehmen können. Zeit und Raum im Programm für »Themen auf Wunsch«, für Open-Space-Module, für Werkstattarbeit und Arbeit an eigenen Themen.

Bei Evaluation und Dokumentation ernst genommen werden. Persönliche Kurzinterviews statt liebloser Fragebogen. Rückwirkung der Befragung – möglichst noch in der laufenden Tagung. Bei der Dokumentation mitwirken können, zum Beispiel mit der Teilnehmerkamera, mit eigenen Texten oder Scribble-Bildern.

»Soziale Eingebundenheit« gezielt fördern

7-5

Der Wunsch nach Zugehörigkeit ist drittes zentrales Grundbedürfnis im Konzept der »Basic Needs«. Junge Einsteiger brauchen das besonders. Als Planer wird man verstärkt auf mehr »Networking« achten.

Von den Richtigen wahrgenommen werden. Menschen kennenlernen ist nett, aber »die richtigen« sollten es sein! Teilnehmer möchten »interessante« Kollegen treffen, von »relevanten« Personen gesehen und anerkannt werden – je nach Geschmack von Gurus, »jungen Wilden«, potenziellen Arbeitgebern …

Dazugehören!

Teilnehmervernetzung im Vorfeld und vor Ort. Kontaktmöglichkeiten bereits in passwortgeschützten Websites eröffnen: Texte, Tagebücher, Erfahrungen, Videoclips, Blogs, Angebote ... Vor Ort dann gut lesbare Namensschilder, ergänzende Buttons zu Herkunft oder Spezialthemen, Teilnehmerlisten oder Steckbriefe (Fotos, Arbeitsthemen, Arbeitsfelder) bereitstellen. Das erzeugt zwar für sich noch keine »Eingebundenheit«, erleichtert aber den Kontakt.

Bei Festen trifft man sich immer in der Küche! Auch Kongresse brauchen attraktive Anlaufstellen. Die werden angenommen, wenn sie zentral liegen, man dort interessante Menschen trifft, wenn dort was »los« ist und aktuelle Informationen zur Verfügung stehen. Idealerweise kann man dort auch bei Kaffee, Tee und Snacks angenehm sitzen.

Treffpunktangebote. Themenfrühstücke, Peergroup-Meetings, Tische oder Räume für Themenfelder oder Nationalitäten, Austausch-Meetingpoints für Subgruppen – für Branchen, Funktionen, Geschlecht, besuchte Workshops …

Subgruppen vernetzen. Newcomer und alte Hasen zusammenführen. Quer über die Peergroups-Meetings etablieren und Cross-Culture-Kontakte forcieren.

Zugang zu SIGs (Special Interest Groups). Kleine Frühstücksrunden mit »berühmten« Fachvertretern. Keynote-Speaker-Frühstück. Lunchmeetings, zu denen »alte Hasen« Neulinge als Gäste mitbringen können, Kontakt zu Spezialthemengruppen erleichtern.

Blind-Date-Dinner. Teilnehmer buchen über ein Veranstaltungsbüro Plätze an thematischen oder regionalen Abendessenstischen in Restaurants. Dort stellt sich dann heraus, auf wen man trifft, und man hat Zeit für das Kennenlernen.

Beispiel

Blind-Date-Dinner bei der ASTD-Konferenz

Zur jährlich stattfindenden ASTD-Konferenz (American Society of Training and Development) kommen regelmäßig mehrere Tausend Teilnehmer aus aller Welt. Wie bei so großer Teilnehmerzahl das »Socializing« organisieren? Eine in Washington praktizierte Lösung gefiel uns gut: Tagsüber lagen Listen aus mit über 30 verschiedenen Restaurants zur Wahl. Mit dem Restaurant wählte man auch einen Zehnertisch mit neun unbekannten Tischnachbarn – quasi als »Blind Date«. Wir ließen uns überraschen und saßen dann gemütlich am Potomac-Ufer in einer buntgemischten Runde aus aller Welt beisammen. Ein informativer und unterhaltsamer Abend!
Darüber hinaus gab es an allen Tagen »Nationen-Treffpunkte«, wo man sich an mit Flaggen gekennzeichneten Plätzen mit Landsleuten treffen und austauschen konnte. Zusätzliche Lockmittel dieser Räume waren Tee und Kaffee gratis und ein paar Stühle, um in Ruhe zu sitzen.

7-6

Inhaltsqualität: Orientierung und Vielfalt!

Fachtagungen und Kongresse sind vor allem Informationsveranstaltungen und leben vom Wissensunterschied: Referenten, Keynote-Speaker oder Gurus erzählen Teilnehmern Aktuelles, Neues oder Trends. Man wird darauf achten, dass die angebotenen Inhalte stimmen, interessant sind und Substanz haben. Aber zur »Inhaltsoptimierung« zählt auch Folgendes.

Verstärkt für Orientierung sorgen

Die Qual der Wahl in Grenzen halten. Breite Themenauswahl bieten vor allem Insidern Vorteile. Weniger routinierte Besucher überfordert das und. Sie registrieren vor allem, was sie nicht besuchen konnten.

Problem der Fülle: Die Sorge, etwas zu vergessen

- *Struktur:* Programm erkennbar strukturieren oder die Fülle reduzieren.
- *Differenziertes Programm:* Orientierende Programmtexte oder Empfehlungen – spezifisch für spezielle Zielgruppen.
- *Live-Orientierung bei alternativen Wahlmöglichkeiten:* Kurzes Vorstellen der Referenten und ihrer Angebote live auf der Bühne. Es macht einen Unterschied bei der Entscheidung, ob man Referenten schon mal kurz gesehen und gehört hat – auch, wenn das nur eine Minute dauerte.
- *Wiederholungen:* Einzelne Angebote bei großer Nachfrage wiederholen.
- *»Themenforen« im Programm:* Die bieten breite Themenüberblicke als Alternative zu engen Vertiefungen.
- *Ausführliche Dokumentationen aller Inputs und Ergebnisse:* Als Trostpflaster für die, die an anderen Parallelangeboten teilgenommen haben und wissen wollen, was sie verpasst haben.

»Orientierungsprolog«. »Advanced Organizer« heißen die kurzen, orientierenden »Vorspanntexte« in Fachpublikationen. In Fachtagungen wären das zum Beispiel inhaltliche Überblicke zu Beginn eines Halbtags. Man würde nicht nur Referentenlebensläufe ankündigen, sondern den großen Bogen über mehrere Themen spannen. Schon beim Programmerstellen wird man da auf den roten Faden achten.

Orientierung für Newcomer. Die Programmfülle großer Tagungen überfordert »Neulinge«. Hilfreich wären spezielle »Ich-bin-neu-dabei-Angebote«. Oder man gewinnt »Alte Hasen« als Paten. Die geben »Frischlingen« persönlich Orientierung und stehen für Fragen oder Anregungen zur Verfügung.

Begleitende Fachausstellungen inhaltlich stärker einbinden. Kongressprogramm und Kongressmesse stärker miteinander verzahnen. Die Unabhängigkeit und Neutralität der Veranstaltung wahrt man, indem man finanzielle Abhängigkeiten offenlegt, Sponsoren explizit ehrt oder auch konkurrierende Anbieter ins Messeprogramm nimmt.

Vielfalt und Vertiefung fördern

Redner oder Interviewpartner aus anderen Welten einladen. Zum Beispiel können das sein: Betroffene, Praktiker, Theoretiker, Gegenspieler. Vielleicht auch »virtuelle Personen« aus Vergangenheit beziehungsweise Zukunft, um neue Sichtweisen ins Spiel zu bringen.

Neue Sichtweisen und Blickwinkel!

Zeigen, was man zeigen kann. Nicht alles passt ins Programm, aber es könnte Raum sein für Mitgebrachtes der Teilnehmer – als belebendes Gegengewicht zu offiziellen Inputs. Als Postersession, Info-Markt oder im Netz entstünde so eine von Teilnehmern erstellte Begleitausstellung in buntem Wildwuchs.

»Spinnzirkel« oder »Spinnclubs« fürs Querdenken. Auswahlgremien prüfen Kongressbeiträge im Vorfeld auf Qualität. Das sichert Niveau, filtert aber Minderheitspositionen und kreative Außenseiter aus. Gezielt für Ungewöhnliches, Kreatives oder Schräges könnten Tagungen Räume und Zeitfenster »on demand« anbieten. Solcher »Freiraum« brächte quirlige Lebendigkeit ins Programm. Vielleicht entwickelt sich daraus der hauseigene »Anti-Kongress«.

Ergänzende Vertiefungsangebote. Für all jene, denen »nur kurz gehört haben« nicht reicht. Vertiefungs-Workshops könnten das Programm anreichern – als Gegengewicht zum Mosaiksteinchenwissen (s. Kapitel 11).

Die »Verpackung« optimieren

7-7

Niemand erwartet »Fun und Entertainment« pur beim Fachkongress: Aber Teilnehmer wollen auch (!) unterhalten, sinnlich und emotional angesprochen werden. Sie wertschätzen Inszenierung, Methoden- und Medienwechsel – vorausgesetzt, die Qualität der Inhalte stimmt. Das setzt die »Seriosität« der Veranstaltung noch lange nicht aufs Spiel.

Mehr Inszenierung und Erlebnis schaffen. Vom Gewohnten und von den Erwartungen hängt die Dosierung ab. Hier eine Sammlung möglicher Stilmittel zur Wahl, damit die Verpackung markant und merk-würdig wird:

Menschen vergessen, was gesagt wurde. Was sie gefühlt haben, vergessen sie nie!

- Eine *Gesamt-Metaphorik* der Veranstaltung und daraus abgeleitete schnelle Aktionen im Plenum oder Foyer (s. Kapitel 14).
- *Widersprüchen mehr Raum geben:* Für die Teilnehmer überraschende Gegenredner als »Antipoden« oder personifiziertes Contra auftreten lassen: Entweder ganz offiziell und offensichtlich oder aber fast wie im Zirkus, wenn plötzlich jemand aus dem Publikum in die Manege kommt und mitmachen will. Eine Stufe heißer wären »Gegenredner«, von denen alle überrascht sind – auch die Referenten.
- *Eingestreute Theaterelemente:* zum Beispiel »Spiegeltheater« als pointierter Kommentar des Ablaufs beziehungsweise themennahe wiederkehrende Runnig-Gag-Figuren.
- *Abwechslung:* Nicht immer Musik von vorne und sei es nur als kleine Lösung, dass sich Nachbarn oder Vorder- und Hinterleute in zwei Minuten zu einer Aufgabe abstimmen (s. Kapitel 17).
- *Bühnenwechsel und Gegenbühnen:* Andere Gestaltung und Positionierung von Bühnen und Spielflächen (s. Kapitel 21).
- *Musik als Signal:* Kurz vor den Starts beziehungsweise als zentrierendes Stilmittel.
- *Bewegung und Gymnastik im Plenum:* Als Ausgleich zum langen Sitzen – in Anlehnung an Antithrombose-Filme im Flugzeug.

Schlechte und schlecht lesbare »Folien« verbieten! Das Publikum die »besten« und »schlimmsten« Folien oder die »witzigst« gemachten Beiträge prämieren lassen. Flankierend wird man auf lichtstarke Beamer und große Projektionsflächen achten! Medienberatung und Mediencoaching im Vorfeld verbessern die visuelle Qualität. Aber für Veranstalter ist das ein mühsames Unterfangen, denn viele Referenten wollen sich da gar nicht reinreden lassen oder werden erst auf den letzten Drücker fertig (s. Kapitel 18).

Auch an den Medien feilen!

Gesamtdramaturgie und Gesamtdesign überprüfen. Viele gute Einzelbeiträge garantieren leider noch keine gute Summe! Auf folgende Energiefresser wird man achten und nach Abhilfe suchen:

- *Programm nicht zu eng takten.* Zu kurze Zeitfenster, zu kurze Pausen, keine eingeplanten Wege- und Pinkelzeiten, keine Zeitpuffer für Überziehung bei einzelnen Beiträgen … – all das rächt sich und frisst Energie.
- *Die Teilnehmer weniger lange am gleichen Platz sitzen lassen!* Systematischer Platzwechsel und Bewegung tun gut. Kurze Zeittakte, Postersessions und geführte Vernissagen sorgen für Bewegung.
- *Nicht zu lange das Gleiche!* Nicht nur lange PowerPoint-Präsentationen machen müde. Auch an sich spannende Präsentationsformen, Inszenierungen und Medien verlieren auf Dauer ihre Stimulanz.

Auf (Lust-)Gewinn und Nutzen achten!

7-8

Tagungsteilnehmer wollen möglichst viel nach Hause tragen: Inhaltliches, Praxisnahes, Emotionales und Gegenständliches.

Veranstaltungsnutzen vorab analysieren
»Nutzen« ist subjektiv und keineswegs nur materiell. Veranstalter testen schon im Vorfeld mögliche »Nutzen« für verschiedene Besuchergruppen:

»Was hab' ich davon?«

- *Botschaften:* Bietet der Kongress klare »Messages«, die Teilnehmer mit nach Hause nehmen können?
- *Nutzen und Trendwissen:* Bringt die Tagung möglichst vielen Teilnehmern ausreichend Nützliches, Brandaktuelles und Trends?
- *Ideen und Lösungen:* Wissen Teilnehmer anschließend mehr über Anwendungen, Risiken und Gefahren, über Muster-, Modell- und Problemlösungen? Hat das eine Chance auf Anwendung?
- *Produkte und Materialien zum Mitnehmen:* Können Teilnehmer Arbeitsergebnisse, Demo- und Arbeitsmaterial mit nach Hause nehmen?

Emotional besetzte Erlebnisse ermöglichen. Veranstalter können keine Erlebnisse herstellen, aber sie können dazu beitragen. *Zeitzeugenerlebnisse:* Berühmte »Gurus« einladen, die man sonst nicht mitbekommt, beziehungsweise solche, die man »wohl das letzte Mal« live hören und sehen wird. Zeitzeugen sind aber auch Alltagsmenschen, die live oder virtuell (Video!) eindrücklich von ihren Erfahrungen erzählen.
Mut und Lust machen auf Neues: Inspiriert und stimuliert die Tagung? Gehen Teilnehmer beflügelt? Erwacht der »Spirit des Aufbruchs«? Macht die Tagung Lust aufs Weiterdenken?

Veranstaltungssouvenirs und Mitbringsel. Emotionale Erinnerungs- und Gedächtnisobjekte, die Teilnehmer später noch an den Kongress und erinnern: Zum Thema passende, transportable, haltbare Tagungs-Take-aways – möglichst kein Kongresssondermüll.

8-2 Sommer-Akademie »Veranstaltungs-Designs«

Erfahrungen aus sechs Veranstaltungen

Die WUP-Sommer-Akademie »Veranstaltungs-Designs« haben wir insgesamt sechsmal durchgeführt – mit wiederkehrendem Rahmendesign und Makro-Inszenierung, aber mit unterschiedlichen Akzenten in Inhalten und Mikro-Inszenierung. Hier beschreiben wir den Prototyp dieses inszenierten Kongresses mit konsequenter Eier-Metaphorik.

Warum wir dieses Beispiel ausgewählt haben

Einerseits war das »unser Kind« – das gab uns einen untypisch hohen Planungsfreiraum. Wir waren schließlich unsere eigenen Auftraggeber und konnten alle Ideen restriktionsfrei umsetzen. Ein besonderer Luxus!
Zum anderen forderte das Thema »Veranstaltungs-Designs« Kongruenz von Form und Inhalt. Die angemeldeten Teilnehmer kamen mit hohen Erwartungen an Inszenierung und Design sowie großer Bereitschaft, sich auch auf »Verrücktes« einzulassen. Und wir wollten selbstverständlich komprimiert zeigen, was alles möglich ist – das heißt, wir nutzten überdurchschnittlich viele Inszenierungsmöglichkeiten. Die finden Sie auf den folgenden Seiten.

Durchgehende Metapher: Das Ei

Die Metaphorik unserer Sommer-Akademie kreiste ums Eierbrüten, Eierlegen und das Ei als Entwicklungschance für Neues. Eier begleiteten uns konsequent – vom Anfang bis zum Ende: Das Ei findet sich im Programm, beim Web-Auftritt, auf Informationskarten, Vorabinfos und in der Dokumentation. Es gab hart gekochte Eier mit Salz für den »Zwischendurch-Hunger«, verschiedenfarbige Shake-Eier für das Bilden von Subgruppen und rhythmische Aktionen, riesengroße tragbare Kulisseneier, das »Eierbrüten« als kollegiale Veranstaltungsberatung und den bereits kulthaften Dia-Fachvortrag eines Biologen über das Ei, das Brüten und das Flüggewerden – nicht nur im Tierreich. Und natürlich beschreibt »E(i)vent« die ganze Palette lust- und wirkungsvoller Veranstaltungen – vom kleinen Seminar und Workshop bis hin zum Großgruppen-Event.

Die Menschen – bunte Mischung

Veranstaltungen leben von den Menschen und deren Erfahrungen. Im Idealfall sind die so interessant, dass allein das schon reizt, dabei zu sein. Daher suchten wir gezielt eine möglichst bunte Mischung: aus Profit- und Non-Profit-Bereich, aus In- und Ausland, Einsteiger, Profis, Mitarbeiter aus Groß- und Kleinunternehmen, aus Hochschulen, aus den Sparten Schulung, Change, OE, Event und Marketing, Vertreter sozialer, kirchlicher und politischer Einrichtungen und dazu eine Schar Freiberufler.

E(i)vent

Solch buntscheckiger Teilnehmermix ist bei offen ausgeschriebenen Veranstaltungen schwer zu steuern. Aber differenzierte Ansprache und Werbung, Sponsorplätze und gezieltes Einladen von Gästen ergaben eine stimulierende heterogene Gruppe jenseits der üblichen Zusammensetzung. Zur Abrundung kamen noch gut ein Dutzend »guter Geister« dazu – ausgewählte Studenten verschiedener Fachrichtungen.

Bei den »Impulsgebern« fiel dieser Mix leichter. Wir achteten darauf, dass sie nicht nur kurzfristig als »Referenten« anwesend waren. Viele blieben drei oder vier Tage und verwandelten sich außerhalb ihrer Impulsbeiträge in »normale« Teilnehmer. Das erhöhte die Erfahrungsdichte der ganzen Veranstaltung. Heterogenität hat natürlich auch ihre Kehrseite: die Erwartungslevels der Anwesenden streuen beträchtlich.

Themenforen als Überblick

Für insgesamt neun zentrale Veranstaltungs-Themen gab es an den Vormittagen in jeweils drei parallelen Themen-Foren den großen Überblick – recherchiert und angereichert mit Berichten, Thesen, Videos und Statements von Erfahrungsträgern aus verschiedenen Branchen und Arbeitsfeldern. Da drehte sich dann zum Beispiel alles um Planspiel und Simulation, Erlebnislernen, Wissenstransfer, Change, Führungsqualifikation, Eventkultur, Tagungen und Messen, Partizipation und Trends ... .

Teilnehmer in tragenden Rollen beim Mysterienspiel

Impulsbeiträge zur Vertiefung

An die 20 Impulsbeiträge (ansatzweise »Workshops«) vertieften ausgewählte Aspekte. Im Schnitt standen sechs von ihnen parallel zur Wahl. Auch hier die bewusst breite und kreativ-bunte Mischung aus ganz verschiedenen Arbeitsfeldern. Nicht umsonst haben wir diese Beiträge »Impulse« genannt und nicht »Referate«. Kurz und stimulierend regten sie die Teilnehmer an, auf Basis des Präsentierten kreativ weiterzuspinnen und für sich selbst neue Lösungen zu finden. Es ging ums Entdecken von Anregungen und Ideen.

Lebendige Gesamtstruktur

Der Start: Emotional, sozial, thematisch, inhaltlich und atmosphärisch einstimmend. In mehreren fürsorglich kleinen Etappen (s. Kapitel 16).

Orientierungsphasen im Plenum: Die Aufteilung in viele Impuls-Gruppen braucht Orientierung und Plenum als Gegengewicht. Deshalb startete jeder Vor- und Nachmittag mit kurzen Plena: Kurzvorstellungen der jeweils aktiven Impulsgeber, Orientierung über kurzfristig entstandene Themengruppen und Initiativen und zwischendurch überraschende Kurz-Inputs.

Abendprogramm im Plenum: Drei Abende jeweils im Plenum, um die Energie der Gesamtgruppe zu nutzen. Am ersten Abend unser »Seeoner Mysterienspiel« – eine thematische Inszenierung der E(i)vent-Antagonisten »Lust« und »Askese«. Am zweiten Abend die Präsentation der »7 Erfolgsfaktoren für mehr Energie in Lern- und Changeprozessen«. Und am letzten Abend ein lockeres Ausklingen mit Musik, Bier, Wasser und ..., mit Zeit für informellen Austausch.

Austausch: Jeder Teilnehmer entschied selbst, was er mit wem austauschen wollte. Als Veranstalter installierten wir dafür Angebote, die dann nach Lust und Laune genutzt wurden. So entstanden zum Beispiel Austauschgruppen: quer über die besuchten Impulse hinweg, nach den Farben der Shake-Eier, nach Heimatregionen, Interessen- und Themenfeldern.

Ausreichend lange Stehtisch-Kaffeepausen im Klosterhof, Tischgruppen unter schattigen Bäumen, »kollegiales Eierbrüten« sowie sportliche und kulturelle Angebote bei »Morgengrauen«, »Freiraum« und »late night am See« gaben Gelegenheit, mit Menschen ins Gespräch zu kommen. Und damit man schnell wusste, wer wer ist, gab es Teilnehmerlisten mit Fotos und Namensbuttons.

Spielräume und Wahlmöglichkeiten: Kreatives Lernen und Arbeiten braucht Spielräume, zum Beispiel die Wahlmöglichkeit, sich das individuelle Themenmenü frei zusammenstellen zu können – mit persönlichen Schwerpunkten für Kopf, Herz und Hand. Wichtige Spielräume sind aber aber auch freie Zeiten zwischen den Impulsen sowie Möglichkeiten und Räume, mit anderen an eigenen Themen und Fragestellungen arbeiten zu können.

»Freiraum« und »Morgengrauen«: Feste Zeitfenster für ad hoc Entstehendes und für Angebote im Sinne klassischer Rahmenprogramme, zum Beispiel Sportliches und Meditatives noch vor dem Frühstück und Kurzfristiges, Vertiefendes, Ergänzendes,

Gemeinsam anspruchsvolle Texte singen

Musikalisches vor dem Abendbuffet. Die Initiativen dazu kommen von Teilnehmern, Impulsgebern und »guten Geistern«. Die Aktivitäten werden im Plenum publik gemacht.

Werkstattarbeit und »Eierbrüten«: Kreative Ideenimpulse plus eigenes Erarbeiten oder Vertiefen eigener Themen – das scheint uns für Fachtagungen eine reizvolle Mischung zwischen »Abfüttern« und »Do-it-yourself«.

Werkstatt-Atmosphäre

Wie entstehen Leichtigkeit, Flow und stimulierende Lust auf Neues? In Seeon spielte einiges zusammen – nicht alles davon ist planbar.

Veranstaltungsimage im Vorfeld

Pressearbeit und Werbung haben den merkwürdig-eigenwilligen Rahmen und die informelle Werkstattatmosphäre betont. Das lenkte Erwartungen und Verhalten.

hätten wir nur die ideale Realität dazu. Sie wollen auch wissen, wie man die Theorien in die tatsächliche Realität bringt. Daher braucht es Settings, die diesen Dialog bei niedriger Beteiligungshemmschwelle zulassen. Der Grad an theoretischem QM-Wissen ist bei den TeilnehmerInnen breit gestreut. – Jeder und jede soll die Möglichkeit haben, sich aktiv einzubringen, ohne das Gefühl »oh Gott, bin ich dumm« zu haben.
Auch der Kongress selbst muss »Qualität« leben: Die TeilnehmerInnen müssen sich als Kunden im besten Sinn fühlen. Sie sollen sich wohl fühlen und gerne wiederkommen. Und zum Wohlfühlen gehört mehr als eine reibungslose Organisation und gute Vortragende. So braucht es die Möglichkeit, sich auch »auszuklinken«, wenn das Hirn raucht, es braucht Platz, um sich mit interessanten Bekanntschaften zu vernetzen, und es braucht das Gefühl, dass das Organisationsteam jedes persönliche Problem gerne bewältigt (Ich möchte mein Handy loswerden – aber nicht ausschalten – wo lasse ich es? Wo kann ich etwas kopieren oder ins Internet schauen?).

Die Bandbreite von »Qualität im Krankenhaus« sichtbar machen: »Qualität« hat viele Fassetten. Organisation, Führung, Krisenmanagement, Mitarbeiterzufriedenheit, Patientenzufriedenheit, Umgang mit Randgruppen der Gesellschaft, Risikomanagement, klinische Qualität, Wissenstransfer, Lerntheorie … Das und vieles mehr beeinflusst »die Qualität im Krankenhaus« – und so breit können auch die Inhalte eines Qualitätskongresses angelegt sein.

Ablauf im Groben

Schon im Programm zeigen, dass »geworkt« wird!

Bereits im Programm die jeweiligen Settings sichtbar machen (und auch sicherstellen, dass in einem »Workshop« auch geworkt wird).

Ankommen: Zeit, sich einzufinden, sich mit den Programminhalten näher vertraut zu machen, Zeit für Entscheidungen, welche Themen ich besuchen will, und Kontakt zu netten Menschen finden. Hier trifft das Wort »Symposium« zu: Es ist natürlich kein Trinkgelage – aber Kaffee, Saft, Wasser und etwas zum Knabbern braucht so ein »Ankommen« schon. Auch akustische Untermalung ist angebracht, damit die Stille nicht zur Hemmschwelle wird.

Eröffnung: Die Themen spürbar machen – Gänsehaut erzeugen – mitreißen. Nur sehr kurze Eröffnungsworte – dafür »Aktion«. Beispiele: Das Gefühl eines Patienten kurz vor der Operation (stumm gespielte Szene mit Kommentar), Szenen zu »Kommunikation« (Einbindung der TeilnehmerInnen zu Themen wie »sich begegnen«, »sich freuen«, »sich begrüßen«). Bei rund 600 TeilnehmerInnen ein echter Spaß!

Unterschiedliche Beteiligungssettings: Im Programm ausgewiesen laufen bis zu fünf Themen parallel in drei verschiedenen Formaten:

- »Plenar« als klassischer Vortrag
- »Miniplenar«:Kleine Gruppe mit Vortrag und hohem Diskussionsanteil
- Workshop: Interaktives Arbeiten mit dem Workshop-Leiter beziehungsweise Themenexperten.

Drei Settings: Plenar, Miniplenar, Workshop.

Abschluss: Prämierung von Projekten, die nachweislich zu einer Qualitätssteigerung in der PatientInnenbetreuung geführt haben.

Ausklang: Möglichkeit, sich langsam auszuklinken. Niemand muss sofort nach Abschluss »flüchten«.

Das Besondere

Relaxzone: Gemütlicher Raum für das Ausruhen und zum Erfahrungsaustausch. Möglichkeit, Musik zu hören, zu malen oder einfach nur in die Luft zu schauen.

Essen hält Leib und Seele zusammen – auch für Gesundes und Erfrischendes sorgen (neben den Klassikern auch Obst und Joghurt).

Prämierung von Projekten: »Wettbewerb PatientInnenorientierung«: Die sehr persönliche Prämierung wird mit kleinen »Events« eingeleitet. Jedes Gewinnerthema wird bildlich, filmisch und/oder musikalisch vorgestellt. Es findet keine klassische Projektpräsentation statt. Interessierte können beim »Ausklang« Kontakt zu den GewinnerInnen herstellen.

Lessons learnt

Fünf Parallelprogramme sind etwas zu viel: Die Wahl fällt oft schwer. Allerdings werden auch kleine Gruppen bevorzugt. Hier ist man bei 500–600 TeilnehmerInnen wohl in der »Quadratur des Kreises«. Fazit für uns: themenspezifische Teilkongresse zum Überthema »Qualität im Gesundheitswesen« zum Beispiel Fokus »Risikomanagement«.

Plenarsetting nicht vernachlässigen: Wird immer noch sehr gerne angenommen. Aber wichtig ist, was man daraus macht!

Workshop-Räume: Es braucht Räumlichkeiten, die »die Energie halten können«. Nicht jeder Raum ist dafür geeignet.

Dank an Margit Ernst, KAV Wiener Krankenanstaltenverbund, Qualitätsarbeit, Wien

8-5 Impulse: »TED-Konferenz« als Braintrust

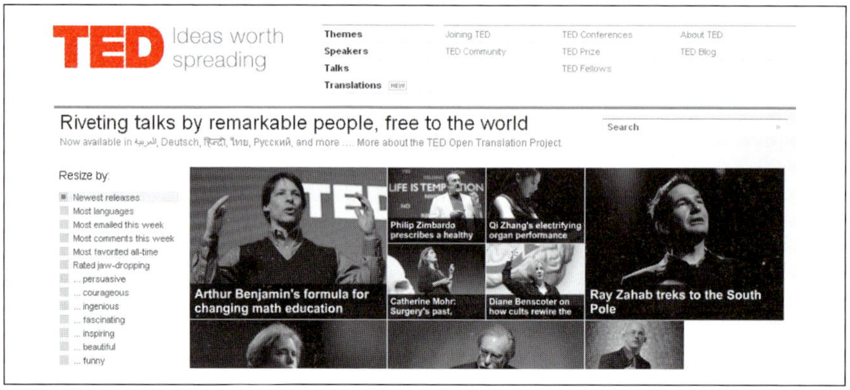

Im Schaufenster der Welt diskutieren

TED-Konferenzen gibt es seit 1984 – anfangs mit den Schwerpunkten **T**echnology, **E**ntertainment und **D**esign (daher die Abkürzung TED). Das Design ist traditionell: vier Tage, 1.000 Teilnehmer, 50 Vorträge im großen Plenum plus Freiraum drum herum. Die »Inszenierung« liegt im handverlesenen Publikum und in der Auswahl querdenkender Referenten mit »großen Namen« (hier hielt zum Beispiel Al Gore erstmals seine Umweltpräsentation). Die Herausforderung an alle Redner »to give the talk of their lives« – in 18 Minuten. Interessant ist die geplante Doppelwirkung: Erstens die 1.000 Teilnehmer und Querdenker inspirieren sich in den vier Tagen gegenseitig. Zweitens ist TED von Anfang an auf Öffentlichkeitswirkung ausgelegt, es sollen Botschaften in die Welt gehen. Eins zu eins kann man das nicht kopieren, aber mit den TED-Stilmitteln lassen sich durchaus gut kleinere Brötchen backen.

Warum wir dieses Beispiel ausgewählt haben

Das Interessante an den TED-Konferenzen: Eingeladen werden weltweit ausgewählte »Vordenker« verschiedener Disziplinen. Die halten die »Rede ihres Lebens« über Themen, die die Welt voranbringen – getreu dem TED-Motto »Inspired talks by the world's greatest thinkers and doers«. Eine ausgezeichnete PR und Website mit vielen Videomitschnitten und Texten sorgt dafür, dass davon die ganze Welt erfährt (s. http://www.ted.com)

Handwerksmesse: 10-Minuten-»Messeforen«

8-6

Messen und Begleitmessen sind Informationsveranstaltungen, die den Besuchern viel Freiheit lassen. Die Besucher wandern herum, wie sie Lust und Laune haben – bleiben hier stehen, fragen dort, gehen an anderen Ständen achtlos vorüber. Aussteller und Messeveranstalter freut das nicht in gleicher Weise. Sie wollen übergeordnete Themen positionieren und versuchen dafür gezielt die Aufmerksamkeit des Publikums zu gewinnen. Wie das geht, haben wir Franz Reisbeck gefragt, den ehemaligen Geschäftsführer der Münchner Gesellschaft für Handwerksmessen. Hier seine Antworten.

Beispiel: Zehn-Minuten-»Messeforen« – Aufmerksamkeit erarbeiten

»Es braucht markante ›Anlaufstellen‹
Die müssen gut sichtbar sein und sich in der Reizflut der umliegenden Standangebote behaupten: kleine, professionell gemachte Bühnenforen mit hellem Licht und gutem Ton. Und 30 bis 50, ein wenig vom Rest abgeschottete Sitzplätze. Vielleicht mit einem Hauch Kaffeehaus.

Dann braucht es ›Stopper‹
Irgendetwas, was die Aufmerksamkeit der aktuell anwesenden Laufkundschaft zumindest kurzfristig auf sich zieht. Plötzlich, überraschend, ungewöhnlich, laut, rätselhaft, vielleicht mit Eyecatcher oder akustischem Reiz. So, dass Besucher stehen bleiben und schauen.

Inhaltliche Orientierung
Schnell muss jetzt deutlich werden, worum es inhaltlich geht, und dass auf der Forumsbühne sofort etwas Kurzes, Attraktives stattfindet. Das fordert Tempo und Action, aber auch einen Moment Zeit. Die Leute sollen sich ja hinsetzen.

Die Aufmerksamkeit des Publikums gewinnen!

Interessant und nützlich
Thema und Präsentation müssen für die Besucher interessant sein – möglichst auch nützlich. Also nicht einfach nur einen Sachverhalt vorstellen, sondern auch den Bezug zum aktuellen Publikum herstellen. Da gehören Aktion und Spannungsbogen dazu und interessante Eye- und Earcatcher. PowerPoint reißt da niemanden vom Hocker. Gut sind Interviews, persönlich gehaltene Erfahrungsberich-

te, Vorher-Nachher-Schilderungen, pointierte personalisierte Pro-Contra-Positionen, Demovorführungen, Darstellungen aus unüblichen Perspektiven.

Türöffner für Gespräche

Dank an Franz Reisbeck, Frappanti, München, ehemals GHM Gesellschaft für Handwerksmessen

Lang darf das nicht dauern, und ein guter Schluss tut not – so, dass die Leute wissen, jetzt ist es aus und ich habe was mitbekommen. Die Sitzzeit war nicht umsonst. Für persönliche Gespräche stehen Referenten jetzt erkennbar bereit – die Action war ja nur Türöffner. Kollegen überreichen Handouts persönlich – schnell bevor die Leute weg sind.

Vom Straßentheater lernen!

Vom Straßentheater und Jahrmarkt kann man da lernen: Aktionen, Anschauliches, Kulisse, Verblüffendes, Rätselhaftes, großformatige Moritatenbilder, Tempo, Einbeziehen des Publikums, Witziges und Lachen.«

»BarCamp«: Die Anti-Konferenz

8-7

Dass die Kongress- und Tagungsszene nicht erstarrt, zeigt die junge »BarCamp«-Bewegung, die ihre Veranstaltungen trotzig »Anti-« beziehungsweise »Unkonferenzen« nennt: Das sind Vortrags-, Diskussions-, Austausch- und Vernetzungsforen, die in offener Umgebung lernen und Wissen teilen. Das Prinzip ist einfach: Ein Rahmenthema, zwei Tage, viele Räume. Es gibt nur Teilnehmer, keine Zuschauer. Der Ablaufplan wird jeden Morgen frisch erstellt, indem die »Vortragenden« oder »Diskutanten« ihr Thema in einen großen Ablaufplan eintragen (Räume und Zeitfenster im Stundentakt) – fertig ist die Agenda. Die Teilnehmer wählen, was sie sehen oder hören wollen. Alle Präsentatoren sorgen dafür, dass sämtliche Mitschriften, Folien oder Videos ihrer Präsentationen im Web veröffentlich werden. Im Augenblick noch eine spritzige Open-Space-Version für hoch spezialisierte »Junge Wilde«.

»BarCamp«: Pressebericht über ein ungewöhnliches Format

»Das klassische Konferenz-kontrastprogramm

Wer Anfang März die Emerging-Technology-Konferenz im kalifornischen San Diego besuchen wollte, musste bis zu 1.110 US-Dollar für seine Eintrittskarte ausgeben. Dafür gab es drei Tage volles Programm mit zahlreichen Rednern und Produktpräsentationen. Einige dieser Vorträge waren jedoch nichts anderes als bezahlte Werbeblöcke. Eine Reihe von Firmen gab bis zu 60.000 Dollar aus, um sich dem Publikum vorstellen zu dürfen.

BarCamp als Alternative

- *Sich selbst einbringen.* Auf eine Liste eingeladener Redner wurde beim BarCamp komplett verzichtet. Stattdessen waren alle Teilnehmer aufgefordert, selbst eine Präsentation zu halten oder sich an einer solchen zu beteiligen.
- *Programm entsteht während der Veranstaltung.* Das an einer Wand auf Papierzetteln skizzierte Programm sieht ein wenig anders aus als bei traditionellen Konferenzen. Ziemlich lückenhaft, könnte man auch sagen. Aber es ist ja noch früh. In den nächsten Stunden tragen die

Nur wer selbst etwas anbietet, kann teilnehmen!

Teilnehmer der Veranstaltung dort immer mehr Vorträge mit Edding und krakeligen Handschriften ein. Schon bald gibt es genug Gesprächsstoff. Weblogs Inc-Gründer Jason Calacanis verflucht in einem amüsanten Vortrag die Schattenseiten der Internetwirtschaft. Ian Rogers vom Yahoo Music-Team erklärt, warum Kopierschutz der größte Fehler des Online-Musikhandels ist. Und die Domina Mistress Chi Chi verkündet mit der Peitsche in der Hand, wie man sein Arbeitsleben disziplinierter organisieren kann. Dazu gibt es zahlreiche weitere Beiträge … Einige der Vorträge laufen recht traditionell ab, PowerPoint inklusive. Andere verwandeln sich nach einer kurzen Einleitung schnell in lockere und offene Gesprächsrunden.

● *Von jedem organisierbar.* ›Die Idee einer Unkonferenz ist, dass jeder eine organisieren kann‹, erklärt Kareem Mayan, der an der Vorbereitung der Veranstaltung in Los Angeles beteiligt war. BarCamps werden auch gerne als Unkonferenzen bezeichnet, weil sie sich vom Einbahnstraßenvortragsstil der klassischen Konferenzen abheben wollen. Zwar gebe es auch bei BarCamps klassische Vorträge, gibt Mayan zu. ›Aber es ist doch eher ein Austausch mit guten Ideen und guten Gesprächen.‹ Derartige Dinge würden auf traditionellen Konferenzen oft viel zu kurz kommen. ›Zwischen den Sessions gibt es Diskussionen auf den Fluren, aber das war's dann auch schon‹, so Mayan.

● *Auch für andere interessant.* BarCamps stammen aus der Szene der Blogger und Startup-Gründer. Doch mittlerweile beginnen auch Vertreter anderer Branchen, sich für die Alternative zum klassischen Konferenzformat zu interessieren …«

Dank an Janko Röttgers, erschienen im Ö1-Portal des ORF (http://oe1.orf.at) am 2.4.2006

»Schwarzmarkt des Wissens« 8-8

»Rent a referent!«

Kryptische Formatnamen beflügeln die Neugier – auch beim »Schwarzmarkt des Wissens« von dem uns erstmals Rauthgundis Reck von der Allianz Deutschland AG berichtete. Was uns besonders neugierig machte: Sie hatte damit schon Erfahrung im Unternehmen gesammelt.

Warum wir dieses Beispiel ausgewählt haben

Dieses Format stellt Konferenzdesigns auf den Kopf: Schluss mit Referenten, die einen ganzen Saal beschallen, ohne wirklich zu wissen, was ihre Zuhörer interessiert. Stattdessen der Schritt zum echten Dialog, zum Privatissimum mit vielen persönlichen Einzelgesprächen im Halbstundentakt. Organisatorisch ist das anspruchsvoll. Man braucht viele interessante Erfahrungsträger, Zeitzeugen oder Experten, die ganz persönlich Rede und Anwort stehen.

Kongressvorbereitung als Personalentwicklung

Fit machen für den Auftritt: Training und Coaching für Fachreferenten, für Workshop- und Forumsmoderatoren und für die jungen Kongressmacher.

Gut gerüstet für den Auftritt!

Veranstaltungswissen für Macher
Die IT-Nachwuchskräfte des Unternehmensförderprogramms bekamen kompakte Schulung über Tagungsdesign, Präsentation und Moderation.

Referenten-Präsentationstrainings
Für IT-Referenten Halbtagstermine zur Wahl. Trainingsthemen: Struktur und Stimulanz, Teilnehmeraktivierung, Medieninszenierung, Diskussionsstrategien, persönliche Wirkung und die unterschiedliche Markanz der Vorträge – die sollten ja nicht alle dem gleichen Strickmuster folgen.

Präsentationscoaching auf Wunsch
Zum Sicherwerden kurz vor Kongresstermin Probeläufe und Optimierungsfeinschliff in Gruppen.

Anmoderieren und Foren leiten
Werkstatt für Moderatorenaufgaben: Referenten im Vorfeld briefen und vor Ort spannend einführen, Vorträge zum guten Ende bringen, Diskussionen leiten, Diskussionsforen beziehungsweise Workshops eröffnen und moderieren. Ergebnisse festhalten, auf Turbulenzen vorbereitet sein und darauf besonnen reagieren können.

Grundformat »Arbeitstagung«

9

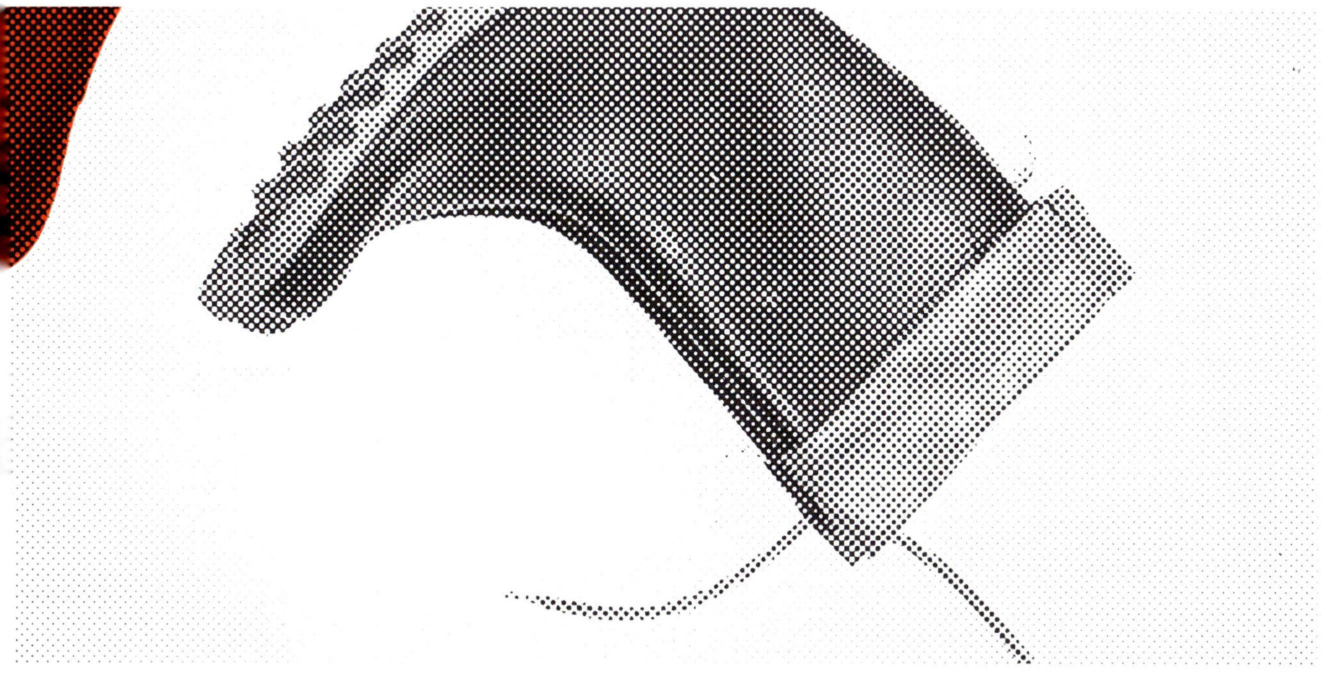

Konsens herstellen, aktuelle Themen klären, Ideen voranbringen, Lösungen finden. »Arbeitstagungen« heißen anderswo »Stammesrat«, »Loja Dschirga«, »Rat der Weisen« oder »Palaver«. Bei unseren »Inszenierten Arbeitstagungen« ist manches anders, aber die Teilnehmer kommen auch aus einem »Clan« (Unternehmen, Bereich …), »Stammesälteste« sind vor Ort, und alle beschäftigen sich mit einer herausfordernden Fragestellung. Damit nicht nur das Gehirn aktiv ist, nimmt man Anleihen aus der Event-Kultur und nutzt gezielt Inszenierungselemente.

"Mit'n Redn keman d' Leit z'somm."

»Arbeitstagungen«: Anlässe und Zuschnitte

9-1

»Arbeitstagungen« sind im Prinzip große Workshops. Manche sind eher Informationsveranstaltungen plus Austausch, andere legen den Schwerpunkt auf das dialogische Abgleichen von Sichtweisen und Positionen, auf den Austausch quer über die Hierarchieebenen hinweg oder auf das Arbeiten an wichtigen Themen oder Lösungen. Hier einige Beispiele (ausführlich in Kapitel 10).

Zuhören, mitreden, Klarheit gewinnen …

Zweitägiger »Projektleitertag« für 120 Projektverantwortliche. Mehr Klarheit und Mut anlässlich von Übernahme und Personalabbau. Mit Geschäftsleitung, Gästen und Fachreferenten, einem Info-Markt über erfolgreiche Projekte, Zeit fürs Kontakten und Theaterleuten, die manches auf ihre Weise auf den Punkt bringen (s. Kapitel 10).

Erstes gemeinsames »Kommunikationsforum«. 60 Kommunikationsspezialisten vieler Einzelverbände frisch nach der Fusion. Wechselseitiges Kennenlernen von Personen, Projekten und Produkten. Und zugleich setzt der neue Chef Akzente in der neuen Formation.

Viertägiges Fusions-»Sommercamp« in offener Atmosphäre. Die obersten 50 Führungskräfte plus Geschäftsführung und externe Impulsgeber nehmen teil. Man beschnuppert sich in der neuen Konstellation, diskutiert Ziele, setzt Wegmarken, macht einen gemeinsamen Ausflug.

Vertriebsjahresauftakttagung. Aktuelles aus Zentrale und Regionen steht auf dem Programm. Die 400 Außendienstmitarbeiter sollen auf die neuen Ziele eingeschworen werden, manches ist zu klären. Und natürlich sind alle neugierig, was sich Leitung und Eventagentur diesmal als »Zuckerl« haben einfallen lassen.

»Flusskonferenz«. Bürger der Anliegerkommunen entlang eines Flusses wollen ein gemeinsam getragenes Konzept zu Wasser, Wirtschaft und Regionalkultur entwickeln. Zum Start trifft man sich in einer Zukunftswerkstatt.

9-2 Das ist typisch für Arbeitstagungen

Arbeitstagungen dauern unterschiedlich lang, haben (unterschiedlich) viele Teilnehmer, sind mehr oder minder stark »inszeniert«, und es gibt sie als jeweils neu designte Unikate. Für »partizipative« Großgruppen existieren darüber hinaus fertige Rahmenablaufmuster.

Der Anstoß kommt oft von »oben«, aber die Basis kann mitreden. In Unternehmen kommt der Anstoß für Arbeitstagungen oft von »oben«: Das Management will Positionen und Perspektiven klären, Ziele und Visionen diskutieren und verankern, Unzufriedenheit oder Reibungsverluste abbauen, Mannschaften für Veränderungsziele gewinnen, das Ohr am Volk haben. Andere Arbeitstagungen entstehen auf Initiativen der Basis, beziehungsweise die Basis kann vor Ort deutlich auf Inhalte und Ergebnisse Einfluss nehmen. Da haben »partizipative« Formate ihre besondere Stärke (Open Space, Zukunftskonferenz, Zukunftswerkstatt).

Ziel- und Ergebnisorientierung. Manche Austausch-, Diskussions- und Arbeitsmeetings kehren periodisch wieder. Andere reagieren auf aktuelle Herausforderungen oder flankieren Entwicklungs- und Change-Prozesse. Man kommt zusammen, um etwas voranzubringen, Meinungen und Positionen gemeinsam einzuordnen, um Themen zu klären, um etwas festzuzurren, um Kampagnen zu starten. Von den Ergebnissen sind die Beteiligten betroffen.

Fast alle Teilnehmer stammen aus einem gemeinsamen »System«. Bis auf ein paar Gäste kommen alle aus der gleichen Firma, dem gleichen Standort, Werk, Projekt, Verband oder der gleichen Region. Austausch und Kennenlernen sind deshalb nicht nur sozial »nett«, sondern wichtige Basis für die (weitere) Zusammenarbeit. Dafür müssen Zeit und Raum eingeplant sein.

Die Führungsebene ist anwesend. Zumindest zeitweise sollte die Hierarchie in die Arbeitstagung eingebunden sein – das unterstützt den Prozess und sichert Beschlüsse und deren Umsetzung. Auch »partizipative« Veranstaltungen haben (oft) die Hierarchie vor Ort, aber die sollte nicht den Takt vorgeben.

Dialog- und Konsensorientiert. Auch bei inhaltlichem Dissens und heißem Diskurs wahren Arbeitstagungen die Form – man muss ja weiterhin zusammenarbeiten und zusammenleben. Moderatoren fördern Zuhören, Austausch, Dialog und Klärung und achten darauf, dass trennende Gräben nicht tiefer werden.

Inputs dominieren nicht alles. Gut aufbereitete Info-Inputs von oben, unten und quer sind für Arbeitstagungen wichtig, aber die Tagungen dürfen nicht zu Informationsveranstaltungen verkommen. Es soll im Sinne von Workshops »geworkt« und nicht nur gehört werden. Teilnehmer gehen mit dem Management in Dialog, statt reine Zuhörer oder Empfänger zu sein.

Keine Abstimmungsmaschine. »Inszenierte Arbeitstagungen« sind keine Parteitage, und Abstimmungen werden eher selten durch formales Abzählen entschieden. Dieses Abzählen würde Gewinner und Verlierer produzieren. Das will man möglichst vermeiden. In der Regel haben Tagungen keine basisdemokratische Entscheidungsmacht.

Inszenierte Arbeitstagungen als »große Workshops«.

Entscheidungs- und Spielräume vorhanden! Arbeitstagungen dienen der aktiven Mitarbeit an anstehenden Themen. Das setzt voraus, dass nicht alles schon vorab entschieden und festgezurrt ist – andernfalls sinkt die Lust auf Beteiligung. Dann wären vielleicht Predigten oder flammende Überzeugungspräsentationen ehrlichere Formate.

Stärken stärken! Weil alle weiterhin zusammenarbeiten müssen und motiviert bleiben sollen, werden Tagungsmacher den Systemzusammenhalt unterstützen und vorhandene Stärken nutzen – beispielsweise durch wertschätzendes Vorgehen (s. Kapitel 17). Kritik und »Kopfwaschen« gehören deshalb nur sehr begrenzt ins große Plenum.

Gezielte und dosierte Inszenierung! Bei großen Arbeitsmeetings stehen zentrale Aufgaben beziehungsweise Herausforderung im Zentrum. Aber weil man mit Lust besser arbeitet, tut Arbeitstagungen ein Schuss Entertainment gut – nicht, weil »Buntes« oder »Happenings« Ziel sind, sondern weil das Aufmerksamkeit und Interesse weckt, Mut macht für neue Lösungen und für kreative Schritte »out of the box«. Davon profitieren Wirkung und Wirksamkeit.

Voraussetzungen für partizipative Großgruppenformate. Die Formate werden mächtig, wenn es Gestaltungs- und Entscheidungsspielräume gibt, viele Menschen in ähnlicher Form vom Thema betroffen sind und breit gefächerter Diskussions-, Vertiefungs- und Konkretisierungsbedarf besteht. Idealerweise sind die Teilnehmer »reif« genug, sich nicht von der Großgruppendynamik überrollen zu lassen, und das Management sollte möglichst ohne Angst vorher wissen, worauf es sich einlässt. Eine Schwalbe macht noch keinen Sommer! Für Veränderungen in Organisationen braucht es fast immer mehr als ein gelungenes Event. Auch »partizipative« Veranstaltungen sind nur ein Schritt in einem größeren Projektkontext (s. Kapitel 2).

Gemeinsamkeiten und Unterschiede der Formate

Nicht brav nach Rezept kochen

In den nächsten Abschnitten finden Sie geläufige Großgruppenformate mit ihren wichtigsten Charakteristika und Abläufen. Diese Verfahren haben sich in verschiedenen Arbeitswelten mit ähnlicher Vorgehenslogik parallel entwickelt, wechselseitig inspiriert und jeweils methodisch weiter differenziert, aber die alten Formatnamen sind geblieben. Darum verschwimmen teilweise die Unterschiede: So ähneln sich Zukunftskonferenz, Zukunftswerkstatt, Real Time Strategic Change in ihren Ablaufphasen. Offener im Vorgehen und auch unverbindlicher im Ergebnis ist der Open-Space-Ansatz. Hier definieren die Teilnehmer spontan vor Ort Diskussionsthemen und Zielsetzung. Lassen Sie sich deshalb keine grauen Haare wachsen, wenn Sie das Gefühl haben »Das ist alles eins!«: Erfinden, mischen, kombinieren Sie in eigener Regie frisch drauflos – so, wie es für Sie und Ihre Fragestellung passt.

Klein und groß: Warum nicht beides?

»Großgruppenverfahren« funktionieren auch im kleinen Rahmen! Die große Zahl ist nicht das Entscheidende, wichtiger sind Partizipation, inhaltsoffene Fragestellungen, flexibles Design und die Einbettung in den Gesamtkontext. Manchmal ist es sinnvoll, in kleinerem Rahmen Themen anzudenken und erst dann zu entscheiden, ob und welche Art von Großgruppen-Event Erfolg verspricht. Deren Ergebnisse wiederum sichern große und kleine Folgeevents ab.

»Open Space«: Der Großgruppenklassiker

9-6

Open-Space-Konferenzen sind das bekannteste partizipative Großgruppenformat im Kontext von Organisationsentwicklung und Change. Ablaufmuster und Regeln sind einfach. Dem Mythos nach beobachtete Gründervater Harrison Owen, dass in Kaffeepausen die Kommunikation lebendiger sei als im offiziellen Konferenzprogramm. Statt die Konferenzen zu optimieren, wählte er die Kommunikationsform der Kaffeepausen als »Format«.

Kaffeepausen als Format

Das Wesentliche an Open Space

Open Space (OS) braucht übergeordnete, ergebnisoffene Fragestellungen – also komplexe Themen, die alle betreffen und energetisieren. Aufarbeiten interner Konflikte ist weniger angesagt. Man verzichtet weitgehend auf inhaltliche Vorgaben, auf Inputs jenseits grober Orientierung ins Thema.

Die Themen konkretisieren sich erst vor Ort. Die konkreten Arbeitsthemen bringen die Teilnehmer erst vor Ort ein. Im Themenmarkt suchen sie dafür Mitdenker und Mitstreiter. Zum Laufen kommt also nur das, was »ins Spiel« gebracht, »nachgefragt« und vorangetrieben wird.

Design, Methoden und äußerer Rahmen einer Open-Space-Tagung. Der Ablauf ist einfach und lässt Spielraum: Thematische Orientierung – Benennung von Arbeitsthemen – Bewerbung am Marktplatz – Vertiefung in Arbeitsgruppen – Zurückspeisen der Diskussionen und Ergebnisse ins Plenum – gegebenenfalls Abgleich und Beschluss. Bei aller Offenheit sorgt Folgendes für Struktur: Wechsel zwischen Plenum und Arbeitsgruppen, feste Zeitfenster und Belegpläne für die verschiedenen Räume, Wände für Nachrichten und Ergebnisse. Mindestens morgens und abends trifft man sich im Plenum. Am Ende ist viel Zeit geplant für das Sichten, Bewerten, Priorisieren von Vorschlägen und Definieren von konkreten Maßnahmen (Beispiele in Kapitel 10-6 sowie www.openspaceworldscape.org und www.boscop.org).

Pluspunkt: einfache Regeln!

Eigenverantwortung und Selbststeuerung. »Wer kommt, ist richtig!«, »Es beginnt, wenn die Zeit reif ist!«, »Vorbei ist vorbei!« und das »Gesetz der zwei Füße«: Wer in einer Gruppe nichts mehr beitragen kann oder zu wenig davon hat, soll wandern – zu einer anderen Gruppe oder zum Kaffee. Das sorgt für Austausch, sichert den Energiehaushalt und ist Indikator für Wichtigkeit und Akzeptanz.

Offenheit der Auftraggeber für Lösungen der Basis. Leitung und Management brauchen Vertrauen in die Konferenzteilnehmer, Elastizität für ungewöhnliche Vorschläge und die Bereitschaft, gemeinsam entwickelte Lösungswege anschließend auch zu gehen.

Geringe Steuerungsmacht der Moderatoren. Sie sind eher logistische Helfer, starten Plena, unterstützen Austausch und Info-Fluss – alles andere liegt in der Verantwortung der Teilnehmer.

Ergebnisqualität. Open Space fixiert sich nicht zwingend auf gemeinsame Beschlüsse oder Konsens bei Maßnahmenkatalogen. Das Format setzt vor allem auf den Austausch und Energetisieren.

»Open Space«: Tipps für den Einsatz

Open Space als Baustein im Change-Prozess. Vor allem bei aktuellen, ungelösten Fragestellungen mit Leidensdruck und Handlungsbedarf. Aber das setzt Arbeitsfähigkeit und Konsensbereitschaft voraus, Flexibilität des Managements und braucht mehr als nur eine isolierte Open-Space-Konferenz.

Open Space als Format für lebendigen Austausch. Zum Beispiel ein Tag für Kontakt, Info-Fluss, Dialog und Diskurs – gut für Themen ohne großen Leidensdruck und ohne differenzierte Maßnahmenpläne.

Als »Mischkost« in straff strukturierten Tagungen. Ernährungswissenschaftler propagieren ausgewogene »Kost«. Das gilt auch für Tagungen: Auf eine Serie komprimierter Inputs folgt zum Beispiel eine Sequenz wenig vorstrukturierter Arbeit an eigenen Themen (»Eierbrüten«). Organisiert wird das über den Themenmarktplatz (s. Kapitel 10, 17).

Open-Space-Elemente in andere Formate einbauen!

Freiwilligkeit der Teilnahme. Bei Bürgerbewegungen und freien Gruppen stimmt der Satz »Wer kommt, ist genau richtig!« – man kann sowieso niemanden zum Kommen verpflichten. In hierarchisch organisierten Unternehmen steckt man aber weniger klaglos weg, wenn wichtige Stakeholder fehlen. Da wird man versuchen nachzuhaken.

Vorsichtiger Umgang mit Ressourcen. »Das ganze System in einen Raum« klingt nach Schweizer Basisdemokratie. Aber wer Mitarbeitertage der Anwesenden kalkulieren muss, wird Kosten-Nutzen strenger kalkulieren. Der »Whole-Scale-Anspruch« fordert übrigens nicht, dass wirklich »alle« vor Ort sind – möglichst repräsentativ sollte die Teilnehmergruppe aber schon sein.

Das Management nicht überfordern! Natürlich »weiß« die Unternehmensleitung von den Moderatoren über die Dynamik der Großgruppen. Aber erst im Geschehen vor Ort erkennen manche, auf was sie sich da eingelassen haben. Es kostet Glaubwürdigkeit, wenn das Management da anschließend einknickt.

Nichts überstürzen: Man kann Raketen nur einmal zünden! Großgruppen agieren nicht rational, und wenn es dumm geht, dann heizen sie sich gegenseitig auf. Das führt zu Beschlüssen, die man später so nicht mehr nachvollziehen würde – aber Zurückholen ist auch nicht einfach. Das wäre keine gute Basis für eine »lernende Organisation«.

Dank an Ralf Besser, Bremen, WUP-NETZWERK

9-7 Die Zukunftskonferenz

»Future Search Conference« nannten Marvin Weisbord und Sandra Janoff ihr Format. Auch dieses hat seine Wurzeln in der amerikanischen Bürgerrechtsbewegung, wo es immer auch um Selbstbestimmung und basisdemokratisches Verständnis ging. Also werden bei Zukunftskonferenzen möglichst alle beteiligt, die in irgendeiner Weise Anteil am System haben – als Chefs, Mitarbeiter, Kunden, Lieferanten oder anderweitig betroffene Interessengruppen.

Das Wesentliche der Zukunftskonferenz

Besonders geeignet für das Entwickeln von Visionen, Strategien, Leitbildern und übergeordneter Zielausrichtung. Also immer, wenn man gemeinsam die Zukunft planen will.

Zukunftsorientierte, ergebnisoffene Fragestellung. Präzise, aber nicht zu eng sollte die zu bearbeitende, zukunftsorientierte Fragestellung sein, zum Beispiel: »Wie wollen wir in Zukunft unsere Kundenbeziehungen gestalten?« Es muss noch Gestaltungsmöglichkeiten geben – in und nach der Konferenz.

Homogene und heterogene Arbeitsgruppen im Wechsel

Repräsentative Teilnehmerzusammensetzung. Idealerweise schicken alle Peergroups und Stakeholder Repräsentanten in die Veranstaltung. Strukturierter Austausch wechselweise in homogenen und heterogen Gruppen (»Mix-Max-Gruppen«).

Energetisieren durch Vision. Der Sprung in die gewünschte positive Zukunft, kombiniert mit der Würdigung von Vergangenheit und Gegenwart, inspiriert zum Handeln und Gestalten.

Konkrete Ergebnisse und Maßnahmen. Was müssen wir tun, um unsere gemeinsame Vision Wirklichkeit werden zu lassen? Welche konkreten Maßnahmen müssen umgesetzt werden? Meilensteine und Verantwortlichkeiten sollten am Ende festgeklopft sein.

Teilnehmerzahl, Max-Mix-Gruppen und Vollversammlungen. Die reine Lehre verlangte ursprünglich 8 x 8, also 64 Teilnehmer, weil man so leichter homogene und bunt gemischte Arbeitsgruppen bilden konnte. Inzwischen ist man flexibler. Geblieben ist der gezielt variierte Kleingruppenmix: mal die homogene Zusammensetzung (Personen mit ähnlicher Betroffenheit beziehungsweise Perspektive auf das Thema), dann im Wechsel maximal gemischte Gruppen (idealerweise in jeder Gruppe mindestens ein Vertreter aus den homogenen Gruppen). Zwischendurch kurze Vollversammlungen aller Teilnehmer zum Austausch und Abgleich von Zwischenergebnissen.

Dauer von Zukunftskonferenzen. Selten mehr als zweieinhalb Tage, beispielsweise mit Beginn am ersten Tag um 17 Uhr und Ende am dritten Tag um 15 Uhr.

Ablauf: Phasen einer Zukunftskonferenz

Phase 1 Wurzeln und Wege: Rückblick in die Vergangenheit. Wo sind meine/unsere Wurzeln? Meine Geschichte und die Geschichte der Fragestellung: Wie fing alles an? Stationen und Wendepunkte? Alleine und in Gruppen zusammentragen, erzählen, zeichnen, notieren. Ein langer Zeitstrahl und ein Blick auf die Zeitgeschichte sind hilfreich.

Phase 2 Gegenwart: Trends und Entwicklungen. Was ist Ist-Stand? Welche Trends und Entwicklungen in Bezug auf das Konferenzthema lassen sich herausarbeiten? Was geschieht »um uns herum«? Worauf müssen wir uns einstellen? Alleine und in Gruppen sammeln, Notizen machen, Plakate oder Mindmaps erstellen. Kurzbericht für das Plenum vorbereiten.

Phase 3 Persönliche Wertung: Stolz und Bedauern. Persönliches Bewerten des eigenen Beitrags oder eben Nichtbeitrags zum Konferenzthema. Austausch in Kleingruppen – ohne Schuldvorwürfe: Worauf sind wir stolz beziehungsweise was bedauern wir? Was haben wir gut gemacht, was eventuell versäumt? Kurzbericht fürs Plenum vorbereiten.

Phase 4 Vision: Sprung in die erfolgreiche Zukunft. Ausrichten auf die Zukunft. Mut machen: Reale Utopien und konkrete Visionen denken, beschreiben und in kleinen Szenen inszenieren (als Pressekonferenz, Jubiläum, Festakt, Rentnertreffen …). Im Jahr 2020 am Ziel der Mühen angekommen sein! Wie hat sich das so positiv entwickelt? Sich inspirieren lassen von einer Zukunft, für die sich alle Anstrengung lohnt.

Phase 5 Zukunftsentwürfe: Gemeinsamkeiten herausarbeiten. Welche Ziele stecken in den Utopien und Visionen? Welche streben wir an? Entwürfe auf Gemeinsamkeiten abgleichen. Auf Flipcharts festhalten, wo es Konsens und ungelöste Differenzen gibt.

Dank an Matthias Wilke, WUP-NETZWERK für Beratung zur Zukunftskonferenz

Phase 6 Maßnahmen planen: Für die Zukunft wappnen. Die konkrete Maßnahmenplanung nicht aus dem Hier und Jetzt beginnen, sondern aus der Perspektive einer lohnenswerten Zukunft. Was ist zu tun – wer macht was? Sofortmaßnahmen (innerhalb drei Wochen) sowie kurzfristige (drei Monate), mittelfristige (ein Jahr) und langfristige Maßnahmen (zwei Jahre) planen. Zuständigkeiten, Unterstützer und Supportbedarf klären.

Robert Jungk und die »Zukunftswerkstatt«

9-8

Robert Jungk

Die Entwicklung der Zukunftswerkstatt

»Bei der Entwicklung der Zukunftswerkstatt hat mir ein Schlüsselerlebnis, das ich 1954 in Sizilien hatte, entscheidend geholfen. Und zwar bin ich damals nach Palermo gefahren, um den Sozialreformer Danilo Dolci zu interviewen. Der machte damals einen Hungerstreik, um auf die Unterdrückung der Bauern durch die Mafia in Sizilien hinzuweisen. Er hat also fast drei Wochen lang Hungerstreik gemacht, und die Leute kamen zu ihm, weil sie ihn verehrt haben und wollten mit ihm sprechen.

Und da habe ich zum ersten Mal erlebt, dass er diesen ganz einfachen Menschen gesagt hat: Jetzt sagt doch mal, wie ihr es eigentlich anders haben wollt! Wie müsste es eigentlich sein, wenn die Mafia euch nicht unterdrücken würde? Und da habe ich zum ersten Mal erlebt, nur dadurch habe ich Vertrauen gewonnen, dass Menschen in einem so schnellen Prozess überhaupt zum Reden kommen, dass sie es wagen zu reden, dass sie es wagen, etwas zu erfinden.

Da habe ich gesehen, wenn das diese ganz einfachen sizilianischen Landarbeiter und Tagelöhner können, dann müssten es ja auch andere können. Ich dachte damals noch, das sei mit anderen Menschen einfacher. Dann habe ich aber herausgefunden, dass der kulturell belastete Mensch es viel schwerer hat, zu seiner Fantasie zu kommen.«

(Robert Jungk in einem Interview in: Pädagogik, Heft 6/1992)

Die Ursprungsidee: Bürgerbeteiligung. Betroffene zu Wort kommen lassen, Bürger beteiligen und zu verstärkten Demokratisierungsprozessen beitragen. Zukunftswerkstätten entstanden dort, wo Menschen mit etablierten Institutionen oder umweltzerstörenden Produktions- und Lebensformen nicht einverstanden waren und gemeinsam eine andere Zukunft entwickeln wollten. Ursprünglich beschränkten sich Zukunftswerkstätten vor allem auf Verbales und Visuelles. Inzwischen ist die Methodenpalette kreativer geworden: Rollenspiele, Theater, Collagen, Reportage, bildnerisches Gestalten, gruppendynamische Übungen, Sensibilisierungen, meditative Techniken, Szenarienwerkstatt, aber auch rationale Planungsmethoden sind dazugekommen.

Danke für die Unterstützung zum Thema Zukunftswerkstatt an Dr. Walter Häcker, Winterbach, und Hans Holzinger, Jungk-Bibliothek Salzburg

Die Doppelhelix als »Markenzeichen« der Zukunftswerkstatt entwickelte Rüdiger Lutz

Das Drei-Schrittmodell der Zukunftswerkstatt

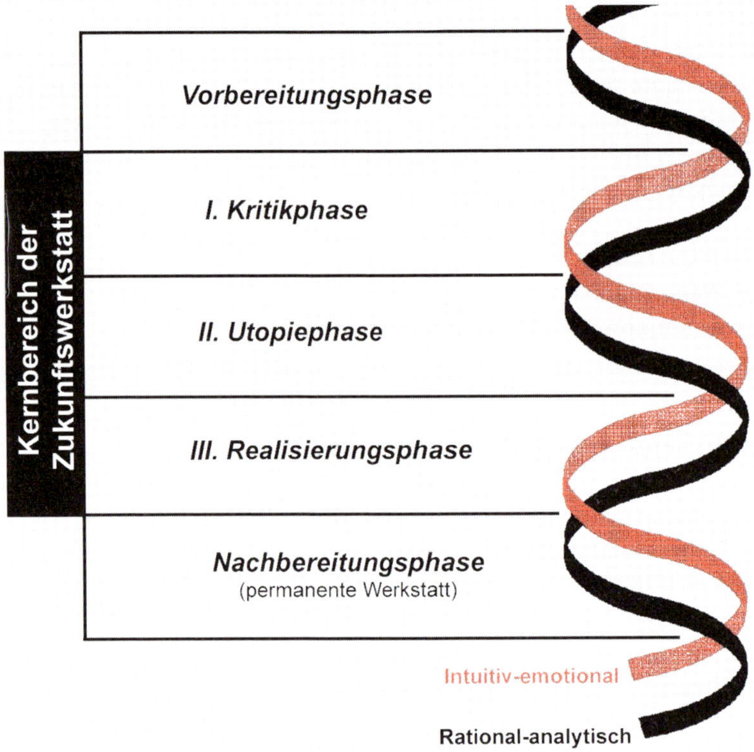

I **Kritikphase:** Bestandsaufnahme.
II **Utopiephase:** Entwickeln von Zukunftsideen.
III **Realisierungsphase:** Konkrete Handlungsschritte zur Verwirklichung.

Interessant ist die Idee, dass sich dabei jeweils rational-analytische und intuitiv-emotionale Methoden im 90-Minuten-Rhythmus abwechseln und dass man auf die Szenariotechnik zurückgreift.
Und weil das Format seine Heimat in der politiknahen Bürgerbewegung hat, weiß man, dass ein Werkstattmeeting alleine kaum »realen Change« auslöst. Darum ist die Nachbereitungsphase als »permanente Werkstatt« erfolgsentscheidend.

RTSC: Real Time Strategic Change

9-9

Eine problemzentrierte, handlungsorientierte Großgruppen-»Konferenzmethode«, um »mit dem ganzen System« in Echtzeit gemeinsam Strategien für schnellen, simultanen Wandel in Organisationen zu entwickeln. Inhaltlich vorbereitete Inputs, klare Struktur und das Einbeziehen des Managements sind typisch. Dauer: zwei bis drei Tage. Große Teilnehmergruppen sind üblich, aber vor allem geht es um den repräsentativen Querschnitt (alle Ebenen und Abteilungen), und, wenn möglich, lädt man noch externe Partner dazu (zum Beispiel Kunden). Das sichert die maximale Mischung in den interaktiven Kleingruppen: Alle »Arbeitstische« (ungefähr acht Personen) sind dann kleine repräsentative Mikrokosmen der Gesamtorganisation.

Einsatzmöglichkeiten und Grenzen

Hoffnung auf schnellen Wandel

Change. Ursprünglich lag der Fokus auf strategischer Planung. Inzwischen versteht sich RTSC als »Whole-Scale«-Ansatz für viele Veränderungsprozesse, zum Beispiel Organisationsdesigns, Fusionen, Qualitätsmanagement oder Culture Change. Die Veranstaltung hat die Rolle eines Promoters – nach einem Vorlauf, in dem schon Eckdaten und Zielrichtungen definiert worden sind.

Voraussetzungen. Das Thema muss für Teilnehmer und Unternehmen wichtig sein, beziehungsweise es muss gelingen, die Teilnehmer dafür wachzurütteln. Wie auch anderswo, braucht es grundsätzliche Bereitschaft für Veränderung und Wandel. Und das Management muss sich auf neue Ideen und diese andere Art der Zusammenarbeit mit der Basis einlassen können.

Klare Ansage. Die RTSC dient der Umsetzung bereits bestehender Vorgaben wie neuen Zielsetzungen, Leitlinien, Strategien etc. Das bedeutet: Die Geschäftsleitung gibt bereits die Richtung vor und nutzt die Veranstaltung, um die Teilnehmer darauf einzuschwören. Damit beschränkt sich der partizipative Anteil auf Dialog, Anreicherungen und konkrete Ausgestaltung, zum Beispiel »Was bedeutet die neue Strategie für unseren Bereich, wie können wir sie umsetzen, was brauchen wir an Rahmenbedingungen …?«

»Real Time«. Ganz optimistisch hofft man darauf, dass die Veränderung in »Echtzeit« schon in der Veranstaltung passiert, und hier bereits neue Sichtweisen und konkrete Absichten entstehen.

»RTSC«: Ablauf und Arbeitsschritte

Schritt 1 **Unzufriedenheit mit der Realität.** Die Unzufriedenheit der Teilnehmer mit der Realität ist Ausgangspunkt. Im ersten Schritt will man eine gemeinsame aufrüttelnd-brisante Informationsbasis schaffen. Dazu dienen erlebnisnahe »Geschichten«, um die Ausgangslage auch emotional auf den Punkt zu bringen, vorbereitete Inputs und Problemszenarien über die »riskante Zukunft«, Kontextanalysen, Branchentrends, Analysen interner Rahmenbedingungen, »hinderlicher Spielregeln« und »Tabus«, Sichtweisen der Unternehmensleitung und Kundenperspektiven.

Schritt 2 **Positive Zukunft und Visionen.** Im zweiten Schritt soll die Großgruppe Chancen sehen, das Tal der Unzufriedenheit zu verlassen. Positive Optionen, Zielbilder und Zielvisionen kommen ins Spiel. Die absichtsvoll gemischten Gruppen gehen darüber in Dialog und versuchen mit verschiedenen Sichtweisen »positiver Zukunft« vertraut zu werden. Auch die Führungsebene bringt ihre Ziele und Visionen ein.

Schritt 3 **Unterwegs zur Veränderung.** In der Sprache der RTSC-Anbieter heißt dieser dritte Konferenzschritt euphorisch: »Der konkrete und simultane Veränderungsprozess beginnt«. Bodennäher wird man die diversen Ziele nochmals darstellen und sich ihnen durch »Visionieren« auch emotional nähern: »Was ist in zwei Jahren realisiert?« Und damit man nicht nur redet, lotet man Maßnahmen aus und spricht sich ab. Das ist – wenn es gut geht – ein Schritt in Richtung »Change«.

Beispiele für »Inszenierte Arbeitstagungen« 10

Designs, Ablaufmuster, Teilaspekte. In unseren Beispielen »Inszenierter Arbeitstagungen« arbeiten Teilnehmer in Klausuratmosphäre an anstehenden Themen. Manche dieser großen, inszenierten Workshops sind straff zeit- und themengetaktet, andere lassen Spielraum. Gelegentlich sind Lerneinheiten eingewoben, das Management ist unterschiedlich präsent und Art und Ausmaß der Inszenierung variieren von Fall zu Fall. Aber gemeinsam ist allen, dass die Beteiligten vorab, vor Ort und im Anschluss aktiv einbezogen sind.

Gemeinsam an Themen **arbeiten.**

Großer »Projektleitertag« 10-1

120 Projektleiter der IT-Branche treffen sich für zwei Tage in einem großen Tagungshotel auf dem Lande. Der Anlass: die interne Fusion zweier Teilbereiche und zugleich die Übernahme der gesamten Firma durch ein ausländisches Unternehmen. Das bedeutet mehrfach Unklarheit und Unsicherheit über die weitere Entwicklung: Welche Strategien verfolgt die neue Mutter, welche Kompetenzen und Profile werden in Zukunft gefordert, was wird mit den Arbeitsplätzen, was mit den anstehenden Projekten? Der »Projektleitertag« soll Orientierung geben: Wohin geht die Reise? Was wird mit uns und unseren Projekten? Was sagen wir unseren Projektmitarbeitern? Was wollen und können wir in die neue Struktur einbringen? Unter dem Motto »Aufbruch zu neuen Welten« bietet diese Veranstaltung eine Plattform zum Austausch, will motivieren und mobilisieren.

Warum wir dieses Beispiel ausgewählt haben

»Ich will so bleiben, wie ich bin!«

Eine typische Change-Veranstaltung: Es geht darum, in einer extrem unsicheren Situation möglichst viel Orientierung und Sicherheit zu geben, einen Erosionsprozess zu stoppen, aus der Resignation heraus Perspektiven zu entwickeln, kurz: Mut zu machen, wieder handlungsfähig zu werden, aus der Reaktion in die Aktion zu kommen. Eine schwierige Aufgabe, denn es gibt hohe Sensibilität »falschen Tönen« gegenüber. Nur zu leicht kann die Stimmung kippen: »Was soll das Ganze? Wir können eh nichts tun!« Wichtig deshalb auch der Ansatz »Von uns – für uns!« sowie die durchgehend inszenierte »Fremde-Welten«-Metaphorik – von der Dekoration mit Landkarten und Landesfahnen bis hin zum Weltraum-Impro-Theater.

Folgendes schien uns strategisch wichtig

In Zeiten der Verunsicherung durch multiple Change-Prozesse sollten vor allem die Event-Parameter »Partizipation schon bei der Planung«, »Einbeziehen des Managements«, »Stärken stärken« und »Energetisieren« stabilisierend wirken.

Sicherheit und Stabilität. Gerade weil so viel offen war, brauchten die Projektleiter für sich und ihre Mitarbeiter Klarheit – und sei es, dass klar würde, was noch nicht klar ist. Glaubwürdigkeit spielte eine wichtige Rolle und die (erstmalige) Präsenz des neuen Eigentümers.

Orientierung nach vorne. Wohin geht die Entwicklung? Was kann man tun und wie sich profilieren – notfalls auch außerhalb des Unternehmens? Deshalb bot das Programm auch praxisnahe Informationsbausteine über internationales Projektmanagement.

Starten statt warten. Depressiv warten bringt nichts. Motivation und Anschub geben, damit die Beteiligten aktiv werden und so die begrenzten Freiräume und Chancen wahrgenommen und gestaltet werden können.

Designprinzipien für den Projektleitertag

Eine Veranstaltung mit »Prinzipien«

Prinzip »Partizipation schon bei der Planung«
Auf keinen Fall sollte der Eindruck von »Not invented here« entstehen. Darum gab es frühzeitig Informationen für alle Projektleiter über die Veranstaltung sowie den Aufruf, sich aktiv an Vorbereitung und Durchführung zu beteiligen. Fünf Projektleiter waren daraufhin im Planungsteam – neben der internen Projektleitung und den externen WUP-Beratern – kontinuierlich am Prozess beteiligt und speisten Themenwünsche und Vorschläge mit ein. Sie waren als Repräsentanten Sprachrohr der meisten Teilnehmer und hatten Einfluss auf die Gestaltung.
Darüber hinaus wurden alle 120 Teilnehmer gebeten, erfolgreich abgeschlossene Projekte einzubringen, aus denen dann ein spannendes Wahlangebot an Workshops und Marktständen entstand. Neben externen Experten, die »fremde Sichten« einbringen sollten, würdigte dies das interne Experten-Know-how.

Prinzip »Einbeziehen des Managements«
Von Anfang an war klar: Die Geschäftsführung muss Stellung beziehen, soll Klartext reden über die neue Strategie. Aber das war leichter gefordert als getan: Alles war im Fluss – auch bei der neuen Mutterfirma. Man hatte eher begründete Vermutungen als harte Fakten. Zudem war die neue Leitung gerade erst aus der Fusion zweier Teilfirmen hervorgegangen und musste sich untereinander noch abstimmen. Damit das alles auch mit der Ausrichtung der Veranstaltung harmonierte, gab es Vorgespräche.

Die Leitung stand zu Beginn der Veranstaltung glaubwürdig Rede und Antwort, war im weiteren Verlauf als Ansprechpartner und Mitdiskutanten präsent und lieferte zum Schluss noch einmal Kommentar und Ausblick – auch über das, was noch zur Klärung ansteht.

Prinzip »Stärken stärken«

Fusion der Teilbereiche und Merger warfen bestehende Strukturen über Bord und stellten bisherige Kompetenzen und Profile infrage. Eigenverantwortliches Arbeiten der Projektleiter war beschnitten, die Zukunft der laufenden Projekte offen, und bekannt war auch, dass fast ein Drittel der Belegschaft abgebaut werden sollte. Als Projektleiter brauchte man da natürlich Antworten für die Fragen der eigenen Mitarbeiter.

In dieser Situation war es uns wichtig, die vorhandenen Kompetenzen zu stärken, die bisherigen Leistungen anzuerkennen und die Teilnehmer für die Zukunft zu wappnen – selbst, wenn sie später anderswo arbeiten sollten.

»Stärken stärken« bedeutete konkret: In der Veranstaltung (und vorab in Planung und Vorbereitung) als Kompetenzträger in Aktion zu treten mit Erfolgsberichten bisheriger Projekte, mit Info-Blöcken über Tools und Techniken und Verantwortung zu übernehmen für Maßnahmen- und Aktionsgruppen.

Prinzip »Energetisieren«

Energie in die Veranstaltung einbringen durch:

- *Selbst tun und aktiv werden:* Mit vielen Austausch- und Erarbeitungsmöglichkeiten im Programm.
- *Einbringen eigener Kompetenzen:* »Stärken stärken«, eigenes Knowhow reflektieren, präsentieren und für zukünftige Aufgaben mobilisieren.
- *Inszenierung und sinnliches Erleben:* Durchgehende Reisemetaphorik, Studio- und Marktplatzatmosphäre, Entertainment- und Theaterelemente (www.vitaminT-4change.de) – alles vorsichtig dosiert, damit es zur Zielgruppe und zur Situation passte.

Treffen am »Marktplatz«

Programmablauf 1. Tag (Projektleitertag)

Aufbruch zu neuen Welten

Zeit	Inhalte und Schritte
	Anreise per Bus als »Reisegesellschaft«. Reisemetaphorik von Anfang an.
Ab 11:30	Ankommen (Foyer). Get together + Stehbüffet + gemischte Gruppen finden + Projektbuch holen. Landesfahnen der Länder, mit denen in Zukunft zusammengearbeitet wird, symbolisieren als durchgehende Deko die Internationalisierung und dienen zur Gruppenbildung: Mit einem Puzzlestück-Namensschild muss jeder Teilnehmer sieben weitere »passende« Kollegen finden, die gemeinsam eine »Flaggengruppe« (jeweils Landesfahne als Symbol) bilden. Damit erfolgt das Kennenlernen, und ein erster Austausch findet statt. Im Fernsehen im Foyer laufen Reiseberichte …
13:00	Intro: fremde Welten – Reiseziele, Reiseroute und Reisevorbereitung (Plenum). Orientierung über Struktur und Ablauf. Ein Impro-Theater führt die Reisemetapher weiter. Dann Orientierung durch Moderator.
13:15	Zentrale Inputs der Geschäftsführung: Wohin die Reise geht! (Plenum). Bestandsaufnahmen zu Topografie, Reisezielen, Routen und Aktionen: Kundenbeziehungen und Governance/jenseits der Grenzen. Die Geschäftsführung nimmt im Interview Stellung und beantwortet Teilnehmerfragen.
13:45	Diskussion, Vertiefen und Weiterführen der Themen (in Flaggengruppen).
14:15	Geschäftsführung im Dialog (Plenum). Nachfragen, Fragen, Justieren, Klären, Weiterführen.
14:45	Kaffeepause (Foyer).
15:15	»Project Management in a Multinational Environment« (Plenum) Es spricht ein Repräsentant der neuen Mutterfirma. Präsentation des Gastredners und Diskussion.
16:15	Unsere Projektwelten im Überblick (Plenum). Acht anstehende Workshops im schnellen Überblick. Vorstellung der Workshop-Themen und Referenten.

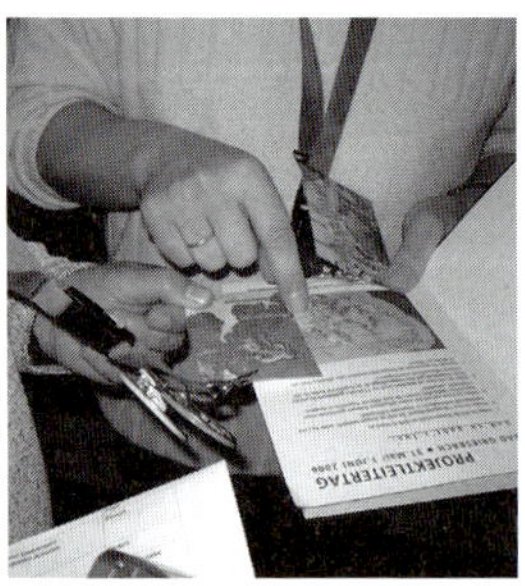

Zeit	Inhalte und Schritte
16.35	Unsere Projektwelten: Acht Parallel-Workshops zur Wahl (8 Gruppenräume). Kolleginnen und Kollegen stellen erfolgreiche Projekte zur Diskussion.
17:50	Erster Austausch und wie es weitergeht (Plenum).
Ab 18:00	Vertiefender Austausch und Abgleich in Flaggengruppen (Plenum und Gruppenräume). »Das Interessanteste, Wichtigste für mich/bei uns war …«
Ab 18:30	Marktplatz: Fremde und vertraute Welten (Foyer). Vorbereitete Marktstände mit Themen aus den eigenen Reihen. Das Foyer ist mit Marktschirmen, Obst und Gemüse dekoriert, dazwischen Tische und Plakate mit Infos. Wieder das Prinzip »Von Kollegen für Kollegen«: Marktstandbetreuer stehen Rede und Antwort zu ihren Projekten.
19:00	Abendessen Büffet.
20:30	Abendprogramm auf Ansage (Plenum). »Von Griesbach zum roten Planeten?« Die verschiedenen Aspekte des Mergers werden vom Impro-Theater in Szene gesetzt – teilweise mit Einbeziehung des Publikums. Die Reisemetapher wird weitergesponnen bis ins All: »Raumschiff Enterprise« ist Thema.
21:30	»Weiter ins Universum!« (Hotelbar). Oder einfach nur ein Bier trinken und mit Kolleginnen und Kollegen reden.

Wenn schon – dann gleich ins Universum!

Programmablauf 2. Tag (Projektleitertag)

Zeit	Inhalte und Schritte
früh	»Wir gehen schwimmen, aber nicht baden!« (Therme, Restaurant, Foyer). Frühstücken mit Kolleginnen und Kollegen. Nachlese Marktplatz: Manche Stände stehen noch – allerdings ohne »Besetzung«.
08:55	Intro: Orientierung zum zweiten Tag (Plenum). Fremde Projektwelten – jenseits der Grenzen. Vorstellung der Workshop-Themen und der externen Referenten.

Mit Qualifizierungs-element »Projektmanagement«

Zeit	Inhalte und Schritte
09:15	Fremde Projektwelten? Internationales Projektmanagement (5 Gruppenräume). Fünf Workshops mit Impulsen und Inputs von außen – zur Wahl. Externe Projektmanagementexperten geben Impulse zu Spezialthemen und stellen sich Fragen und Diskussion.
10:30	Kaffeepause (Foyer).
11:00	Fremde Projektwelten? Internationales Projektmanagement (5 Gruppenräume). Zweite Runde: Dieselben fünf Workshops noch einmal zur Wahl
12:15	Ansage zum Nachmittagsprogramm (Plenum). Starten statt warten!« Abgestimmte Reisevorbereitungen. Ausblick auf den Nachmittag: Welche wichtigen Themen wollen die Teilnehmer bearbeiten?
12:30	Mittagessen.
14:00	Wie geht es weiter? Gruppenbildung und Arbeit an Commitments (Plenum, Foyer und Gruppenräumen). Richtungen festlegen, Reisepläne schmieden, Rucksäcke packen, Absprachen treffen … – Vorbereiten für Termin XY. Teilnehmer bewerben wichtige Themen und bilden Arbeitsgruppen, die Vorschläge erarbeiten. Diese sollen vier Wochen später der Geschäftsführung präsentiert werden.
15:15	Kaffeepause und letzter Schliff für die Arbeitsergebnisse für das Plenum (Foyer). Anreicherungen und Ergänzungen zu den Arbeitsgruppenergebnissen, teilweise auch Festlegung weiterer Termine zur Vertiefung.
15:45	Der Blick von außen: »Keine Angst vor anderer Kultur!« (Plenum). Was passiert bei Mergers? Vortrag externer Gastrednerin mit interaktiven Elementen.
16:30	Abschied und Start: Andiamo! Avanti! (Plenum). Rückblick auf zwei Tage und Ausblick nach vorn. Impressionen und Szenen von der Theatergruppe, ein letztes Mal: die Reisemetapher …
17:00	Zurück in die Heimat – Aufbruch zu neuen Welten. Gemeinsame Rückfahrt mit dem Bus.

Führungsforum »Gut unterwegs!« 10-2

Schlusspunkt des Projekts »Neue Führungskultur«

Seit fast 100 Jahren ist die Central Krankenversicherung erfolgreich am Markt. Die letzten Jahre brachten Umbrüche: neue Vorstände, Strukturen, wirtschaftliche und gesetzliche Rahmenbedingungen … Also war es an der Zeit, Grundwerte und Führungsleitsätze neu zu sichten. 90 Führungskräfte arbeiteten deshalb ein halbes Jahr in Trainings und Workshops handfest am Thema »Führung«. Das eintägige »Dialogforum« sollte da einen markanten Schlusspunkt des Entwicklungsprogramms setzen und zugleich Auftakt sein, »Führung« von jetzt an in »den Alltag« zu übernehmen.

Warum wir dieses Beispiel ausgewählt haben

Konzeptionell interessant: Im Vorfeld und am Tag selbst so viel Energie aufbauen, dass »Führungskultur« weiterhin »Herausforderung« bleibt. Energie brachten Fotorevue, Theaterstart und fünf Taskforce-Gruppen, die Grundwerte und Leitsätze in 15-Minuten-»Spots« inszeniert als Szene, Film oder Parodie auf den Punkt brachten. Auf diese »Weltpremieren« waren alle ziemlich stolz – zu Recht! Beim Forum traf sich erstmals die gesamte Führungsriege (F0, F1, F2), und es entwickelten sich ausführliche, intensive und konstruktive Dialoge zwischen den Ebenen – insbesondere glaubwürdige Klartextdialoge mit den Vorständen. Da bewährte sich die Fishbowl-Methode. Und »wertschätzende Interviews« (s. Kapitel 17-8) stimmten alle wechselseitig positiv.

Das »Führungsforum« – eine Dialogveranstaltung

Mitarbeiter und Führungskräfte sollen mit der Führungs- und Unternehmenskultur zufrieden sein und gangbare Lösungen finden für hohe Anforderungen. Erfolgskriterien dafür sind zum Beispiel Lust an der Arbeit und Stolz aufs Unternehmen. Als Fluktuation, Krankenstand, Verbesserungsvorschläge und Mitarbeiterzufriedenheit schlagen sich die auch in harten Kennzahlen nieder.

»Führung bewegt uns!«

Auftrag und Grundideen

- *»Führung bewegt uns!«:* Führungsaufgaben und Unternehmenskultur rücken in den Fokus – als Pendant zu »harten« Unternehmenszahlen. Grundwerte und Grundsätze sollen helfen, gerade weil Führen unter Arbeitsdruck nicht leicht ist.
- *Dialog zwischen den Hierarchieebenen stimulieren:* Diese kommen an diesem Tag erstmals gemeinsam über Führungs- und Unternehmenskultur ins Gespräch.
- *Praxistauglich werden!* Grundwerte und Grundsätze der vorangegangenen »Trainingswelt« in den Führungsalltag transferieren!
- *Eine Veranstaltung nicht nur für den Kopf!* »Niedrig dosierte Erlebnisorientierung« durch Motto, Taskforce-Gruppen, Unternehmenstheater, wertschätzende Interviews und Moderation.
- *Taten folgen lassen:* Arbeitsergebnisse dokumentieren und systematisch Folgeschritte in Eigenregie in Angriff nehmen.

Viele vorbereitende Aktivitäten

Vorangegangene Workshop- und Trainingsreihe zu »Führung«. Abstimmgespräche und Interviews mit Führungskräften – auch skeptischen. Betreuung und Beratung der Taskforce-Gruppen. Koordination mit Unternehmensleitung, Eventtechnik und Unternehmenskommunikation. Insgesamt viel Koordinationsaufwand für die betreuende Personalentwicklung, die interne Eventabteilung und WUP.

Impulse der Taskforce-Gruppen

Sie sind emotionales Rückgrad der Veranstaltung. Angestoßen vom mittleren Management arbeiteten kleine Gruppen inhaltlich an Grundwerten und Grundsätzen und deren Umsetzung in kurze kreative »Szenen«.

Erlebnis- und Theaterelemente

Bei der Planung im Vorfeld hatten wir nicht gedacht, dass die Taskforce-Gruppen so witzig-spritzige Szenen vorbereiten würden. Da mussten wir kurzfristig die mit www.theater-interaktiv.net geplanten Theaterelemente anpassen, um Konkurrenz zu vermeiden. Ziel war es, Teilnehmerbeiträge, Arbeitsthemen und Theater eng miteinander zu verzahnen. Das war planungsintensiv, aber lohnend. Die Theaterleute übernahmen das auflockernde Spiegeltheater gleich zu Beginn, die wertschätzenden Interviews sowie das Theaterlabor. Der-Back-home-Abschluss fiel der verlängerten Fishbowl-Diskussion zum Opfer.

Wertschätzende Interviews

Das bedeutet: Nicht von den Mängeln, sondern von den Stärken ausgehen. Nach den positiven Gefühlen der Taskforce-Präsentationen und vor den schwierigen Situationen des »Reality-Checks« schien uns die günstigste Zeit für wertschätzende AI-Interviews (s. Kapitel 17-7). In zweimal 15 Minuten interviewten sich Zweiergruppen und tauschten positive Erfahrungen und Beispiele zu erfolgreichem Führen aus. Leitfragen und Halbzeitsignal strukturierten die 45 parallelen, sehr persönlichen Gespräche. Manche hätten einige Minuten länger dauern können, aber im Prinzip passte die Zeit.

Fishbowl-Dialog im großen Plenum

Statt einer »Expertenbefragung« mit den Vorständen entschied man sich für die lebendigere, weniger vorstandszentrierte Fishbowl-Diskussion (s. Seite 190 und Kapitel 17-4). Kleine Gruppen sammelten Diskussionsthemen und schrieben sie auf große Kartons. Im Innenkreis waren Stühle für zwei Vorstände, zwei Vertreter der Führungsebene F1 und vier der Ebene F2 reserviert und zusätzlich ein leerer Stuhl. Alle anderen saßen in Halbkreisen um diesen Diskussionsstuhlkreis.

Fishbowl: mit wechselnden Diskutanten

Für jedes aufgerufene Thema besetzten wir die Runde innen neu. Wer mitdiskutieren wollte, nutzte den freien Stuhl – allerdings musste dann ein Funktionsgleicher von innen nach außen wechseln. Kurze Beiträge konnten auch stehend aus dem Außenkreis eingebracht werden. Statt der geplanten Stunde diskutierte man fast zwei Stunden konstruktiv und konzentriert.

Nachklang

Die positive Stimmung im Nachhinein zeigt exemplarisch der Begleitbrief an alle Teilnehmer, der der Dankeschön-Erinnerungs-DVD beilag: »Hier ein Dokument des Erfolgs, das wir Ihnen sehr gerne als kleinen Gruß und zur Erinnerung überlassen: Der Film wie auch die Momentaufnahmen zeigen sehr anschaulich, was innerhalb der Führungsmannschaft in Bewegung geraten ist. Vor allem der offene Austausch über sehr wesentliche Aspekte des Umgangs untereinander und mit den Mitarbeitern … Dennoch bleibt unser aller Lieblingsthema ›Führung‹ weiter eine Herausforderung.«

Führungsforum: Ablaufschritte der Fishbowl-Diskussion

1 Kleine Gruppen erarbeiten die Themen, die sie anschließend diskutieren wollen.

2 Die Diskussionsthemen sind schriftlich festgehalten und werden kurz im Plenum vorgestellt.

3 Moderator erklärt nochmals das Fishbowl-Prinzip: Für jede Gruppe stehen Stühle im Innenkreis.

4 Das erste Thema wird zur Diskussion aufgerufen. Wer da mitdiskutieren will, geht in den Innenkreis.

5 Der Innenkreis diskutiert das erste Thema. Der Außenkreis hört zu. Man kann vom Außenkreis nach innen, aber dann muss einer von innen raus.

6 Informelle Lösung für kurze Anreicherungen aus dem Außenkreis: Ein kurzes (!) Statement von außen, ohne Wechsel in den Innenkreis.

Fotos: Andreas Troger

Ablauf: Tagesveranstaltung »Führungsforum«

Zeit	Ablauf und Programm
08:00	Soundcheck. Lichtcheck, Briefing Fotograf, Programme auf Stühlen auslegen, Registrierung, Empfang, Namenschilder (farbig sortiert) startklar.
08:30	Begrüßungsstehcafé für Teilnehmer im Foyer und auf der Terrasse.
	Befragung zufällig ausgewählter ankommender Teilnehmer nach ihren Erwartungen – durch Schauspieler (für Erwartungsspiegel).
08:50	Saaleinlass.
Block 1: Eröffnung und Einstimmung.	
09:00	Fotorevue »Fast 100 Jahren unterwegs!«: Fotos aus Unternehmens- und Zeitgeschichte – aus dem Off kommentiert, mit Musik der jeweiligen Zeit unterlegt.
09:05	»Erwartungsspiegel«: Schauspieler spielen exemplarische Aussagen der interviewten Teilnehmer auf der Bühne – witzig und verfremdet.
09:10	Offizielle Eröffnung: zwei Vorstände, kurz und knapp.
09:20	Tagesplan und Ziele vorstellen.
Block 2: Fünf Taskforce-Gruppen: Grundwertimpulse.	
09:30	Drei Grundwerte werden präsentiert (Taskforce-Gruppen), je 15 Minuten plus moderierte Zeit für Übergänge.
10:30	Kaffeepause, informelle Gespräche, Bühnenumbau.
11:00	Zwei weitere Grundwerte als Präsentationen, je 15 Minuten.
11:30	Wertschätzende Interviews in Zweiergruppen. Mit Interviewleitfragen: »Suchen Sie nach den eigenen positivsten Erfahrungen und Beispielen für erfolgreiches Führen!«
12:00	Mittagspause, Saalumbau, Bühnenumbau
Block 3: »Reality-Check« der Grundwerte (Schauspieler).	
13:30	Interaktion Publikum, Bühne: Schwierige Praxissituationen aus dem Führungsalltag sammeln und interaktiv im »Theaterlabor« austesten, wie man da Grundwerte und Leitsätze klug umsetzt. Ergebnisse festhalten.
15:00	Kaffeepause, Umbau Sitzordnung: große Stuhlkreise.

Mit Bildern der Vergangenheit starten

Zeit	Ablauf und Programm
Block 4: Klären, was noch zu klären ist und wie es weitergeht.	
15:30	Fishbowl-Dialog im Management – insbesondere mit den Vorständen. Gemischte Kleingruppen sammeln Fragen und Vorschläge und diskutieren sie straff strukturiert in Fishbowl und Plenum (ohne Entscheidungsdruck).
Block 5: Back home: »Heute Theater – morgen Wirklichkeit!«	
17:00	»Woran merken Mitarbeiter, dass der Chef unterwegs ist zur neuen Führungskultur?« Geplant war ein interaktiver Theaterabschluss, aber die Fishbowl-Diskussion war nicht zu bremsen. Ausklang: Resümee des Vorstands und Einladung zum Come Together an Stehtischen.
18:30	Ende, beginnender Abbau.

Was vorher und nachher geschah

Das »Forum« war Schlusspunkt einer Reihe von Führungstrainings und -workshops unseres Kollegen Rainer Kittelberger (WUP-NETZWERK), und die Taskforce-Gruppen hatten sich gut vorbereitet.

»Führungskultur« auch weiterhin eine Herausforderung!

Am Tag vorher. Am Vortag war der große Saal bereits voll in Beschlag: Die Technik installierte Licht, Ton und Bildprojektion. Helfer teilten den riesigen Raum in Arbeits- und Speisesaal und bereiteten die Ausstellungspinnwände der Arbeitsgruppen vor. Diese Taskforce-Gruppen kamen in engem Zeittakt zu Generalproben für den letzten Schliff und experimentierten mit Bühne und Raum. Helfer warteten auf Instruktion über das Was, Wann, Wie und Wo ihrer Einsätze. Und die angereisten Theaterleute machten sich mit Saal und Technik vertraut. Als Moderator war man rund um die Uhr mit diesen »Kleinigkeiten« beschäftigt.

Und wie ging es weiter? Externe Unterstützung bringt Veranstaltungen zum Laufen. Aber geht es anschließend auch mit eigener Kraft weiter? Das wollten wir wissen und fragten nach: Im Halbjahresturnus hatten Folgeforen in Eigenregie stattgefunden. Gruppen schlugen Arbeitsthemen vor und legten sich – ohne viel Aufforderung – ins Zeug. Die verschiedenen Führungsebenen kamen miteinander in Dialog … Wir freuen uns, dass das Feuer weiter brennt.

Projektleitung: Franziska Garagnon, Personalentwicklung, Central Krankenversicherung Köln

Berater beraten: »Die Reise zum Kunden«

10-3

Wie aus einem »Sommerfest« mehr wurde

Ursprünglich war ein großes »Sommerfest« für die 160 Berater des Unternehmens geplant. Die Geschäftsführung hatte bereits ein buntes Festprogramm bei einer Eventagentur beauftragt. Aber dann brachen Kunden weg und die Wirtschaftslage wurde komplizierter. Da traute sich niemand mehr »nur« zu feiern – aber ein wenig »Lust und Entertainment« sollte doch bleiben. Wir wurden zusätzlich für das Kundenthema beauftragt. Bei 160 Beratern lag es nahe, mit allem Berater-Know-how die eigene Geschäftsführung zu beraten und gemeinsam Vorschläge zu entwickeln für die »Reise zum Kunden«.

Warum wir dieses Beispiel ausgewählt haben

Interessant war der Spagat zwischen Arbeit und Fest (die Agentur war bei der Planung weiterhin im Boot), das aktivierende Einbeziehen der großen Gruppe und der Dialog mit der siebenköpfigen Geschäftsführung im Plenum. Spannend auch, wie die Arbeitsergebnisse aus zwölf Gruppen dem Management auf der Bühne präsentiert wurden und die sieben darauf im strukturierten Dialog schnell, koordiniert und motivierend reagierten.

160 Berater beraten ihre Chefs

Der Rest vom Fest

Das leckere Abendessen, die Disco am späten Abend und die Schauspieler bei Parcours, Bühnenact und als »Kreativkellner« blieben als Entertainmentelemente der ursprünglichen Planung erhalten. Auch das An-

Schnelle Fragen – schnelle Antworten

kommen (zwischen 17:00–18:30 Uhr) war gestylt: Man wartete jeweils, bis kleine gemischte Grüppchen beisammen waren, und schickte die dann durch vier aufwendig gemachte Parcoursstationen. Das überbrückte die Zeit vor Beginn, war witzig, führte ein wenig ins Thema ein und machte die Teilnehmer miteinander bekannt. Die parodierten Liftszenen am zweiten Tag würden wir nicht so gerne nur zum Entertainment zählen. Drei Mitarbeitergruppen hatten fiktive Lifttreffen vorbereitet: Mit Kollegen unterhielten sie sich über Termine mit realen Großkunden. Dass da der Strom einmal ausfiel, dann die Lifttüre klemmte, die Liftansage verwirrte ..., das war Klamauk – aber die Kundenthemen waren echt.

Inputs der Geschäftsführung

Lange hatte man im Vorfeld getüftelt, wie die Botschaften der Leitung klar ins Plenum kommen, ohne monologisch »schwer« zu werden. Die Startpräsentation des Geschäftsführers konzentrierte sich auf wenige sehr persönlich gehaltene Thesen zur Unternehmenszukunft. Die wurden über den Beamer sichtbar für alle mitvisualisiert (www.dialogarchitektur.de). Auflockerung brachten zwischendurch schnelle »Verständnis-Express-Fragen« aus dem Publikum und genauso schnelle »Express-Antworten« des Vortragenden. Spätere Inputs des Managements nutzten große hochkopierte Plakatfahnen als Alternative zu PowerPoint-Folien.

Arbeiten an Themen eigener Wahl

Straff strukturierte Arbeitstagungen brauchen Freiräume für Themenvorschläge der Teilnehmer: Wer wollte, formulierte in der Pause »sein« Thema, schrieb es auf einen großen Karton, stellte das im »Marktplatz« allen kurz vor (s. Foto). Anschließend gruppierten sich interessierte Mitstreiter zu diesen Themen. Für diese Arbeiten war rund zwei Stunden Zeit. Jede Gruppe sollte ihre Ergebnisse zumindest kritzelnd auf Pinnwänden festhalten und folgende Struktur einhalten:

1. Unsere Analyse
2. Unser Rat an unsere Geschäftsführung
3. Unser Beitrag/Angebot (knackig, kurz, mit klarer Botschaft!)

Prozessvisualisierung

Kritzelmitschriften an Pinnwänden halten Diskussionsergebnisse von Kleingruppen fest. Öffentlich zeigen sollte man die aber besser nicht – Fremde würden (fälschlich) von der Form auf den Inhalt schließen. Gegen Ende der Arbeitszeit, in der Mittagspause eilte also unser WUP-Visualisierungsspezialist Hans-Jürgen Frank von Gruppe zu Gruppe, ließ sich die Quintessenz erzählen und brachte diese präsentierbar auf je ein DIN-A4-Blatt (das wurde später über Kamera und Beamer groß projiziert).

Austausch im Plenum

Eine zeitlich eng getaktete Umschluss-Postersession sorgte nach dem Essen dafür, dass sich die Gruppen für die Ergebnispräsentation vor dem Management noch gegenseitig abstimmten. Abschließend trafen sich alle nochmals in ihren Gruppen zur Endredaktion.

Dialog und Entscheidung mit dem Management

Mitarbeiter wollen, dass Chefs in Veranstaltungen Klartext sprechen und Entscheidungen auch vor Ort treffen. Das soll bedächtiges Entscheiden aber nicht aushebeln. Hier war folgender Modus vereinbart worden: Jede Gruppe präsentiert kurz im Plenum – unterstützt vom Quintessenzbild. Die Geschäftsleitung nimmt kurz und knackig Stellung und hat drei Reaktionen zur Wahl:

Marktplatz der Themen

- »Ja, greifen wir auf, weil ...!« oder »Nein, wollen wir nicht, weil ...«.
- Wenn Entscheider mehr Präzision brauchen: »Arbeiten Sie das bitte als Projektvorlage aus – möglichst bis zum ...!«
- Wenn das Entscheidergremium sich nicht sofort einigen kann: »Das wollen wir innerhalb der Geschäftsführung noch diskutieren. Unsere Stellungnahme steht ab ... im Intranet.«

Den Modus für das Reagieren unbedingt vorab genau klären, damit die Dynamik die Chefs nicht überrollt.

»Die Reise zum Kunden«: Ablauf der Arbeitstagung

Weicher Start am Abend

Zeit	Ablaufschritte	Themen, Inhalte, Personen	Ort, Aktion, Ausstattung
1. Tag Nachmittag			
17:00	Einlass	Registrierung. Gruppeneinteilung nach Zufallsprinzip. Geschäftsführung anwesend. Persönliche Begrüßung durch Management, Agentur, WUP.	Foyer, Stehtische für Namensschilder und Unterlagentaschen als »Give away«.
17:10	Weicher Reisestart: Durchlaufen der Parcoursstationen B1–B4 in kleinen gemischten Gruppen (je 10 Personen). Unterstützung durch »Mr. Edd und Lefou« (Schauspieler) mit Impulsen an zwei Ständen.	B1: Strategie (Dartspiel, drei Versuche) B2: Portfolio (Würfelpuzzle mit dem Ziel, die richtige Kombination zu finden). B3: Paket (Koffer packen mit Schauspielern; wissen, was sich in den Koffern befindet). B4: Völkerkunde (Raum mit verschiedenen Kunden-Völkern).	B1: Drei verschiedene Dartspiele – daneben. Postertext: »Beim Kunden hat man nur eine Chance!«
18:30	Begrüßung, Intro, Präsentation durch Geschäftsführer: Vorbereitung auf nächsten Tag. Schluss: Vorstellung der Geschäftsführung.	Kernbotschaften live über Beamer mitvisualisiert. Ausblick auf Diskussion, Vertiefung am Freitag.	Bühne, Stehpult Visualizer, Leinwand. Intro: Videoclip »Make your business mobile!«.
19:00	Bühnenact: Verstärkung der erlebten Inhalte durch Mr. Edd und Lefou.	Schauspieler: Kofferact, Soundact.	Bühne, Koffer auf Bühne, Sound, Licht.
19:30	Erlebnisdinner: Showköche am Italienischen Buffet.	Mr. Edd und Lefou als Kreativkellner.	Restaurant.
Ab 20:30	Party in K3 und K4 oder Foyer.		DJ mit Sound, Licht etc.

Zeit	Ablaufschritte	Themen, Inhalte, Personen	Ort, Aktion, Ausstattung
2. Tag Vormittag			
08:45	Stehkaffee		Foyer
09:00	Reisestart: Tagesmotto, Tagesziele und Ablauf.		Hauptbühne, Fahnen.
09:10	Interview und Plenumsdialog mit Geschäftsführung: Expressfragen der TN und Expressantworten der Geschäftsführung. Livevisualisierung.	Beamerpräsentation: Aufgreifen der Themen und Plakate vom Vortag. Moderierte Kurzdiskussion entlang der Kernbotschaften.	Bilder vom Vortag auflegen. Livevisualisierung der aktuellen Statements über Großbildprojektion.
09:35	Moderierter Platzwechsel: Drehen des Publikums zur Gegenbühne auf Rückseite im Raum.		Hintere Hälfte der Teilnehmer (TN) dreht Stühle und rückt bis zur Gegenbühne. Vordere Hälfte der TN verlässt Plätze und stellt sich hinter die Sitzenden.
09:40	Best-Practise-Kurzberichte über Kunden: Teilnehmer spielen Liftszenen auf Gegenbühne.	»Liftszenen«: Parodierte Erfahrungen mit drei Topkunden – kurze vorbereitete Szenen im, am und vor dem Lift. Bühnenpodeste 2 feste Seitenkulissen und 1 bewegliche »Lifttüre«, Vorhang, 3 Plakate, 3 Steckmikros, rote Blinklampe für Liftpanne, Klingelton für Lifttüre.	1. Vorhang fällt. 2. Liftlautsprecheransage aus Off. 3. Helfer öffnen und schließen »Lifttüren«. 4. Mitarbeiter steigen in Lift und führen Gespräch über Kunden. 5. Am Ende der Szenen Enthüllung von drei Plakaten (Rückseite der Türen) mit Kommentaren der drei Akteure 6. Verbeugung – Applaus für die drei Spieler.

Zwei Bühnen im Raum

Mehr Teilnehmer, fantasievollere Methoden, Anleihen aus der Eventkultur.

Vor

Lern-Events: Anlässe und Zuschnitte 11-1

Neue Produkte werden eingeführt, und viele Mitarbeiter müssen darüber kurzfristig Bescheid wissen. Der Innendienst soll neue IT-Prozeduren akzeptieren und rasch lernen. Ein große Zahl neu eingestellter Pharmareferenten braucht den aktuellen Wissensstand innerhalb weniger Wochen – und das soll auch noch Spaß machen und Trainings-Lagerkoller vermeiden (s. Kapitel 12).

Siemens: Große »Kreativwerkstatt« in Wien. Ein kleines, jährlich durchgeführtes Seminar über Kreativität erlebt plötzlich einen Nachfrageboom. 80 Interessenten stehen auf der Vormerkliste. Man entscheidet sich für einen großen, gemeinsamen Termin in unüblichem Rahmen. Die Veranstaltungsparameter Lernziele, Dauer und Trainerschlüssel blieben gleich, aber die vielen Teilnehmer bringen methodisch einiges in Bewegung (s. Kapitel 12-2).

Lernen muss nicht weh tun!

Reise ins Client-Server-Land. Fast 400 IT-Fachkräfte einer Versicherung sollen Client/Server-Basis-Knowhow (C/S) aufbauen. Aber der Kenntnisstand über diese Rechnertechnologie ist unterschiedlich. Zu entwickeln war eine Tagesveranstaltungen, die unter anderem auf C/S-Technologie neugierig macht, Basiswissen aufbaut, Praxiswissen vermittelt und Mitarbeiter mit Projektprotagonisten ins Gespräch bringt (s. Kapitel 12-1).

Pharma-Außendiensttrainings. Bei Produktneueinführungen im Pharmabereich muss zahlreichen Außendienstmitarbeitern umfangreicher neuer Fachinhalt gründlich und nachhaltig vermittelt werden. Das soll hieb- und stichfest sitzen und im Gespräch Ärzten kompetent vermittelt werden. Für aktive Außendienstler ist langes Sitzen und Büffeln schon nach kurzer Zeit bedrohlich langweilig. Statt ewiger PowerPoint-Schulung freuen sie sich zwischendurch über Lernzirkel oder Wissenswettkämpfe (s. Kapitel 12-3 und 12-4).

Messeprojekte. Natürlich sind auch Messen Lernveranstaltungen. Aber in der Regel geht es auf Messen zu wie bei Kongressen, und der Lernprozess wird ganz den Teilnehmern überlassen. Aber es gibt auch stärker gelenkte Messeprogramme – beispielsweise das Projekt »Young Generation« der Handwerksmesse München (s. Kapitel 12-7).

11-2 Das ist typisch für inszenierte Lern-Events

Für uns kein Lern-Event – aber für Vietnamesen überraschend neu

Lern-Events sind größere Lehr-/Lernveranstaltungen im Schnittfeld von Training, Workshop, Event und Tagung. Eine Prise »Inszenierung« macht sie »merk-würdig« in Arbeitsform und Atmosphäre. Das hält sie besonders nachhaltig in der Erinnerung.

Klare Lernziele und Lernwege. Lern-Events haben klare Zielgruppen, basieren auf Bedarfsklärung und verfolgen – im Gegensatz zu anderen Formaten – definierte Lernziele: Schon vorab ist klar, was die Teilnehmer lernen sollen. Lernwege und Lernschritte sind vorgeplant. Erfolgskontrolle, Zertifizierung oder abschließende »Gesellenstücke« sind als Abschluss nicht unüblich.

Teilnehmer erwarten handfesten »Input«. Reine »Moderation« wäre ihnen zu wenig. Sie wollen nicht alles selbst erarbeiten – schließlich ist man nicht auf einem Austausch-Workshop. Lern-Events brauchen Fachexperten, Wissensvermittler, Trainer oder Zugang zum Wissen im Netz.

Lernziele auf allen drei Ebenen – Kopf, Herz und Hand. Kognitive Lernziele alleine liefern selten ausreichend Energie für Veränderungsprozesse. Man muss auch die Herzen ansprechen, damit sich Teilnehmer auf Neues einlassen. Und weil Wissen und Mögen noch keine Garantie für das Können sind, haben Handlungsziele und Probehandeln in Lern-Events hohen Stellenwert. Wichtig ist der Mix aus allen drei Ebenen.

Fünf Argumente für Großgruppen-Lern-Events. Kongresse und Arbeitstagungen hatten schon immer große Teilnehmerzahlen. Bei Lern-Events ist das neu – im Vergleich zum traditionellen Kleingruppenlernen. Allerdings beginnt »groß« hier schon ab 25 aufwärts und übersteigt selten 200. Für größere Gruppen spricht Folgendes:

Nicht nur »beautiful« – viel Gründe sprechen für »big«!

- *Höhere Taktzahl möglich:* Großgruppen erreichen in kürzerer Zeit mehr Mitarbeiter. Das hat Vorteile, wenn man schnell viele einbinden oder instruieren muss.
- *Mehr Wahlmöglichkeiten:* Bei großen Gruppen kann man Teilnehmern zwischendurch Verzweigungen anbieten – da lohnen alternative Parallelangebote. Das lässt Spielraum für unterschiedliche Interessen und Erfahrungen.
- *Attraktive Gäste sind leichter zu kommen:* Jeder Geschäftsführer kommt lieber einmal für eine Großgruppe, als fünfmal für fünf kleine Grüppchen. Das gilt auch für Spezialisten und hochrangige Gastreferenten – zudem könnte man die kaum für viele Termine bezahlen.
- *Entlastung für die Trainercrew:* Viele Teilnehmer in vielen kleinen Seminargruppen »abzuarbeiten« heißt x-mal die gleichen Kleingruppentrainings zu wiederholen. Das stehen nicht alle Trainer mit Lust und Leidenschaft durch.
- *Kritische »Zündtemperaturen« für Veränderung:* Man könnte befürchten, dass Einzelne in Großgruppen abtauchen oder sich »verstecken«. Aber in der Regel steigt die Chance auf Synergie und interessante Kontakte mit Leuten gleicher Wellenlänge. Wenn die Fragestellung stimmt, dann sind Großgruppen fast immer Energiebringer. Der »Funke« springt schneller über – im positiven, aber auch im kritischen Fall.

Hallo Hermann,

wie besprochen, sende ich dir hier Informationen zur ›Regionade‹. Durchgeführt habe ich diesen Lernzirkel im Rahmen der Tertialstagung im April. Von der Verkaufsleitung gab es keine festen Vorgaben. Ich hatte einen Tag zur Verfügung und freie Wahl bei der Ausgestaltung. Tertialstagungen dauern in der Regel drei bis vier Tage und sind inhaltlich sehr vollgepackt. Gesprächstraining wird von Marketing und Verkaufsleitung immer gewünscht, vom Außendienst (AD) eher ungern geübt. Bisher wurde auf diesen Tagungen ausschließlich Gesprächstraining in Kleinstgruppen durchgeführt. Daher war mein Gedanke, einmal ein Training mit Eventcharakter durchzuführen.

Die Lernziele in aller Kürze

Ziele des Trainings: Der Außendienst ...

... ist mit neuen Folderinhalten und der Marketingstrategie vertraut.
... kann kompetente Arztgespräche führen.
... kann im Arztgespräch deutlich mehr offene Fragen stellen.
... kennt die relevanten medizinischen Inhalte zu Prevenar und Leios.
... ist motiviert, nach der Tagung die neuen Strategien beim Arzt zu implementieren.

Warum nun eine ›Regionade‹?

Die Bezeichnung entstand in Anlehnung an die Olympiade und kennzeichnet den Zeitraum zwischen den olympischen Spielen, also den Zeitraum des Trainings. Das bedeutet: Die Regionade ist der Zeitraum des Trainings, bevor es dann wieder – nach der Tagung – in den Außendienst, also in den ›Wettkampf‹ geht. Da die Gruppen bei vorherigen Tagungen sehr gemischt waren, war meine Idee dieses Mal die Regionen gegeneinander spielen zu lassen. Ursprünglich war eine Prämierung vorgesehen!

Teilnehmer müssen aktiv werden

Aus eigener Erfahrung weiß ich, dass der Lerneffekt besonders hoch ist, wenn die Teilnehmer aktiv sind, wenn sie Themen selbst erarbeiten und präsentieren und wenn sie sich aus ihrer ›Komfortzone‹ bewegen müssen. Daher gab es sechs Stationen, an denen Präsentationen erarbeitet, medizinische Fachfragen beantwortet werden mussten und auf spielerische Weise (beispielsweise Scharade) Fachbegriffe zu erraten waren. Die Herausforderung für mich in der Planung war, ausreichende Unterstützung an den Stationen durch Kollegen (Mediziner, Produktmanagement, etc.) zu bekommen und diese so präzise zu briefen, dass sie an die Gruppen genaue Arbeitsanweisungen geben konnten. Außerdem bot das Hotel auch nur eine begrenzte Anzahl an großen Räumen, sodass eine präzise Planung notwendig war. Zudem stand immer die Frage im Raum: Wie viel Spiel darf sein, welches Wissen kann vorausgesetzt werden und wie lassen sich die Teilnehmer am besten aktivieren?

Stichworte für die Tageseinführung in die Regionade

- Training »einmal anders«.
- Eine Region ist immer eine Gruppe.
- Das Ganze ist ein Wettbewerb.
- In jeder Disziplin (außer Gesprächstraining) werden Punkte vergeben.
- Am Ende des Trainingstages werden die Besten ausgezeichnet.
- Straffer Zeitplan. Die vorgegeben Zeiten müssen eingehalten werden.
- Bitte um »Zeitdisziplin«, gilt vor allem für die Pausen.
- Gruppen- und Raumpläne liegen auf jedem Stuhl.
- Jede Gruppe bekommt einen »Laufzettel« mit Raum-, Gruppen- und Zeitplan sowie ein zusätzliches Wissensquiz, das im Laufe des Tages gelöst werden soll, wenn zwischen den Disziplinen noch Zeit ist.
- Die erreichten Punkte werden in eine Ergebniskarte eingetragen.

Fallstricke bei der Durchführung

Die Prämierung!!! Auf Vorschlag der Verkaufsleitung gab es Urkunden für die Siegergruppe. Ich hätte Preise für alle Gruppen bevorzugt. Auch die Teilnehmer hätten sich über Preise gefreut – als Motivation für zukünftige Trainings. Beim nächsten Mal könnte es Preise geben für besonders gelungene Präsentationen, für die schnellste Gruppe, für die pfiffigsten Antworten und und und. Den zeitlichen Aufwand für die Planung habe ich unterschätzt! Ohne jede Stunde einzeln aufgeschrieben zu haben, die ich im Vorfeld gebraucht habe, betrug der Aufwand etwa 1:10, eher mehr! Und das Konzept lässt sich nur einmal nutzen! Eventuell können Trainerkollegen diese Regionade bei anderen Tagungen adaptiert durchführen.

Fazit der Regionade

Das beste Feedback, das ein Training auf einer Tagung vom Außendienst bekommen hat: »Abwechslungsreich, lehrreich, spannend, fordernd, lustig, bitte weiter so!«, »Hoher Aufwand – aber lohnenswert!!!«

Beispiel von Barbara Mönnichs, Wyeth Pharma, Trainingsabteilung, Münster

12-5 Internationale Lerntagung »Arbeitsschutz«

Erfahrungen aus acht Jahrestagungen

Aus acht Jahrestagungen über Aus- und Weiterbildung im Arbeitsschutz hat sich bei den Veranstaltern viel Konzept-, Design- und Methodenwissen kumuliert. Das ursprüngliche Train-the-Trainer-Methoden-Event entwickelte sich über die Jahre schrittweise zur attraktiven Austauschplattform und zum europäischen Netzwerktreffen. Projektleitung und Leitung für diese Veranstaltungsreihe hat Frau Dr. Bollmann vom BGAG Institut Arbeit und Gesundheit in Dresden. Wir wollten von ihr wissen: Was blieb bei der Tagung über die Jahre gleich, was hat sich konzeptionell geändert? Wie reagiert ein technikorientiertes Publikum auf »erlebnisorientierte« Weiterbildungstagungen im Gesundheits- und Arbeitsschutz? Wie reagieren die verschiedenen Nationalitäten? Wie bekommt man jedes Jahr eine »neue« Tagung hin?

Warum wir dieses Beispiel ausgewählt haben

Wer den groben Ablauf durchgeht, entdeckt nichts Spezielles: Plena, eine Reihe von Rednern, parallele Arbeitsgruppen beziehungsweise Workshops, Social-Programme am Abend und anschließend eine solide Dokumentation. Das Interessante sind die vielen ungewöhnlichen und variierten »Kleinigkeiten«, die den Charakter der fortlaufenden Veranstaltungen über die Jahre geprägt haben. Zudem sind die Erfahrungen mit dem zunehmend internationaleren Teilnehmerkreis spannend.

Schrittweise Weiterentwicklung einer Tagungsreihe

Unterstützt von ENETOSH, dem europäischen Netzwerk Aus- und Weiterbildung in Sicherheit und Gesundheitsschutz (www.enetosh.net), gibt es diese kleine, internationale Tagung nun schon viele Jahre. Wir konnten also aus Erfahrungen lernen und Neues austesten.

Ausgangssituation und Ziel

Die zentralen Parameter sind: einmal jährlich, zwei oder drei Tage, 60 bis 80 Personen, über ein Dutzend Nationen. Ursprünglich war T&I eine Methodenwerkstatt für Trainer im Gesundheits- und Arbeitsschutz und vermittelte arbeitsplatzbezogenes, erlebnisorientiertes Lernen live im großen Maschinensaal – fokussiert auf »innovative« Methoden. Im Lauf der Jahre kamen zunehmend Fachinhalte dazu, die Zielgruppe hat sich internationalisiert, ist kompetenter geworden. »Lernen« und »Aus- und Weiterbildung im Arbeitsschutz voranbringen« stehen noch immer im Zentrum, aber der lebendige Austausch vorhandener Erfahrungen im »Netzwerk« wurde wichtiger. T&I entwickelte sich zur europäischen Plattform für Training im Arbeitsschutz. Manche Teilnehmer kommen unabhängig vom Jahresschwerpunktziel (zum Beispiel Unfallversicherungsträger für das Thema Interkulturalität sensibilisieren). Vor Ort sollen sie alle schnell miteinander in Kontakt kommen.

Der Anspruch auf das »Besondere«

- Latentes Erfahrungswissen im Netzwerk wahrnehmen und wertschätzen.
- Die Qualität von Austausch-Lernen in der Tagung systematisch forcieren.
- Die Inputs von außen auf hohes methodisches Niveau bringen (zum Beispiel Referenten auf mehr Interaktion briefen).
- Ein Konferenzmodell entwickeln mit möglichst viel Erlebnis und Kommunikation, bei dem die Teilnehmer rausgehen und sagen: »Hab ich ja noch nie erlebt!«

Gezielt die Qualität steigern

Vorhandene Stärken stärken (AI)

Die letzte Konferenz startet fast sofort mit ganz persönlichen »wertschätzenden Interviews« in Zweiergruppen: »Was war ihre herausragende positive Erfahrung …« – und spricht dann darüber in größeren Austauschgruppen. Ausgewählte Ergebnisse kommen später ins Plenum und werden nach Schlüsselfaktoren strukturiert. Mitgebrachte Posterwände von Teilnehmern berichten von erfolgreichen Projekten aus den verschiedenen Ländern (s. Kapitel 17–8).

Boxen als Kontaktbrücke im interkulturellen Dialog

Projektleitung: Dr. Ulrike Bollmann, BGAG – Institut Arbeit und Gesundheit der Deutschen Gesetzlichen Unfallversicherung (DGUV)

Viele interessante »Kleinigkeiten« schaffen Event-Identity

Die Tagung fängt jedes Jahr anders an: Mal als Interview, mal als Spiel, mal als Flugreise … – Eröffnungsreden sind unüblich. Die Teilnehmer sitzen nie lange. Man wechselt Räume, »Inseln und Stationen« und geht – soweit die Dolmetschtechnik mitmacht – ins Freie. Workshop-Erfahrungen tauscht man in inszeniert gemischten Gruppen aus, Arbeitsergebnisse von Visionsgruppen (für das Jahr 2050) speist man in verschiedenen Präsentationsformen ins Plenum zurück. Der Morgen startet mit einem »Intercultural wake up«. Dann kommen ausgewählte Plenumsvorträge und parallele Workshops zur Wahl. Zu allen Beiträgen gibt es Trainerprofile und Abstracts. Während der gesamten Veranstaltung werden fortlaufend die Ergebnisse gesichert. Abends besteigt man gemeinsam einen Dresdner Kirchturm, fährt per Elbboot zum Abendpicknick in den Pillnitzer Schlosspark oder lernt unter Anleitung europäische Tänze. Am mittleren Abend treffen sich die Leitungs- und Moderatorencrew zu »Redaktionstreffen«. Die Ergebnisse der Tagung verdichtet man zu Kernaussagen und zu einer »Empfehlung«.

Interkulturelle Erfahrungen

Die deutschsprachigen Teilnehmer profitieren nach anfänglicher Überraschung vom quirligen Event-Design, aber einen Teil der Südeuropäer verunsichert der »verspielte« Erlebnisansatz. Sie sehen nur noch »Spiele« und haben das Gefühl, auf »Freizeit« zu sein – weit und breit keine seriöse Konferenz. Als man das Jahr darauf, den Südländern entgegenkommt, finden das die Nordlichter »wenig inspirierend«.

»Fusionen als Herausforderung« 12-6

Vorbereitung auf Change-Prozesse

Alle Jahre nimmt sich die Projektgemeinschaft Personalentwicklung der Unfallkassen und Berufsgenossenschaften ein aktuelles Thema vor. Diesmal ist es »Fusionen – zentrale Herausforderung der Gegenwart«. Das Thema ist heiß, denn viele Berufsgenossenschaften müssen fusionieren beziehungsweise sind schon mittendrin. Darum sind zu dieser Tagung (60 Teilnehmer) fusionserfahrene Geschäftsführer als Impulsgeber geladen. Von deren Erfahrungen soll die Tagung lernen, wie man sich auf Partnersuche klug verhält, wo Chancen und Fußangeln sind und wie man Fusionsschritte intern kommuniziert. Und einige zusätzliche Input-Pakete stehen auch noch auf dem Programm.

Warum wir dieses Beispiel ausgewählt haben

Fusionen sind häufig, aber Betroffene erleben sie traumatisch, und die Folgeprozesse sind oft mühsam und angstbesetzt – weit und breit keine vielbeschworene Leichtigkeit der Synergie. Wie bereitet man Führungskräfte und Mitarbeiter auf Fusionen vor? Kann man die unvermeidbaren Reibungsverluste und Fieberkurven mildern? Welche unterstützende Rolle könnten dabei Personalentwicklung und Unternehmenskommunikation spielen?
Hilfreich waren die Recherchen im Vorfeld: Wir besuchten die einzuladenden Geschäftsführer und baten um Zeit für ausführliche »Change-Interviews«. Die strukturierten persönlichen und organisatorischen Erfahrungen und Erlebnisse der Befragten und waren solide Basis für die »Talkshow-Gespräche« während der Veranstaltung.

Change-Interviews: Aus Erfahrungen lernen

Für ein Lern-Event nicht ganz ungewöhnlich war die Aufgabenmischung des Moderators: Bei Konzeption und Planung beratend dabei, Fusionschronologien recherchieren, die Veranstaltung moderieren und zwei größere Themeninputs ins Programm einbringen.

Fusionen als zentrale Herausforderung

Aus der Einladung
»Im Mittelpunkt stehen die Herausforderungen, die sich aus den Fusionen und Veränderungsprozessen in Folge der gesetzlichen Unfallversicherungen für die Personalentwicklung ergeben werden. Hierbei spielen die Anforderungen an die Führungskräfte und alle Mitarbeiter/innen eine zentrale Rolle. Ein vielfältiges Programm mit Expertenmeinungen, Berichten aus der Praxis, Möglichkeiten für einen intensiven Erfahrungsaustausch sowie erlebbareren Angeboten der Projektgemeinschaft Personalentwicklung laden zum intensiven Austausch zum Thema ›Personalarbeit bei Fusionen‹ ein. Die Tagung wendet sich an Geschäftsführer/innen der Bezirksverwaltungen, Führungskräfte der Prävention, Leiter/innen von Fachabteilungen, Personalleiter/innen und Personalentwickler/innen.«

Zielsetzung
Fitmachen von Personalentwicklungsabteilungen für das Begleiten und Abpuffern von Fusion und Veränderung (Prozesse gestalten, flankieren, unterstützen und vorantreiben). Erfahrungsaustausch zu Veränderungsprozessen. Bedarf zum Thema Veränderung ermitteln. Angebote der Projektgemeinschaft Personalentwicklung zum Thema Veränderungsprozesse bekannt machen.

Metaphorik »Hochzeit«
Naheliegende Fusionsanalogien: der erste Kuss, Petting, Verlobung, Polterabend, Trauschein, wilde Ehe, Mischehe, interkulturelle Ehe, Gütertrennung, Zwangs-, Liebes- und Zweckehe, Scheinehe, Veränderung, Hochzeitsgeschenke, Morgengabe, zwei Kaffeemaschinen, zwei Waschmaschinen, Vielweiberei, Vielmännerei, Ehemodelle, Scheidung … Die Hochzeitsmetaphorik zieht sich – angereichert durch Hochzeitsfotos – durch die Veranstaltung.

Erfahrungsinterviews im Event
Fusionsbenchmarks: Wie haben andere Berufsgenossenschaften ihre Fusionsprozesse erlebt und gesteuert? Welche Erfahrungen und Empfehlungen liegen vor – speziell für die Arbeit als Personalentwickler (Prozesse gestalten, flankieren, unterstützen, vorantreiben)?

Input-Pakete zu Change
Betroffene erleben Fusion und Change als unkalkulierbare Gewitter oder emotionale Wechselbäder. Aber mit Abstand betrachtet, ähneln sich Change-Prozesse und emotionale Auf und Abs – trotz aller Einzigartigkeit. Das Wissen um typische Phänomene ändert sie zwar nicht, nimmt ihnen aber (hoffentlich) das Bedrohlich-Überraschende. Darum bringt die Tagung unter anderem Info-Pakete über Phasen, Kommunikation und Stolperfallen in Fusions- und Change-Prozessen.

Nicht jede Heirat ist eine Liebesheirat

Weitere Inputs
Erfolgreich gelaufene Kooperationsmodelle und Schulungsangebote der Projektgemeinschaft als Inputs im Plenum, in Halbgruppen und als Ausstellung im Foyer.

Ablaufplan

1. Tag ab Mittag

Zeit	Inhalte
13:00–14:00	**Zwei Einführungen** **Erstens Verwirrungseinstieg:** Alles anders als üblich. Raumverlegung in Werkshalle. Menetekelschrift an Wand. Schlagworte aus dem Off. Dunkelheit, harte Musik. **Zweitens freundlich-braver Einstieg:** Begrüßung, Anwärmen, inhaltliche Orientierung, Programmüberblick und Ziele der Veranstaltung im großen Saal. Anwärmen: Handzeichenfragen, Hintermänner begrüßen Struktur der Change-Interviews vorstellen.

Zeit	Inhalte
15:00–16:30 90 Minuten 1+2 und dazwischen 30 Min. Pause	**Drei Berichte und Erfahrungen mit und in Fusionen:** Talkshow-Interviews zur Fusion mit drei Geschäftsführern. (Abläufe, Zufriedenheit jetzt, Energiekurven, Auswirkungen, Gegenmaßnahmen, Erfahrungen und Wünsche zu Prävention, Flankenschutz und Change-Support) Expressfragen und -antworten, um das Publikum einzubinden.
16:00–17:30	**Zwei große, parallele Workshops zur Wahl** Anforderungen an Führungskräfte in Fusionen und Veränderungsprozessen vor und während der Fusion. Möglichkeiten für Personalentwickler, in Change-Prozessen aktiv zu werden. Mitvisualisieren in beiden Gruppen und Aufbereitung für nächsten Morgen.
Ab 19:00	Abendveranstaltung und Essen im Restaurant

2. Tag ab Morgen

Zeit	Inhalte
09:00–09:30	Tagesüberblick, Tagesziel, Gesamtziel
09:30–10:00	Input: Kommunikation in Fusionsprozessen
10:00–10:30	Input: PGPE stellt sich und die Kooperation mit BUK vor
10:30–12:00	Ausstellung im Foyer: Programmangebote PGPE Schulungsangebot »Führung« Schulungsangebot Arbeitstechniken Zu Kommunikation und Konflikt Angebote »Offene Formate«
12:00–13:00	Mittagspause
13:00–15:00	PGPE Angebot erlebbar machen: zwei parallele Workshops. Fakultativ Open Space: Neue Themen andenken
15:00–15:30	Externer Input: Blick von außen: Stolperfallen bei Fusionen
15:30–16:00	Abschluss

Projektleitung: Dr. Güler Kici, DGUV Institut für Arbeit und Gesundheit, Dresden

»Young Generation« auf der Messe

12-7

Young Generation: Arbeit von Fensterputzern live erleben

Warum wir dieses Beispiel ausgewählt haben

Messebesuch als Livebeitrag zur Berufsorientierung von Haupt- und Realschülern der 9. und 10. Klassen. Die internationale Handwerksmesse installiert mit »Young Generation« eine eigene kleine Werkstattwelt plus Bühne mit jugendgerechtem Moderator und Punkte-Rallye. Man kann verschiedene Berufsfelder erkunden und Talente und Neigungen austesten. Zusätzlich will man Schülerinnen speziell für Handwerksberufe begeistern (in Ergänzung zu den »Girls Days«). Anschließend schickt man alle Schüler gut vorbereitet und gezielt in die große Messe. Für die begleitenden Lehrer hat man sich auch ein paar Lockmittel ausgedacht.

Schülerprogramm auf der Handwerksmesse

Franz Reisbeck hat diese Veranstaltung für die GHM beauftragt und uns berichtet. Hier eine Zusammenfassung:

Ausgangssituation und Ziel

Messen sind ideale Lernorte, aber Jugendliche tun sich dort schwer: Es ist zu viel zu sehen, und vieles ist nicht »zielgruppenspezifisch«. »Young Generation« dient der Berufsfindung und als Werbung für das Handwerk.

Als Lern-Event liegt das etwas außerhalb der bisherigen Beispiele – aber um Lernen geht es auf alle Fälle. Zum Konzept haben wir Franz Reisbeck, den ehemaligen Geschäftsführer der Gesellschaft für Handwerksmessen, befragt.

Auftraggeber: Franz Reisbeck, Gesellschaft für Handwerksmessen, München

»Young Generation« – Das Wichtigste

Die Jugendlichen kommen klassenweise. Gleich hinter dem Eingang wartet eine spezielle Messelernwelt auf sie (für 30 bis 300 Schüler): Auf der Forumsbühne gibt ein Jugend-TV-Moderator Anreiz und Orientierung. In Test- und Demowerkstätten stellen sich verschiedene Berufsfelder vor. Ansprechpartner und Betreuer der Schüler sind nur wenig ältere Lehrlinge. Ausbildungsmeister stehen im Hintergrund für vertiefende Auskünfte zur Verfügung. Die Jugendlichen werden aktiv, können sich austesten und ihre Talente und Neigungen erkunden – bei den Elektronikern beispielweise versteckte Fehler finden, bei den Malern kunstvoll Graffiti sprühen, bei den Mechanikern einen schweren Lkw eigenhändig mit Hydraulik aufbocken. An all diesen Stationen kann man Punkte erwerben und nimmt damit an einem attraktiven Wettbewerb teil (Haupttreffer ein Führerschein). Dann schickt man die Jugendlichen zum Parcours in die große Messe – spezifisch in die Bereiche ihrer Wahl. Zum Schluss treffen sich alle wieder am Startpunkt. Die begleitenden Lehrer können – mit etwas Glück – Demo- und Arbeitsmaterial für die Schule gewinnen. Die erfolgreichste Schülergruppe bekommt Besuch vom Kultusminister, der einen ansehnlichen Lehrmittelscheck überreicht.

Auskunft zu den Aktionen s. Agentur COX, www.agentur-cox.de

»Erlebnis« als Event-Prinzip

13

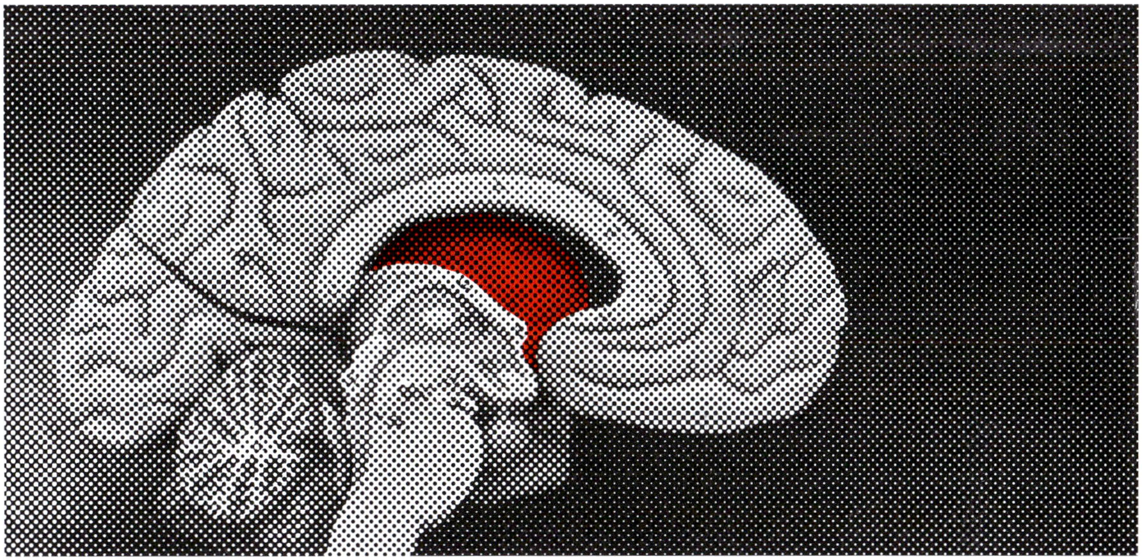

Damit Veranstaltungen unter die Haut gehen! Der Werbespruch »Einmal berührt – für immer verführt« einer Körper-Softmilch könnte von traditionellen Event-Agenturen kommen. Die setzen auf Effekt und Wirkung, auf »Emotion«, »Erlebnis«, »Flow«, attraktive Aktionen live im Saal – auf »interaktive Erlebniskommunikation« im Branchenjargon. Das soll Auftraggeber und Teilnehmer beeindrucken und emotional gewinnen. Manchmal klingt das im Konzept attraktiver als später bei der Umsetzung. Also wird man nach Formen suchen, die in Veranstaltungen »Erlebnisse« mit nachhaltiger Wirkung anstoßen und mehr sind als nur eine neue Sau, die durchs Dorf getrieben wird.

Erlebnisse finden im Kopf statt.

»Emotion« und »Erlebnis« als heilige Kuh?

13-1

Erlebnisgesellschaft, Erlebnisurlaub, Erlebnisbad, Erlebnisweinbergpfad, Erlebniskaufhaus, Erlebniswochen, Erlebnis-Events, Gesamterlebniskonzept, … – »Erlebnis« und »Lust« haben Konjunktur. Auch für Info-, Lern- und Change-Events sind sie wichtig, aber in dienender Funktion!

Veranstaltungen können Erlebnisse nicht herstellen

Man kann nur ungewöhnliche Ereignisse schaffen, die als »besonders« empfunden und wahrgenommen, abgespeichert und interpretiert werden – eben erlebt. Also sind »Erlebnisse« subjektiv. Die Teilnehmer »produzieren« sie – nicht die Macher! Bestimmte Settings erhöhen die Wahrscheinlichkeit, dass Teilnehmer »berührt« werden.

Ernst genommen und beteiligt werden. Direkter Kontakt zur Spitze des Unternehmens. Ernst genommen werden, attraktive, nachvollziehbare und erreichbare Ziele plausibel erklärt bekommen – das ist für viele Mitarbeiter ein »Erlebnis«. Außenstehende können das schwer nachvollziehen, aber es beeindruckt, wenn Teilnehmer später noch vom »authentischen« oder überzeugenden Auftritt »ihres« Vorstands oder seiner Präsenz berichten.

Erlebnisse sind subjektiv!

Erlebnisklassiker: Naturerlebnis, Grenzen ausloten, sich bewähren. »Wildnis«, »Einsamkeit« und Abschied von der Zivilisation sind traditionelle Erlebnisquellen. Für »Events« helfen sie wenig. Besser planbar sind Herausforderungen der Teamentwicklung: Hochseilgarten, Exkursionen im Gelände, Flussüberquerung oder Rafting. Bei großen Gruppen wird das aufwendig. Zentral ist das Erkennen und Überwinden von Grenzen – das geht auch indoor.

Begegnung als Erlebnis: Fremde Welten und Kulturen. Incentives in der Wüste, im Hochgebirge oder Trecks durch den Urwald kennt man als Belohnung für herausragende Verkaufszahlen. Fremdes lässt sich aber auch im eigenen Land erkunden, zum Beispiel die Welt von Obdachlosen, Kranken, Kindern oder die wichtiger Kunden. Da steckt dann mehr Potenzial drin als beim reinen Belohnungs-Event.

Selbsterfahrung als Erlebnis. Sich und andere besser oder neu kennenlernen. Mitbekommen, was in einem (auch) steckt, was einen antreibt.

Ruhe und Stille als Erlebnis und Gegenpol zur Action-Kultur. Rückzug ins Kloster, Meditieren, leer werden. Entspannung, Meditation oder Zentrierung als Ausgleich oder Ergänzung zum »vollen« Tagungsprogramm. Das macht nicht nur bei Veranstaltungen des Typs »Kirchentag« Sinn (s. Kapitel 17-7).

Interessante Menschen erleben, gemeinsam etwas erarbeiten. Musiker, Theaterleute oder Maler ... »live zum Anfassen« – in Aktion erleben und unter ihrer Anleitung gemeinsam etwas schaffen, das später publik wird. Für andere oder die Gesellschaft öffentlich »Gutes« tun, hat für viele Teilnehmer ebenfalls Erlebnischarakter, beispielsweise Bäume pflanzen, Theaterabende, politische Diskussionsforen oder Spendenaktionen gemeinsam auf die Beine zu stellen.

KWW – Alptraum der Planer: Kenn' ick, wees ick, war ick schon!

Wettkampf und Standhalten können als Erlebnis. Teams, Standorte oder Unternehmen »kämpfen« in Wissens- oder Geschicklichkeitsparcours beziehungsweise Sport-Wettkämpfen gegeneinander – bis hin zur großen Unternehmensolympiade.

Zuschau-Erlebnisse. Der große Zauberer, die berühmte Sängerin, die Tigernummer, »König Ludwig II live« in der Tagung, ein Abendprogramm mit Theaterelementen und vieles mehr – auch gut gemachte Shows können »Erlebnisse« generieren. Für sich alleine wäre das aber zu wenig für Info-, Lern- und Change-Events.

»Erlebnis« als Voll- oder Misch- und Beikost?

»Erlebnisvollkost«: Huntert-Prozent-Erlebnis-Format. Hier bestimmt das »Erlebnis« die ganze Veranstaltung, beispielsweise als Outdoor-Event oder als gemeinsames Entwickeln und Aufführen eines Theaterstücks.

»Erlebnisbeikost«: Tagung plus »Erlebnis«. In diesem Fall sind »Erlebnismodule« als »Energizer« lediglich aktivierende Highlights. Die anderen Sequenzen des Events sind weniger erlebnishaft gestrickt: Ein Beispiel: Nach langer Plenartagung schickt man am späten Nachmittag alle Teilnehmer zur »emotionalen« Aktivierung nach »draußen« zur Stadtralley.

Outdoor-Erlebnisse: An Grenzen gehen 13-2

Als »Vollkost« oder »Anreicherung«?

Outdoor-Erlebnisse stehen in der Tradition von Expeditionen und Initiationsriten. Pfadfinderbewegung, »Wandervogel« und Reformpädagogik des frühen 20. Jahrhunderts haben das aufgegriffen. »Echtheit«, »Natur«, »Sinnlichkeit«, »Bewegung«, »Verantwortung« und »Gruppe« waren damals wichtige Ziele. Inzwischen planen Agenturen »Outdoor-Erlebnisse« ohne diesen Theorieüberbau. Die Angebote wollen unvergesslich in den Köpfen und Herzen ankern, wollen Stimmung, Teambildung und Zusammenarbeit fördern und einen Energieschub auslösen. Unter dem Stichwort »Outdoor-Event« haben wir aus dem Internet einige Beispiele ausgewählt. Manche finden als »Vollkost« die ganze Zeit »draußen« statt. Andere sind nur aktivierende Frischlufterlebnispakete als lustvolle Anreicherung ansonsten eher kopfgesteuerter Tagungen.

»Tour des Alpes«. Unter diesem blumigen Stichwort läuft beispielsweise der Abschluss eines erfolgreichen Projekts mit Wirtschaftsprüfern. Als Belohnung für harte Arbeit geht es für alle 120 Projektmitglieder ins Hochgebirge mit Hüttenabend, Gletschertour, Schiwettkampf und anderen Alpin-Highlights plus Bergparty. Die alpine Tour ist ein Belohnungsincentive, aber im Kontext des Projekts mehr als nur ein netter Betriebsausflug.

Teams lernen im Wildwasser. In großen Schlauchbooten durch wilde Flussstrecken raften: Gemeinsam abgestimmt, kraftvoll und schnell Wasserwalzen, Kehrwasser und Felsen meistern, ohne zu kentern. Metaphorisch klingt das sehr auf Herausforderungen des Arbeitsalltags abgestimmt. Ob sich dieser Transfer allerdings einstellt, muss sich erst beweisen – ein Teamerlebnis wird es allemal.

Klettern, Segeln, Trecking und mehr. Von der Gruppengröße her sind solche Angebote begrenzt. Vermutlich erhöht gerade diese Exklusivität die Attraktivität: »Im Jeep durch die Wüste« oder »Im Dschungel« klingen nach Marlboro-Abenteuer. Heimatnäher wäre: »Mit dem Saumpferd auf Römerspuren« oder »Zur Quelle – die Isar aufwärts!« oder einfach ein »Bikertreff«.

Nicht nur Wasser, Berg und Wüste!

Hochseilgärten und mehr. Grenz- und Naturerlebnisse hoch in den Baumwipfeln (oder knapp über der Erde im Tiefseilgarten) lassen sich nicht einfach in größere »Veranstaltungen« integrieren. Aus Sicherheits- und Organisationsgründen werden sie oft in speziellen Übungsgeländen vermarktet.

»Motivationspaket« zur Verkaufs- und Marketingtagung. Die klassische Fachtagung »Verkauf im Sportartikelmarkt« wird einen Nachmittag lang mit »Sport games« aufgepeppt: Teamwettkämpfe mit Parcours, Geschicklichkeits- und Orientierungsläufe in der Natur sowie Herausforderungen von Brückenbau bis Hochseilgarten stehen im Programm.

»Durch die Wüste«. Nicht tagelang auf Kamelen reiten, sondern einen Nachmittag als rasante Jeeprallye über Sanddünen flitzen. Anschließend Abendessen in einem »Beduinendorf« – als Begleitprogramm zur internationalen Unternehmenstagung im 5-Sterne-Emirat-Hotel. Für uns sehr folkloristisch und ökologisch grenzwertig, aber eine Reihe von Teilnehmern schwärmt noch heute davon.

»Stadtrallye«: Altstadt als »Outdoor«. Hundert Teilnehmer einer Tagung erkunden nach einem vollen Plenartag in kleinen Teams die historische Altstadt. An verschiedenen Stationen warten Geschicklichkeits-, Schnelligkeits- und Teamaufgaben auf sie sowie Hintergrundinformationen zur Stadtgeschichte. Der Wettbewerb zwischen den Kleingruppen endet mit einem großen gemeinsamen Abendessen samt Siegerehrung.

Wettkampf-Erlebnis um Sieg-Punkte

13-3

Teilnehmer als lebende Kickerfiguren

Bei vielen Wettkämpfen strampeln sich ein paar Aktive ab, und die Menge schaut zu. Info-, Lern- und Change-Events setzen auf partizipativere Erlebnisformen – als durchgehende »Vollkost« oder als aktivierende Anreicherung.

Wettkampfplanspiel als Simulation. Die Teilnehmer kommen zur großen Produkt- und Verkaufsschulung, aber weit und breit kein PowerPoint und Co. Stattdessen sind sie – ruck, zuck – Mitglied einer Mannschaft, meistern an Parcours-Stationen Aufgaben und Herausforderungen und das alles im Wettstreit mit anderen Gruppen. Man kann »Notfallstationen« konsultieren, aber die kosten Zeit und Spielgeld. Zwischendurch stehen Termine mit kritischen Qualitätsgremien ins Haus. Auch da geht es um »Punkte«. Am Schluss warten Preise auf die besten Teams – die anderen gehen auch nicht leer aus. Alle wissen um die Künstlichkeit dieser Simulations-Lern-Spielwelt, aber es macht Spaß und was wichtig ist: Jeder kennt jetzt die neue Produktpalette aus dem Effeff ohne vorangegangene Folienschlacht. Die Art der Belohnung ist dabei weniger wichtig – es geht um die Geste des Siegs, um das Sich-Messen und um Spiellust.

»Es ist alles nur geklaut«. So lautet das Motto von Axel Rachow für Lern- und Wissensspiele. Er nimmt bekannte Quizspielformate aus TV-Programmen und füllt sie mit Lerninhalten. Weil das Publikum die Regeln der TV-Vorlagen kennt, braucht es nicht viel an Einstimmung und Erklärung. Und weil es keine Zuschauveranstaltung werden soll, kämpfen nicht nur Einzelne um den Sieg, sondern große Gruppen gegeneinander.

Kämpfen, gewinnen, lernen!

Riesenkicker-Wettkampf als Teamerlebnis. Roger Wüthrich (www.theater-interaktiv.net) hat uns von einer Veranstaltung für knapp 50 französische und deutsche Zugbegleiter erzählt: Dieses Kooperationsprojekt hatte das erste Jahr erfolgreich hinter sich, und man wollte daher auch ein wenig feiern. Weil gerade Fußball aktuell war, spielten beim Event national gemischte Gruppen an einem riesigen »Tischkicker« für zweimal elf Personen um Siegpunkte – moderiert als Sportereignis. Die restlichen Teilnehmer schauten zu oder hatten in den Wartezeiten andere Fußballaktionen zur Wahl. Das Regenwetter hatte eine noch eigenwilligere Aktion vereitelt: Teilnehmer als lebende Kickerfiguren – an Stangen fixiert und nur nach rechts und links beweglich in einer aufblasbaren Riesen-Kicker-Anlage mit Sandboden. Unser Geschmack wäre das nicht, aber die Zugbegleiter hatten ihre helle Freude dabei. Solche Spielmodule machen den Kopf frei für die nächsten Arbeitsschritte. www.proteco.de verleiht »Tischkicker« und »Fun Soccer«.

»Poetry Slams«: Das Publikum stimmt ab. Bei diesem Format der Jugendliteraturszene »kämpfen« zwar ebenfalls nur wenige, aber sie kämpfen um die Gunst des Publikums. Das kann – fast wie bei römischen Gladiatorenkämpfen – den Daumen heben oder senken und damit Urteile fällen. Das Grundmuster ist einfach: Vor großem Publikum tragen jeweils zwei Autoren oder Dichter nacheinander für je fünf Minuten lang ihre Texte vor – in der Regel »inszeniert«. Die Entscheidung zwischen diesen zwei Kandidaten trifft anschließend das Publikum durch Intensität und Länge des Applauses. Dann kommen die nächsten zwei, und das Verfahren wiederholt sich. Im K.-o.-System kämpfen anschließend die Sieger gegeneinander – so lange, bis der Favorit des Abends feststeht.

Das Event als öffentlicher Auftritt 13-4

Der große Auftritt als Erlebnis

Vor großem Publikum auftreten ist für viele eine stressige Grenzerfahrung. Aber »es geschafft« zu haben ankert als positives Erlebnis. Entsprechende Veranstaltungen legen im ersten Schritt die Schwerpunkte auf Inhaltserarbeitung, Planung und Auftritts-Know-how – das forciert Teamdynamik und Lernprozesse. Der öffentliche Auftritt ist dann der zweite Schritt. Da geht es um das Bewähren, um den Stolz, etwas zeigen oder präsentieren zu können oder um den Einstieg in den Dialog.

Lernprojekte öffentlich abschließen, Angehörige einbeziehen. Dazu drei kleine Beispiele:

- Das Führungsnachwuchsprogramm präsentiert die erarbeiteten Projekte vor Kollegen, hochrangigem Management, Gästen und der Unternehmenspresse – je mehr und gewichtiger das Publikum, umso besser.
- Das studentische Hochschulprojekt schließt mit einem kleinen, öffentlich beworbenen Fachkongress.
- Zum Abend des großen Mitarbeiterforums kommen Familienangehörige als Gäste dazu. Sie warten auf eine Auswahl »Best of the Day«.

Mitarbeiter vom Band präsentieren das neue Auto. Beim Vorstellen des neuen Automodells stehen dieses Mal nicht Vorstand, Management oder Marketing im Zentrum, sondern die beteiligten Mitarbeiter vom Band präsentieren der Öffentlichkeit »ihr« neues Fahrzeug. Dem geht intensives Coaching voraus.

»Tango Tonnage«: Auftritt der Werker. Beim choreografisch beeindruckenden Ballett für 21 »Dampfwalzen« bewegen die Werker der Produktion im Firmengelände des Maschinenbauers »ihre« schweren Kompaktoren im Scheinwerferlicht zur Musik – als Produktshow vor wichtigen Kunden, dem neuen Eigner, dem Vertrieb sowie Angehörigen und Presse. Für die Männer auf den Maschinen bringt dieser ungewohnte Auftritt Selbstsicherheit und Stolz auf »ihre« tonnenschweren Produkte (s. Kapitel 18-1).

Mehr als nur Chor- oder Orchesterwoche. Eine große Gruppe fährt zur gemeinsamen Chorwoche unter professioneller Anleitung. Krönendes und lampenfiebriges Abschlusserlebnis: Der öffentliche Auftritt in einer Kirche. Varianten dieser Idee: öffentliche Auftritte in Werkshallen, Gefängnissen oder Jugendklubs.

Sir Simon Rattle und Royston Maldoom lassen Kids tanzen. Der Film „Rhythm Is It!" dokumentiert Probearbeiten und Auftritt von 250 Berliner Jugendlichen in der Berliner Philharmonie: Der Dirigent der Berliner Philharmoniker und der Choreograf Royston Maldoom trainieren diese bunt gemischte Gruppe und führen sie zum Erlebnis der erfolgreichen Aufführung von Strawinskys »Le Sacre du Printemps«. Und zugleich vermitteln sie die Botschaft »Du kannst es schaffen, wenn du es willst«.

»Semi-Narr«: Straßentheater mit Bordmitteln. Die Teilnehmer unseres Events sind Schauspiellaien und treffen sich Freitagabend mitten in der Münchner Fußgängerzone, um sich dort beim »Meldebüro« erfassen zu lassen. Alles ist etwas verwirrend: Das Office steht auf dem Sendlinger-Tor-Platz und ist mit alten Büromöbeln bestückt. Man sitzt in langen Stuhlreihen und wartet, bis man zur »Sekretärin« kommt. Die tippt die Teilnehmerdaten in eine alte Schreibmaschine. Nach gut einer Stunde und einigen Turbulenzen wechselt man zu einem neutralen Ort und entwickelt in Gruppen gemeinsam spielbare Aktionen für den Folgetag. Einen Schauspieltrainer sucht man vergebens – da hilft nur der gesunde Laienverstand. Der Samstag bringt diverse kurze, skurrile öffentliche Auftritte in der Innenstadt und vor Museen. Am Sonntag ist es ähnlich. Man will ausloten, wie es einem als Akteur auf der Straße geht und mit welchen Techniken man Laufpublikum für ein paar Sekunden stoppen und binden kann – Erfahrungswissen, das nicht nur als Schauspieler nützlich ist.

Das Event als »gute Tat«

13-5

Das Erlebnis der »guten Tat«

Outdoor-Abenteuer und Wettkampfspiele fordern Teilnehmer körperlich und emotional. Aber die Allgemeinheit hat davon wenig Gewinn. Interessant sind deshalb Veranstaltungen, die beides zugleich optimieren: Erlebnisse haben und Nutzen stiften – kombiniert mit dem Stolz auf die »gute Tat«.

Zwischen Chrysanthemenball und Wohltätigkeitsflohmarkt. Mit Benefizveranstaltungen Geld für gute Zwecke zu sammeln ist nicht nur im amerikanischen Wahlkampf üblich. Spendenkassen füllen sich über Eintrittsgelder beziehungsweise den Konsum bei Sommerfesten, über gemeinsam veranstaltete Kunst- oder Weihnachtsmärkte, Basare, wohltätige Galabälle, über Sponsorseminare, Sponsorfestessen sowie über Konzerte für gute Zwecke. Solche Veranstaltungen mit internem Vorlauf und öffentlicher Aktion mobilisieren die Mitglieder, sind für die Öffentlichkeit attraktiv und erzeugen wohlige »Sponsorengefühle«.

Wettkampf um Spendengeld. Bei der »Kulminade«, dem großen Kulmbacher Mitarbeiterforum (s. Kapitel 10-5), kämpften Mitarbeiter, Führungskräfte und Vorstände in gemischten Teams in mehreren Disziplinen gegeneinander (vom Lkw-Ziehen bis zum Unternehmensquiz). Das schweißt zusammen, ankert neue Leitsätze und macht Spaß. Aber zugleich dient das einem guten Zweck: Für richtige Lösungen bekommen die Teams Säcke mit goldenen Kronkorken (schließlich sind es Mitarbeiter einer Brauerei). Bei der Siegerehrung schütten sie das erkämpfte Spielgeld für alle sichtbar in große Plexiglasröhren und wiegen die Kilos. Der Vorstand tauscht das anschließend in echtes Geld, und als Überraschung verdoppelt er seinerseits den Betrag aus der Unternehmenskasse. Der Gesamterlös wird gespendet.

»Jeden Tag eine gute Tat!«

Corporate Volunteering als »Aktionstag(e)«. »Jeden Tag eine gute Tat« ist alte Pfadfindertugend. Das reizt gelegentlich auch Unternehmen. Sie stellen »Freiwilligen-Aktionstag(e)« in sozialen Einrichtungen oder Brennpunkten auf die Beine – vom Ernteeinsatz, Grill- oder Theaterabend im Altenheim oder Gefängnis bis zur längeren Aktion in Krisengebieten. Solche »Erlebnisse« schweißen Mitarbeitergruppen zusammen, eröffnen den Beteiligten neue Perspektiven, fördern Identität mit dem Unternehmen und lassen sich auch fürs Unternehmensimage ausschlachten. Soziale Einrichtungen haben das ihrerseits als Variante des Sponsorings organisiert, beispielsweise die www.freiwilligenzentrale.info der Diakonie.

Projektmanagement und Spielplatzbau. Teamentwicklung und Projektmanagement sind Ziele einer größeren Qualifizierungsmaßnahme im Unternehmen. Alternativ zur traditionellen Schulung konzipieren, planen und realisieren die Teilnehmer einen öffentlichen Spielplatz für die Gemeinde und reflektieren dabei zwischendurch Prozesse der Teamentwicklung und Tools des Projektmanagements. Der Lernstoff ist sehr konkret vermittelt, alle haben das stolze Gefühl, Nützliches gemacht zu haben, und die Gemeinde hat einen neuen Spielplatz.

Bäume pflanzen!

Lawinenverbauung und Pflanzaktion im Bannwald. In Kooperation mit dem Forstamt pflanzt Günter Dörr (www.abt-doerr.de) mit Gruppen an Gebirgssteilhängen dringend notwendige Bäumchen für den Lawinenschutz. Übernachtung draußen im Camp und Selbstversorgung pushen Team- und Erlebnischarakter zusätzlich. Ausgewertet wird die Outdoor-Veranstaltung unter den Blickwinkeln »strategische Zusammenarbeit« und »Projektmanagement«. Auch bei diesem Projekt sind Natur, körperliche Arbeit, Team und erkennbare Nützlichkeit die entscheidenden Erlebniswirkmechanismen.

»Tour der Hoffnung« rollt für krebskranke Kinder. Diese Sponsor-Radtour kombiniert »Erlebnis«, Sport und gute Tat. Vor zwanzig Jahren starteten Ärzte diese jährliche Tour durch Deutschland. Inzwischen fahren jährlich fast 200 Aktive die 300-km-Strecke. Ärzte und Apotheker bilden die Stammmannschaft. Als Schirmherren und etappenweise Mitfahrer dabei sind »Promis«: Bürgermeister, Minister, Ministerpräsidenten, bekannte Sportler, Olympiasieger. Viele Unterstützer und Sponsoren wurden gewonnen und über zwölf Millionen Euro Spendengelder für Leukämieprojekte gesammelt (www.tour-der-hoffnung.de).

TOUR DER HOFFNUNG®
... rollt für krebskranke Kinder

Kocherlebnisse – generalstabsmäßig. Normalerweise ist Kochen eher eine lustvolle Teambildungsmaßnahme für kleine Gruppen. Aber als projektmäßig durchgeplante Kochaktion – unter Produktionsdruck für große Personengruppen einer parallelen Veranstaltung zu kochen – das ist eine sehr eindrückliche Erfahrung in Sachen Führung, Team-, Stress- und Projektmanagement.

13-6 Sommer-, Sport-, Volks- und Straßenfeste

Volks-, Stadt- und Straßenfeste, Tage der offenen Tür, Ritterturniere oder die Basler Fasnacht verstehen sich nicht als Info-, Lern- und Change-Events. Anregungen für Veranstaltungen bieten sie allemal.

»Was macht Papa eigentlich den ganzen Tag?«

Vatertag im Autowerk. Dass Kinder wissen wollen, was Papa eigentlich »in der Arbeit« tut, ist bekannt. Da liegt es nahe, den nächsten Vatertag im Werksgelände als »Tag der offenen Tür« zu planen. Unterstützt von der Abteilung Unternehmenskommunikation machen sich Väter an die Arbeit: Regelung von Zugangs- und Sicherheitsfragen, Seifenkistenrennen, Geschicklichkeitsparcours für die Kleinen, ein paar Filme, Führungen im Werk, Grill- und Würstchenstände und natürlich ein paar Autos zum Herzeigen und Reinsetzen.

»Sommerfest« im Briefverteilerzentrum. Weil die Arbeitszeiten der dort arbeitenden Frauen auch die Familien treffen und der Kontakt am Arbeitsplatz untereinander gar nicht so intensiv ist, lädt die Leitung des Verteilerzentrums ein zum »Sommerfest« und zum »Tag der offenen Tür«. Auch hier gibt es wieder Straßenfeststandards: Essen und Trinken, Fun and Entertainment, Kurzfilme und eine Führung. Das dient der Imagebildung, der Mitarbeiterbindung und macht allen auch noch Spaß.

Bikertreffen der Post. Wenn selbst der Chef und einige im Personalbereich Biker sind, dann liegt es nahe, (freiwillige) Mitarbeitertreffen in Bikermanier zu feiern. Also plant man »Destinations« und Routen und all die vielen Kleinigkeiten, die dazugehören. Dem Teamgeist tut das gut.

Firmen-Sport-Olympiaden. Groß aufgezogen als Unternehmenssportkämpfe mit vorgeschalteten regionalen Qualifizierungsrunden und dem Finale in Berlin. Kleiner dimensioniert auch als Firmen-Fußballturnier: Innendienst gegen Außendienst oder Journalisten gegen die »Technik« des Zeitungsverlags – kombiniert mit einem »Sommerfest«. Oder exquisiter als Firmengolfturnier.

Alles nur Theater?

13-7

Theater als Erlebnis

Unter den Stichworten »Unternehmenstheater«, »Businesstheater«, »Forumtheater«, »Aktions- und Interaktionstheater« ... finden sich viele Anbieter und Erfahrungsberichter im Netz. Vor einem Jahrzehnt gab »Theatre goes Business« den Impuls. Inzwischen sind Theaterelemente in Veranstaltungen nichts Ungewöhnliches mehr, und man klärt nur noch, wie und wann in Events szenische Mittel zum Einsatz kommen, wer Inhalte festlegt, Regie führt und spielt und wie das den Unternehmens- oder Veranstaltungszielen passt.

Theater in Events: Facettenreich und variabel

Theater bedient viele Funktionen: Themen und Situationen auf den Punkt bringen, sinnlich in ein Thema einsteigen, anheizen, Ventile schaffen, motivieren, Altes analysieren, Neues austesten, sicher werden, Kontakt herstellen, Gemeinsamkeit und Erfolgserlebnisse schaffen, überraschen, lockern, informieren, Missverständnisse aufdecken, imitierbares Verhalten zeigen, unterhalten, reflektieren, die Veranstaltung spiegeln …

Stellenwert von »Theater« im Event-Programm. Theater und Theaterelemente werden in der Veranstaltung vor allem als Methode und als Mikro-Inszenierung eingesetzt.

- *Als Rahmenprogramm:* Vor dem offiziellem Start, als Pausenfüller, am Abend, vor Tagesbeginn, als dramaturgischer Rahmen.
- *Als Inszenierungselement in der Veranstaltung:* Als Starter, Running Gag, zum Auflockern großer Informationsblöcke, als Tages- und Veranstaltungsabschluss.
- *Als eigenständiger Block im Programm:* Als Spiegeltheater, als Aufführungsvorbereitung, als großer Auftritt vor externem Publikum.
- *Als durchgehendes Format:* Da ist die ganze Veranstaltung »Theater« – von den Proben bis zum Auftritt vor Publikum. Das ist eher selten.

Bekanntes adaptieren oder alles neu erfinden?

Inhalte: Was wird gespielt? Eine Vielzahl von Möglichkeiten: Theaterleute entwickeln unternehmensnahe Szenen auf Basis von Interviews und Recherche. Profis gestalten einen Simulationsrahmen, in dem Veranstaltungsteilnehmer Rollen übernehmen und ausgestalten. Das Publikum liefert aktuelle Stichworte, und Schauspieler setzen die um (zum Beispiel Szenen aus dem Unternehmen). Theaterprofis spielen eine Rahmenvorlage, und das Publikum kann eingreifen. Teilnehmer entwickeln eigene Szenen und treten damit auf. Schauspieler beobachten die Veranstaltung und spiegeln ihre Eindrücke ans Plenum zurück.

Wer spielt, führt Regie, gibt die Handlung vor? Wer entwickelt das Drehbuch, führt Regie, steht auf der Bühne, sitzt im Publikum? Auch hier alle Varianten von Mitmach-, Eingreif- und Zuruf-Theater mit unterschiedlichem Beteiligungsgrad:

- *Hundert Prozent »Fremdarbeit«:* der Theaterklassiker mit Unternehmensbezug. Eine Theatergruppe recherchiert vorab, bereitet eine firmeninterne Fragestellung auf, entwickelt daraus ein Stück und führt es auf. Die Mitarbeiter sind reflektierendes Publikum und diskutieren im Anschluss an die Aufführung Anregungen und Botschaften des Stücks.
- *Komplettes »Do-it-yourself«:* Mitarbeiter entwickeln zu einem (heißen!) Thema ein Theaterstück und setzen es auch selbst um – mit professioneller Unterstützung bei Drehbuch, Inszenierung und Gesamtprozessbegleitung.

Beispiele: Was Theater in Events leisten kann

Funktionen und Themen für »Theater« in Veranstaltungen gibt es reichlich. Hier einige Beispiele für Info-, Lern- und Change-Events.

Ist-Analyse und neue Perspektiven
»Wartung der Betriebsklimaanlage« heißt die Aktion von www.theater-interaktiv.net. Mit Spielwitz und Ernst überprüfen und reparieren zwei als Handwerker verkleidete Schauspieler die »Betriebsklimaanlage« während einer Führungskräfteveranstaltung. Die Mitarbeiter identifizieren sich schnell mit ihnen und unterstützen die beiden tatkräftig, Fehler in der »Anlage« zu finden und zu beheben und sie entwickeln umgehend Reparaturmaßnahmen.

»Mysterienspiel« lanciert Themen
Fragestellung: Was tun am ersten Abend der WUP-Sommer-Akademie »Veranstaltungs-Designs« mit 120 Teilnehmern? Reicht die Energie noch für das Einspielen zentraler Themen? Wir entschieden uns für ein fiktives, selbst entwickeltes barockes Mysterienspiel über »Lust und Askese«, angelehnt an die klösterliche Geschichte des Tagungshauses: Die Protagonisten »Lust« und »Askese« streiten miteinander vor der Himmelspforte um Einlass in den Event-Himmel. Petrus tritt als himmlischer Schiedsrichter auf, Engel und Teufel mischen mit, Standartenträger marschieren ein, und das Publikum ergreift – als angeleiteter Chor – musikalisch in zwei Fraktionen Partei: entweder für »Lust« oder für »Askese«. Dann bricht mittendrin das Ganze plötzlich mit Donner und Dunkelheit ab und aus dem Off kommt: »Nur so weit reichte der überlieferte Text des aufgefundenen Seeoner Mysterienspiels. Der Rest ist verschollen«. Noch Stunden später saß ein Teil der Teilnehmer, den Lust- und Askesegesang summend und mit reichlich Diskussionsstoff versorgt, zusammen.

Neue Lösungen entwickeln und austesten (Impro-Theater und TOI)
Das Grundmuster des Impro-Theaters: Bisherige Situationen und Reaktionen auf Zuruf der Teilnehmer auf die Bühne bringen und Schauspieler stellvertretend handeln lassen – aber immer nur ein paar Spielzüge weit. Dann brauchen die Schauspieler neue

Anweisungen vom Publikum. Das ist meist witzig, bekommt aber zusätzlich Tiefgang, wenn heiße Themen auf die Bühne kommen. Eine interessante Variante bietet die »Themenorientierte Improvisation« (s. Berg/Ritscher/Orthey 2002). Auch hier setzen die Schauspieler Themen in Szene, beispielsweise Führung, Kundenorientierung, Firmenkultur, Gesundheitsschutz. Das Publikum ist Themenspezialist, Regisseur und gegebenenfalls auch Akteur. Die Verbindung zum Publikum stellt ein Moderator her, der den Prozess steuert. Die drei TOI-Arbeitsschritte:

»Mach nicht so ein Theater!« hieß es früher – und jetzt …

- *Visualisierung:* Darstellen des Istzustands. Schauspieler visualisieren Alltagsszenen auf Zuruf.
- *Gruppenarbeit:* Die Teilnehmer erarbeiten in kleinen Grüppchen Verhaltens- und Handlungsalternativen für diese Situationen.
- *Theaterlabor:* Schauspieler erproben unter Regie der Teilnehmer verschiedene Vorschläge auf der Bühne.

Kreativität erleben: Firmenthemen live on stage!

70 Führungskräfte haben den ganzen Tag am »Führungsleitbild« gearbeitet. Für den Abend gibt es eine kleine Zusatzaufgabe: Ausgeloste Teams sollen das Thema »Führung bei uns: gestern – heute – morgen« in Szene setzen. Das wird ein »bunter Abend« mit vielen Lachern. Was da auf die Bühne kommt, ist pointiert bis übertrieben, aber zugleich ehrlich und »wahr«. Die Szenen geben ungelösten Themen Raum, aktivieren Energien und erschließen neue Zugänge zum Thema. Theater-Coaches betreuen die Gruppen bei der Vorbereitung, achten auf den Businessbezug und wecken auch bei skeptischen Teilnehmern die Spielfreude: »Vorher wollten sie nicht auf die Bühne, danach nicht wieder runter.«

»Romeo und Julia«: Teamentwicklung durch Theater

Gemeinsam ein Stück entwickeln, proben und aufführen und parallel dazu den gemeinsamen Arbeitsprozess reflektieren – so bearbeitet beispielsweise die Nürnberger 3P Beratergruppe Teamdynamik und Teamprozesse: Wer übernimmt welche Aufgaben und Rollen? Wer setzt sich mit seinem Konzept durch? Wie rauft sich das Team zusammen? Die Auswertung konzentriert sich auf den Entstehungs- und Arbeitsprozess. Die Aufführung ist nur krönender Abschluss (www.3p-beratung.de).

Verwirrte Professoren, Hausmeister und Kellner

Schauspieler mischen sich »undercover« unter das Publikum und starten von dort aus überraschende Aktionen als Hausmeister, Feuerwehrmann, Putzfrau, Kellner, verwirrter Gast, aber auch als Geist der Veranstaltung beziehungsweise des Unternehmens.

Schrittweise werden ihre Rollen deutlicher. Und manchmal treten sie in einer Veranstaltung als Running Gag immer wieder kurz in Aktion.

»Spiegeltheater« als Reflexion

Schauspieler »spiegeln« zu verschiedenen Zeitpunkten Phänomene der Veranstaltung. Beispielsweise gleich zu Beginn beim »Erwartungsspiegel«. Da interviewen Akteure Teilnehmer beim Eintreffen zu ihren Event-Erwartungen. Eine Auswahl dieser Statements bringen sie gleich anschließend kurz und inszeniert auf die Bühne. Zu späteren Zeitpunkten zieht Spiegeltheater szenisch Bilanz und spielt markante Impressionen zum Tagungsablauf: Situationen, Diskussionen, Ergebnisse oder Atmosphärisches.

Einfach »nur« Entertainment

Nicht immer müssen Teilnehmer aktiv werden. Dazu ein Beispiel aus der WUP-Sommer-Akademie »Veranstaltungs-Designs«. Die fand in jenem Jahr in der Region München zur Zeit der Wies'n (Oktoberfest) statt und hatte viele Gäste aus dem Ausland und von jenseits des Weißwurstäquators – Anlass genug, allen Teilnehmern im Abendprogramm das Oktoberfest als Event exemplarisch näher zu bringen: Das Publikum saß im festlichen Musiksaal der Evangelischen Akademie Tutzing an Biertischen, überraschend zog eine bayerische Blaskapelle in Tracht ein und ein nicht ganz ernster Diavortrag kommentierte Oktoberfest-Event-Parameter dreisprachig. Dann kamen Impro-Theaterszenen zur veranstaltungsdesignnahen Frage »Was wär' die Wies'n ohne Bier?« Als Schlusspunkt des Abends gab es eine bayerische Brotzeit – zum Glück mit Bier!

Eingreif- oder Forumtheater

Das Schweizer IDEE-Theater greift den »Untergang der Titanic« auf – eine Story, deren Ablauf und Ausgang die meisten Zuschauer in groben Zügen kennen. Zunächst zeigen sie auf der Bühne die kolportierte Fassung: Der Kapitän ignoriert frühzeitige Warnungen (Hinweise auf den Eisberg) und schickt damit fast alle Passagiere in den Tod.

Dann wird das Ganze noch einmal durchgespielt und das Publikum zum Intervenieren aufgefordert: Teilnehmer eilen auf die Bühne, schlüpfen in eine der Rollen und erproben alter-

Die ganze Palette: vom Undercover-Theater bis zum fertigen »Stück«

native Handlungsvarianten: mit dem Kapitän diskutieren, ihn ohnmächtig schlagen, das Ruder übernehmen … Die anderen, weiterhin von Schauspielern besetzten Rollen reagieren entsprechend – aber sie knicken nicht gleich ein. Das geht mit mehreren Durchläufen – jeder Zuschauer kann sehen, welches Verhalten welche Konsequenzen hervorruft. Heißer wird das noch, wenn man aktuelle Unternehmensthemen anspielt und dazu Teilnehmer auf die Bühne bittet. Das dauert nicht lange und man bricht dann ab und verlagert die Fortsetzung in die Köpfe der Teilnehmer und in die anschließende Diskussion.

Das »Stück«: Die Inszenierung

Finanziell und zeitlich aufwendiger sind Theaterszenen, die genau für diese Veranstaltung mit präzise geplantem Ziel entwickelt werden. Im Vorfeld haben professionelle Autoren intensiv recherchiert und daraus ein ausgefeiltes, spezifisches Stück entwickelt – gespickt mit Wahrheiten über das Unternehmen, das Projekt, den Bereich, das Produkt oder die Kundensicht. Das kann witzig sein und liefert zugleich detaillierten Einblick in die Istsituation und katapultiert die Zuschauer in ungeahnte Gesprächs- und (hoffentlich auch) Handlungsbereitschaft.

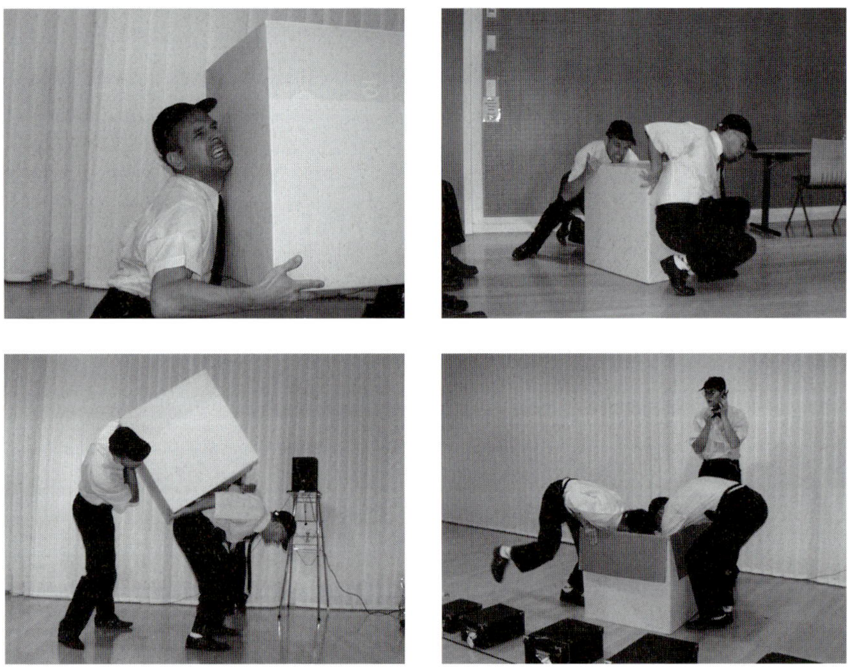

Theateranimierte Planspiele: www.colori.ch

Simulation: (Fast) wie im wirklichen Leben!

13-8

Nicht nur Oberammergau und Landshut …

Simulation versetzt Menschen in andere Welten oder inszeniert gleich neue Realität – als durchgehendes »Erlebnis-Format« die ganze Veranstaltung über. Es gibt kein zuschauendes »Publikum«. Alle sind live mittendrin und gehen ganz in ihren Rollen auf. Die Distanz zum Geschehen ist mehr oder minder aufgehoben, manchmal bleibt auch später noch im Zwielicht, was »Realwelt« und was »Spielwelt« war. Die Plots spielen – je nach Zielsetzung – in Fantasie- und Zauberwelten oder aber mit Absicht hart an der Realität, um diese möglichst echt zu erleben. Manche dieser Simulations-Events sind inzwischen Tourismusziele geworden. Andere haben sich den Livecharakter bewahrt.

Ein paar Requisiten und eine Rahmenhandlung …

Schlägerei bei der Bereitschaftspolizei. Die Geschichte wird oft und in etlichen Varianten erzählt: Junge Bereitschaftspolizisten lernen in ihrer Ausbildung den Umgang mit radikalen Demonstranten. Eine Hälfte der jungen Polizisten macht kostümiert auf »Demo«, die andere übt »Einsatz«. Beide bekommen ihre Requisiten (Kleidung, Plakate, Dachlatten …). Es dauert nicht lange, und die Übung läuft aus dem Ruder und endet in einer wilden Schlägerei mit Dachlatten und mehr. Aus dem Spiel ist ungeplant Ernst geworden.

Wenn »So tun, als ob« Wirklichkeit wird

Wirkmechanismen der Simulation. Warum kamen bei der Polizeiübung alle so in Fahrt? Es braucht nicht viel: klare Rahmenhandlung, isolierte Spielweltsituation, markante Rollenvorgaben, Subgruppenbildung, Freund- und Feindbilder, einfache Handlungsmuster, (Wett-)Kampfatmosphäre – und schon verwischen die Grenzen zwischen Ernst und »Spiel«.

Inszenierte Realität: Simulationsbeispiele

So tun, als ob: Schrittweise oder schlagartig Teilnehmer in andere Welten versetzen. Manchmal bleibt diese Transformation im Zwielicht und lässt offen, was »Wirklichkeit« ist.

Wenn Storydealer Storys erzählen
Vermutlich ist es im Buch leichter, die Geschichte ohne Brüche laufen zu lassen als in der »Wirklichkeit«: 40 Marketing- und Produktmanager einer Hamburger Kommunikationsagentur fahren gemeinsam per Bus zur Fortbildung. Mitten im menschenleeren deutsch-polnischen Grenzgebiet hat der Bus eine Panne. Man findet Hilfe in einem nahe gelegenen, heruntergekommenen Rittergut – bei einer Künstlerkolonie, die eben ein großes Fest vorbereitet. Dem Bus ist kurzfristig nicht zu helfen, also bleibt die Gruppe auf dem Gut, hilft mit bei der Vorbereitung, erlebt ein schillerndes Fest … (s. Geißlinger 1999, Geißlinger/Raab 2007).

Der Kongress kommt ins Zweifeln
Passgenau zum Konstruktivismuskongressthema »Was ist Wirklichkeit und wie kommt sie zustande?« gerät ein internationales Symposium in Verwirrung, weil die knapp tausend daran teilnehmenden Wissenschaftler einem Gerücht aufzusitzen beginnen: Bei einem Teil der Vortragenden soll es sich um professionelle Schwindler handeln. Doch worin liegt der Unterschied zwischen einem

unechten und einem echten Referenten? Nach kurzer Zeit werden selbst international anerkannte Referenten vom Fachpublikum angezweifelt und belächelt (www.storydealer.de).

»Schällüm«

Bei diesem Theateranimierten Planspiel (TAP) des Schweizer Theaters Colori ist die Simulation Auftakt eines Lern-Events und als Situation durchschaubar – das bedrückende Erlebnis stellt sich trotzdem ein: Mitarbeiter der Ausländerbehörde fahren zur Fortbildung über »Asyl«. Statt im vertrauten Schulungssetting landen sie in Baracken, das Personal spricht unverständlich und sowieso nicht zu ihnen. Man lässt sie warten, schickt sie quer durchs Gelände. Dort warten sie wieder. Irritation und Frust prallen ab am unverständlichen »Schällüm«-Wortschwall. Und wieder warten alle umsonst (www.colori.ch).

Stadtsimulation »Mini-München«

»Mini-München« ist sei Jahren Highlight im Ferien-Freizeitprogramm der Stadt München. Bis zu 2000 Kinder und Jugendliche täglich erleben in dieser Spielstadt eine Simulation, die beides kann: Spaß machen und erlebnisnah politische Zusammenhänge vermitteln. Wir haben Margit Maschek-Grüneisl (www.kulturund-spielraum.de) als MiMü-Projektleiterin um Foto und Information gebeten.

Hier eine Zusammenfassung: »Die Kinder sind die Akteure und Macher in der Spielstadt. Alle finden ihren Platz: Im Handwerkerhof, bei der Stadtverwaltung, im Rathaus, bei der Bank, im Bauamt, im Fernsehstudio, bei der Zeitung, beim Theater, in der Gärtnerei, im Spiel- und Sportbereich, in den Forschungslabors, in der Hochschule, in der Kunstakademie, in der Zoff-Akademie, im Restaurant, bei der Müllabfuhr oder als Gewerbetreibende im eigenen Betrieb. Beim ersten Besuch erhalten sie im Einwohnermeldeamt ihren persönlichen Stadtausweis und die Spielregeln, und dann geht es los. Das Arbeitsamt bietet über 700 Jobs, die Hochschule bis zu 500 Studienplätze an. Wer arbeitet oder studiert, kann ›MiMüs‹ verdie-

Fast wie im richtigen Leben …

nen und damit im Gasthaus essen, ins Kino und Theater gehen, im Supermarkt einkaufen, sich ein Grundstück pachten oder sein Geld auf ein Sparbuch einzahlen. Mit vier Stunden Arbeit oder Studium wird man Vollbürger, darf wählen und in Stadtgremien mitbestimmen.«
(s. www.mini-münchen.info)

»Planspiel« als Erlebnissimulation
Planspiele haben sich fürs Erlebnislernen auch mit großen Gruppen bewährt – rechnergestützt oder als Verhaltensplanspiel. Wie alle Simulationen sprechen sie nicht nur das Großhirn an. Den »Erlebnischarakter« verraten kleine Episoden: So kamen beispielsweise Studenten zum BWL-Planspiel an der Hochschule plötzlich im Anzug, weil sie doch heute »Geschäftsleitung« sind. Einen Überblick zur Planspielszene bietet www.sagsaga.org.

Aus Spiel wird Ernst!

Live Action Role Playing (LARP)
Live-Rollenspiele schaffen Spielwelten (Wild-West-Abenteuer, Ritterspiele, Fantasy-Simulationen …), kleiden Teilnehmer thematisch ein (Gewandung, LARP-Waffen, Requisiten), bringen sie als Akteure schrittweise in offene und mehrdeutige Spielhandlungen (Plots). Jeder gestaltet seinen »Charakter« nach Lust und Fähigkeit, reagiert auf Herausforderungen, setzt selbst Impulse. Ablauf und Ausgang bleiben improvisiert. Solches Mega-Improvisationstheater kann weit über 100 Mitspieler haben (aber keine Zuschauer!), hat Spielleitung, Spielregeln und Helfer. CONs (Convention) nennt die Szene ein- oder mehrtägige Veranstaltungen (s. Aktuelles in Wikipedia und http://larpwiki.de). Change beziehungsweise Lernen stehen hier nicht im Zentrum – der Spielanteil überwiegt. Solch verspielt-simulierender Zeitvertreib ist nicht neu: Schon am kurfürstlichen Hof zu München feierte man den Karneval als »Bauernhochzeit«.

Casting: »Chef für einen Tag«
Ein Casting-Wochenende für Schüler. FOCUS-MONEY lässt Wirtschaft hautnah erleben und Schüler beim »Chef-Casting-Wochenende« ihre Führungs- und Managementkompetenzen unter Beweis stellen. Neben anderen Herausforderungen haben zehn der rund 200 Schüler an beiden Tagen die Chance, sich als »Chef für einen Tag« zu qualifizieren und danach einen Tag lang einem Konzernleiter oder Rektor einer Universität über die Schulter zu schauen (s. www.praxisfeld.de).

Makro-Inszenierung und Metaphorik

14

Durchgehend mehr für mehr Wirkung und Wirksamkeit tun. »Inszenierung« ist all das, was man »absichtsvoll mehr als üblich für mehr Wirkung und Wirksamkeit tut«. Das beginnt mit vielen kleinen punktuellen Energiebringern, zum Beispiel Scheinwerferspots, Musik, Überraschungsgäste, Videoclips … (Mikro-Inszenierung). Das große, durchgehende Potenzial steckt in der »Makro-Inszenierung«: Das sind die Interventionen, die sich die ganze Veranstaltung über immer wieder bemerkbar machen – als durchlaufender roter Faden. Metaphoriken sind dafür ein typisches Beispiel.

14 MAKRO-INSZENIERUNG & METAPHORIK

14-1 DAS „EI"
14-2 WAS IST MAKRO & MIKRO?
14-3 ENERGIEBRINGER
14-4 MOTTOS & SLOGANS
14-5 DIE MACHT DER SYMBOLIK
14-6 LEBENDIGE METAPHORIK
14-7 BEISPIELE

Durchgehend **mehr** für **Wirkung** tun!

Eierbeispiel: Metaphorik und Inszenierung

14-1

Alle WUP-Sommmer-Akademien *Veranstaltungs-Designs* hatten konsequent die Metaphorik »Ei«: Einerseits, weil dazu jeder emotionale Erfahrungen hat. Vor allem aber, weil Eier Leben starten, und ihre Formen, Größen und Farben und die anschließenden Brutprozeduren faszinieren.

Anleihen aus dem Tierreich. Manche Tiere legen nur ein Ei, andere hinterlassen große Mengen. Manche Eier sind riesig und enthalten Nährstoffe für Wochen, andere sind winzig und setzen auf schnelles Schlüpfen. Einige Tiere vergraben die Eier im Sand und überlassen alles weitere der Sonne, andere bauen aufwendig Nester und brüten wochenlang.

Analogien. Wer die zoologischen Sachverhalte auf das Planen, »Ausbrüten« und »Großziehen« von Veranstaltungen überträgt, findet überraschende Parallelen: Auch da legt jemand ein »Ei«, Dienstbeflissene bauen Nester, brüten, sorgen für die Brut.

Metaphorische Umsetzung. Auf Einladung und Programm fanden sich natürlich Fotos von Eiern.

- *»Eierlastige« Sprache und Schrift:* Wörter mit »ei« bekamen besondere Beachtung – selbst »Events« wurden zu E(i)vents!
- *Eierbilder überall:* Eier, Nester, brütende Vögel und schlüpfende Junge waren auf Postern und Bühnenbildern präsent.
- Zu Beginn wählte jeder Teilnehmer *ein farbiges Shake-Ei* (acht Farben standen zur Wahl). Man traf sich zum Kennenlernen und später in farbgleichen beziehungsweise farbgemischten »Eier-Gruppen« (alle roten … beziehungsweise jede Gruppe »bunt«).
- *Gäste und Alumnis* bekamen kunstvolle Steineier beziehungsweise »goldene Eier« als Geschenke.
- *»Eierbrüten«:* Wurde zur Vokabel für das Planen der Teilnehmer an ihren mitgebrachten Veranstaltungen.
- *Vortrag eines Biologen:* Der erzählte alles über Eier und Brüten.
- *Hart gekochte Eier* mit Salz und Brot an vielen Stellen im Haus – für den Hunger zwischendurch.

14-2 Was ist Makro- und Mikro-Inszenierung?

Inszenierung ist ein Begriff des Theaters und bedeutet »in Szene setzen« oder »durch äußere Mittel die Wirkung erhöhen«. Unsere Definition ist einfach. Inszenierung heißt »absichtsvoll mehr als üblich für mehr Wirkung tun«. Aber das hat Pferdefüße: Erstens sind »mehr« und »üblich« relativ: Was Mitarbeiter einer Kreativagentur nicht mehr heiß macht, beeindruckt Teilnehmer, die bisher nur Vortragsdesigns kannten. Zweitens ist unsere Definition prognostisch: Wir hoffen auf mehr Wirkung und Folgewirkung – ob die Rechnung aufgeht, sieht man erst später. Drittens wissen wir, dass man »nicht nicht inszenieren kann«.

Absichtsvoll mehr als üblich für die Wirkung tun!

»Mikro-Inszenierung« als punktuelle Intervention. Kleinvieh macht auch Mist! Darum kultivieren wir die tausend »Kleinigkeiten«, die Energie in Veranstaltungen bringen, Erlebnis und Emotion fördern und Anker setzen, zum Beispiel ungewöhnliche Start- und Schlussgestaltung, punktuell eingesetzte Musik oder ein Überraschungsgast. Beispiele dazu bringt Kapitel 15. Aber man wird vorsichtig dosieren – zu viel davon tut selten gut!

»Makro-Inszenierung« als durchgehend energetisierender Rahmen. Dazu zählen wir stimulierende Maßnahmen oder konsequent ausgespielte Rahmenbedingungen, die sich wie ein roter Faden durch die ganze Veranstaltung ziehen. Potenzial für Makro-Inszenierung haben beispielsweise »harte« und »weiche« Event-Parameter« (s. Kapitel 4 und 5) – zumindest, wenn man sich für ungewöhnliche Lösungen entscheidet.

Wirkung erzeugt Wirksamkeit! Unter »Wirkung« verstehen wir den Effekt – die Auswirkung einer Aktion, das schnelle Feuer. »Wirksamkeit« erzeugt eine langfristig wirkende Spur oder Konsequenz der Wirkung. Von Wirkung erhoffen wir uns Wirksamkeit. Auf die kommt es uns an!

Weit mehr als Fun und Entertainment! Anders als bei Bühnenshows hat Inszenierung für uns vor allem dienende Funktion. Wir setzen darauf, dass Wirkung Langfrist-Wirksamkeit und Nachhaltigkeit erhöht beziehungsweise sichert. Inszenierung ist deshalb mehr als nur die Freude am Effekt.

Welche Makro-Inszenierung bringt Energie?

14-3

Prinzipiell bieten sich viele »Energiebringer« an, aber im Einzelfall passen dann doch nur wenige. Hier ein paar Beispiele:

»Es kommt darauf an, was man draus macht!«

Ungewöhnliche und variable »Spielorte« versprechen Energie. Normale »Wie-immer-Tagungshotels« setzen wenig Energie frei. Wenn das Motto in Richtung »Aufbruch« oder »Pionierzeit« geht, braucht man vielleicht »Verrückteres« und entscheidet sich stattdessen beispielsweise für Zeltcamps: Alle übernachten in vielen kleinen Einmannzelten und treffen sich im zentralen Versorgungszelt. Oder man variiert die Spielorte: Bei der europäischen Weiterbildungswoche »Eurotrain« fuhren jede Nacht gut 200 Stammteilnehmer in Schlafwagensonderzügen in die jeweils nächste europäische Hauptstadt zum nächsten Landeskongress, um dort vor Ort die Weiterbildung mit regionalen Teilnehmern zu diskutieren. Das waren dann fünf Tage mit fünf Konferenzen in Reihe.

Zu wenige Betten! Selbst sterile Hotels böten plötzlich teuflisch viel Energie, wenn nur für die halbe Mannschaft Zimmer gebucht wären. Die anderen müssten draußen campieren und essen. Das brächte Verwirrung und Empörung, wäre aber stimmig, wenn begrenzte Ressourcen oder drastisch limitierte Zugänge Thema der Tagung wären.

Konsequentes »Bäumchen wechsle dich!« Gezielter und systematischer Austausch zwischen allen Beteiligten würde aus Zuhörveranstaltungen »Mitredeveranstaltungen« machen: Austausch zwischen Teilnehmern, zwischen Mitarbeitern und Chefs, zwischen verschiedenen Abteilungen, zwischen Internen und Externen im Programm. Das passt, wenn »Miteinander reden!« beziehungsweise »Die anderen kennenlernen!« Event-Motto wären und der Austausch Folgen hat. Reden um des Redens willens wäre zu kurz gegriffen.

Metaphorik als Makro-Inszenierung. Metaphoriken geben viel Anreiz für Makro-Inszenierungen und bringen Emotionales und Symbolhaftes plastisch-anschaulich in die Veranstaltungen. Das ist Thema der folgenden Abschnitte. Man wird sie passend variieren – getreu dem Werbespruch der Betonbauer: »Es kommt darauf an, was man daraus macht!«

14-4 Mottos und Slogans: Wie heißt das Kind?

Eltern überlegen intensiv, wie ihr Kind heißen soll. Aber Veranstaltungen nennt man fantasielos »Jahresauftaktmeeting«, »Projekt-Kick-off« oder »Führungskräftetag«. Das ist korrekt, aber Markanz und Energie bringt das nicht – schade, denn bildhaft-sinnliche Event-Namen aktivieren Assoziationen und Bilder im Kopf.

»Ach wie gut, dass niemand weiß, dass ich Rumpelstilzchen heiß!«

Auswahl: Typische Mottos mit Metaphorikpotenzial

- »Gut unterwegs!« (Projektzwischenstopp)
- »Starten statt warten!« (Change-Projekt)
- »Gerüstet sein!« (Fusionsprozess)
- »Weichen stellen!« (Strategietagung)
- »Zeichen setzen!« (Change-Projekt)
- »Was außen glänzt, muss innen funkeln« (Qualitätskampagne)
- »Reise ins Client/Server-Land« (Lern-Event)
- »Das erste Mal« (erstes Treffen fusionierter Bereiche)
- »Geburtstagsfest« (Unternehmensjubiläum)
- »Wir Kulmbacher – immer besser!« (Firmenolympiade)
- »Hexensabbat« (Marktanalyse plus Sommerfest)
- «Ready, Set, Succeed!" (Pharma-Produkteinführung)
- »Erntedank« (Bestandsaufnahme im Herbst)
- »Wir schreiben Geschichte!« (Kampagnenstart)
- »Kunden! Kunden! Kunden!« (Außendiensttagung)
- »Leinen los – Kurs auf neue Erfolge!« (Außendiensttagung)
- »Aufbruch in neue Räume!« (Innovationskongress)
- »Dankeschön!« (Jahres- oder Projektabschluss)
- »EreignisReich« (Sommer-Event)
- »Balance« (Gesundheitsprojekt)
- »Umzug« (Verlagerung des Unternehmens)
- »net'swork-dating« (Vernetzungstreffen vieler Netzwerke)
- »Flusskonferenz« (Initiativtreffen von Flussanliegerkommunen)

Was Wikipedia über »Motto« sagt

Motto (latein. *muttum* »Murmeln«, »Grunzen«) bezeichnet:

- *Motto* (Literatur) einen meist knappen Leitgedanken, der einer größeren Schrift vorangesetzt wird
- *Wahlspruch*, eine prägnante Formulierung von Zielen oder Ansprüchen
- *Slogan*, einen einprägsamen Spruch, beispielsweise in der Werbung
- *Schlachtruf*, einen von angreifenden Truppen benutzten Ausruf

»Doppelnamen« als Lösung für beide Hirnhälften. Zweiteilige Veranstaltungstitel bringen rationale und emotionale Namensbedürfnisse unter einen Hut. Beispielsweise sachliche Haupttitel plus symbolträchtige Untertitel: »Projektleitertag – Aufbruch in neue Welten!« (nach Fusion und Übernahme). Ähnlich auch »Humboldt-Labor: Experimentieren mit den Grenzen der klassischen Universität« (Hochschul-Zukunftskongress). Oder »Außenwirtschaftstag Indien: Wie reitet man einen galoppierenden Elefanten?«.

Veranstaltungsnamen mit Geografie- oder Jahreszeitenbezug. Markante Namen ohne explizites Motto: Ostsee-Kongress, Erfurter Impulse, Gipfeltreffen (auf der Zugspitze), Lernforum-Bodensee, Tutzinger Gespräche, Sommer-Akademie, Mitsommertreff, Winterfest.

Wortspiele im Titel oder Untertitel. Verbale Raffinesse verleiht Veranstaltungstiteln Markanz: »Sommertage Getränkewirtschaft: Menschen, Märkte und Moral«, »Stärken stärken!«, oder Wortspiele, zum Beispiel rund um »Wege«, beWEGen, gut unterWEGs sein, WEG und Ziel.

Eine Ente wird kein Kolibri! Mottos oder Slogans müssen passen. Etikettenschwindel und Fantasieloses von der Stange kosten Glaubwürdigkeit: Wenn Veranstaltungen vollmundig unter »Mitreden!« laufen, aber doch wieder nur Chefs das Wort führen, stimmt was nicht. Vorsichtig wird man auch, wenn Projekte »Benefit« heißen, man zum »Schulterschluss« geladen wird, schon wieder »auf der Überholspur« sein soll oder »Leinen los!« das Motto ist.

Namen nicht nur Schall und Rauch! Einfach nur ein nettes Motto und dann nichts weiter, das wäre wie beim Faschingsmaskenball: »Nacht der Gaukler« und alle kämen nur mit Ringelhemd und Pappnase! Veranstaltungstitel muss man mit Leben füllen, sonst bringen sie weder Wirkung noch Wirksamkeit.

14-5 Metaphorik: Die Macht der Symbolik nutzen

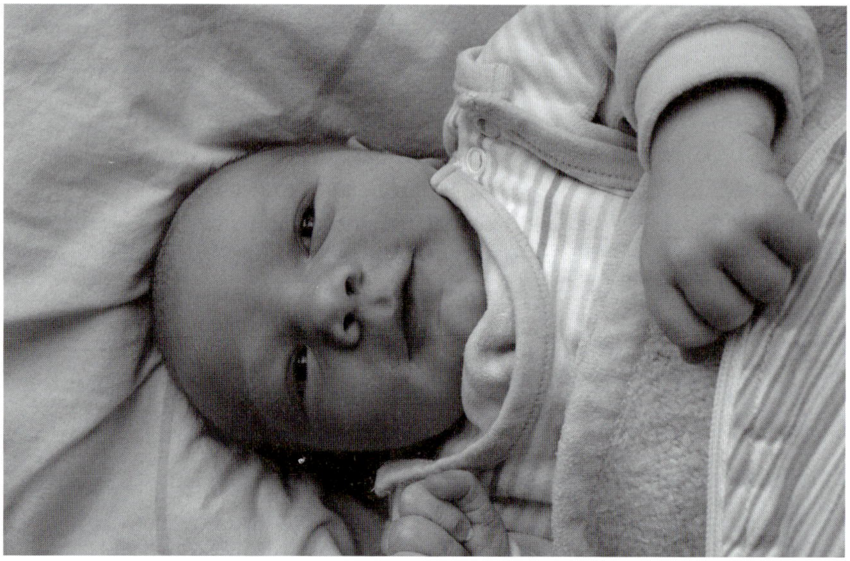

Makro-Inszenierung: Eine Metaphorik durchgehend nutzen!

Meyers Lexikon 2.0 definiert Metaphorik als »Bezeichnung für anschauungs- und assoziationsreichen Sprachstil sowie für poetische Bildlichkeit (Metapher)«. Für Veranstaltungen heißt das: Grundthemen auf eine strukturähnliche, assoziative und emotionale Symbolebene übertragen. Da ist die Grenzlinie zum Motto oder »Schlachtruf« nicht immer scharf. Wer Metaphorik konsequent die ganze Veranstaltung über nutzt, betreibt in unserem Sinne »Makro-Inszenierung«.

Ideenfundus: Metaphoriksuchfelder

Welche Assoziationen, Bilder und Gefühle will man bei den Teilnehmern aktivieren? Verspricht die angedachte Metaphorik emotionalen Schub? Passt sie zu Anlass, Ziel, Ort, Raum, Unternehmen und Teilnehmern? Lässt sie sich als Makro-Inszenierung umsetzen? Hier eine buntscheckige Auswahl als Anregung zum Frisch-drauflos-Weiterdenken. Die Kernaussage: Es gibt alles schon – man muss es nur sehen!

Aufbruch und Veränderung
Reise, Zeitreise. Ungewissheit über Ziele, ob alle ankommen. Risiko und Herausforderung. Sümpfe, Strömungen, Berge, wilde Völker. Expedition: Wüste, Dschungel. Eisberg und ewiges Eis. Karawane, Trecking und Parcours. Reise ins XX-Land, Aufbruch in neue Welten. Gelobtes Land und Paradies. Entdeckungen. Kolumbus, Marco Polo, Jules Verne. Raumschiff und Weltraum.

Fremde Welten, fremde Zeiten
Amerika, Asien, Afrika und Downunder. Rom, Byzanz und Orient. Gallier, Druiden und Zaubertränke. Ritter, Kaiser, König, Hofhaltung und Gral. Mittelalter, Kampf und Turnier. Stadt-/Unternehmensgeschichte (zum Beispiel ins Mittelalter versetzt). Dracula. Wilder Westen und Goldgräber. Tag und Nacht. Unter Wasser und in den Wolken. Sphären und Körperwelten. Geister, Ahnen und Beschwörung.

Märchen, Romane, Mythen …
Entwicklung, Herausforderung, persönliches Reifen. Entwicklungsgeschichten und Heldenreisen. Märchen, Sage und Fabel. Hans im Glück. Odyssee und Götterhimmel. Gral. Himmel und Hölle mit Petrus und Teufel. Elfen, Nymphen, Hexensabbat und Tanz der Vampire. Dornröschen, Aschenputtel, Tapferes Schneiderlein und Neuentwicklungen von Märchen für die Veranstaltung.

Saisonales
Weihnachten, Ostern, Sonnwend, Silvester, Neujahr, neues Jahr. Stern von Bethlehem (als Ziel), Christkindlbrief, Wunschzettel und Geschenke. Die Weisen aus dem Morgenland.

Natur und Landwirtschaft
Wachsen, Reifen und Ernten. Garten, Paradiesgarten und Gärtner. Feld bestellen. Samen, Säen, Aussaat und Jäten. Ernte und Erntedank. Werden und Vergehen. Vom Samen zum Baum. Vom Ei zum Vogel. Fels in der Brandung. »Unterm Pflaster liegt der Strand«, »Frühlingserwachen«, »Häutungen«, Selbstregulierung und Balance.

Die Gedanken sind frei!

Tiere und Tierwelt
Panther, Löwen, Tiger und Drachen. Schwarm, Rudel, Werbung und Paarung. Zugvogel und Vogelflug. Lemminge. Maskottchen und Streichelzoo. Die rote (Arten-)Liste.

Lebenszyklen
»Geburt« als Rahmenmetaphorik: Zeugung, Vaterschaft, Geschlechtsbestimmung, Wehen, Nachsorge. Ei und Brüten. Kind, Kindheit und Stiefkind. Geburt, Taufe, Pubertät und Erwachsen werden. Liebe und Triebe. Krönung und Erwählung. Krankheit, Alter, Not. Tod und Wiedergeburt.

»Hochzeit«
Vielehe, Mischehe, wilde Ehe, Morgengabe, Mitgift, Hochzeitsgeschenke

alle doppelt: Staubsauger, Kaffeemaschinen … Festvorbereitung, Hochzeitsfoto, Hochzeitsreise, Hochzeitsnacht, Polterabend, ehemalige Liebhaber, Brautstrauß, Brautwalzer, angeheiratete Verwandtschaft, Gütertrennung, Scheidung, Brautentführung, uneheliche Kinder, Schwiegermütter, silberne, goldene, diamantene Hochzeit …

Film, Fernsehen, Theater und Zirkus
Anknüpfen an Bekanntes und Kindheitserinnerungen. Manege, Clown, Hochseil und Tigernummer. Auftritt, Rollentausch, Romeo und Julia. Orchester und Chor. Rhythmus, Stimme und Klang. Bühne und Maskenball. Talkshow, Quiz und Herzblatt. Das war sein Leben, Wetten dass …, Some like it hot, Das wilde Leben.

Feuer, Licht und Dunkel
Sonnwend, Oster- und Sonnwendfeuer, Verbrennen, Feuerwerk, Mittsommer, Sternschnuppen, Zwielicht, Nebel und Finsternis, Sonnenfinsternis, Himmelszeichen, Blocksberg.

Kirche und Kult, Kunst und Kultur
Prozession, Weihrauch und Wallfahrt. Mysterienspiel, Trancc, Bußpredigt (Abraham a Santa Clara), Fastenzeit, Stier- und Sonnenkult, Tempel, schwarze Messe, schwarze Magie. Himmel und Hölle. Malerei. Atelier und Vernissage. Kunstmesse und Kunstkritik.

Essen, Trinken, Fest und Feiern
Überfluss, Fülle, Völlerei und Schlaraffenland. Kochen, Backen und Braten. Fest- und Gastmahl. Schloss- und Stadtfest. Geburtstag und Kindergeburtstag. Hunger und Hungersnot.

Sport und Kampf
Training und Fitness. Olympiade, Duell, Turnier, Wettkampf und Kräftemessen. Fußball (von Eigentor und Abseits bis zur WM oder Sportreportage). Rudern und Segeln. Bergsteigen, Klettern (das Matterhorn scheint metaphorisch beliebt zu sein).

Letztlich erweisen sich immer nur wenige Metaphoriken als stimmig umsetzbar. Gute haben etwas Spielerisches und passen zu Anlass, Zielen, Ort, Organisation und Teilnehmern. Die setzt man konsequent um – bis hin zur Parodie und ist dann mitten drin in der Makro-Inszenierung.

Makro-Metaphorik mit Leben füllen 14-6

Fremde Welten in die Veranstaltung holen!

Makro-Inszenierung macht Motto und Metaphorik lebendig. Die Kunst besteht darin, das mit einfachen Mitteln zu tun: »Aufbruch in neue Welten« benötigt kein reales Raumschiff, für »Leinen los!« muss man nicht den Saal fluten. Meist genügen ein paar Symbole, Zitate oder Geräusche. Der Rest geschieht im Kopf der Teilnehmer.

Einladung und Vorabinfos: Schon im Vorfeld Metaphorik ankern! Bereits im Vorfeld die Metaphorik durch Texte, Bilder, Videoclips oder Gegenstände deutlich positionieren – auf Flyern, Texten, Ausschreibungen und im Netz.

Metaphorik nimmt Räume in Besitz. Raumgestaltung, Raumschmuck, Plakate auf das Motto abstimmen. Zur Metaphorik passende Dia- oder Videoprojektion, die Metaphorik aufgreifende Meetingpoints, Hintergrundmusik oder -geräusche, Gerüche und ein entsprechend abgestimmtes »Bühnenbild«.

Metaphorik schon beim Ankommen und beim Einstieg. Teilnehmer bereits beim Ankommen in die Metaphorik einbeziehen: zum Beispiel Begrüßung durch passend gekleidete Personen, durch typische Prozeduren wie Flughafenkontrolle, Übergabe der Tagungsunterlagen im Expeditionskoffer, Edelsteine aus Sand ausbuddeln lassen und vieles mehr.

Metaphorikrequisiten als Flankenschutz. Akteure (Moderatoren, Referenten, Gäste, Teilnehmer) bekommen Metaphorikaccessoires: Rucksack, Kletterseil, Landkarten, Regenschirm, Taucherbrille, Schatzlandkarte, Notproviant …

Normalerweise würden wir …, aber diesmal …

Metaphorisch abgestimmte Mahlzeiten und Rahmenprogramm. »Außenhandelstage« mit Schwerpunkt Asien werden rheinischen Sauerbraten meiden. Beim Kreativitätskongress singt abends nicht einfach nur eine x-beliebige Sängerin Lieder aus den 1920er-Jahren. Denkbar sind: Regionalität, Askese und Üppigkeit im Kontrast. Rittermahl, Exotisches. Selbst-Kochen oder Undercover-Kellner, die als unerkannte Schauspieler Verwirrung stiften. Aber es soll »symbolisch« tragen und mehr sein als lustige Unterhaltung (gegen die nichts spricht – aber das wäre dann »Mikro-Inszenierung« (s. Kapitel 15).

Auftretende Rollenfiguren, Walk Acts und Running Gags. Schauspieler als Hausmeister, Sanitäter, Geist des Unternehmens, Pförtner oder Putzfrau. Sie spielen immer wieder Rollen aus dem zitierten Film oder Märchen an.

Einspielungen als Metaphorikreferenz. Kleine, punktuell eingesetzte Filmeinspielungen, Theateraufführungen oder die passende Musik aus dem Off unterstützen den Eindruck, in der Geschichte, im Film zu sein. Aber auch Fachexperten greifen Metaphoriken auf, wenn sie überraschende Analogien referieren, zum Beispiel der Biologe, der Eierleg- und Brutstrategien im Tierreich mit »Brütprozessen« bei Events vergleicht (s. Kapitel 8).

Übernachtung. In kargen Mönchsklausen, Ein-Mann-Zelten oder gleich outdoor – nur mit Schlafsack … Aber das macht nur Sinn, wenn es einen Bogen zu Thema, Anlass und Ziel schlägt.

Märchen und Storytelling als Inszenierungsrahmen. Auch Geschichten können metaphorisch durchgehende Rahmen schaffen und Emotionales ansprechen. Im Augenblick sind auf Unternehmen zugeschnittene »Märchen« (wieder) Mode: »Oft finden wir eine Situation vor, in der die ›Fakten‹ durchaus bekannt und allen bewusst sind … Doch diese Fakten haben nur den Kopf erreicht. Mit ihnen werden keine positiven Bilder und Gefühle verbunden. Im Gegenteil: die Fakten und auch die Ziele werden oft eher als ›grau‹ wahrgenommen. Und dadurch bleibt auch die Handlungsenergie gedämpft.« Diese Geschichten sollen »alte Fakten in neue, attraktive Bilder einordnen, die mit positiven Gefühlen besetzt sind«, beispielsweise eine große »Reise durch die sengende Wüste, ein Marsch über gefährliche Bergpfade oder eine Fahrt über das stürmische Meer. Am Ende dieser Reise steht dann ein Ziel, das mehr enthält als Zahlen wie Marktanteile oder Kostenniveaus. Das Ziel ist eine blühende neue Stadt oder eine andere, lebendige und attraktive neue Welt« (aus: www.all-in-one-spirit.de/geschichten/geschichten.htm 2008).

Metaphorisch ausgerichtete Give-aways. Welches Erinnerungsstück passt zu Motto und Metaphorik? Was begleitet Teilnehmer von Anfang an und erinnert auch später noch am Arbeitsplatz an Veranstaltung, Motto und »Story«. Da könnte mehr möglich sein als Kugelschreiber.

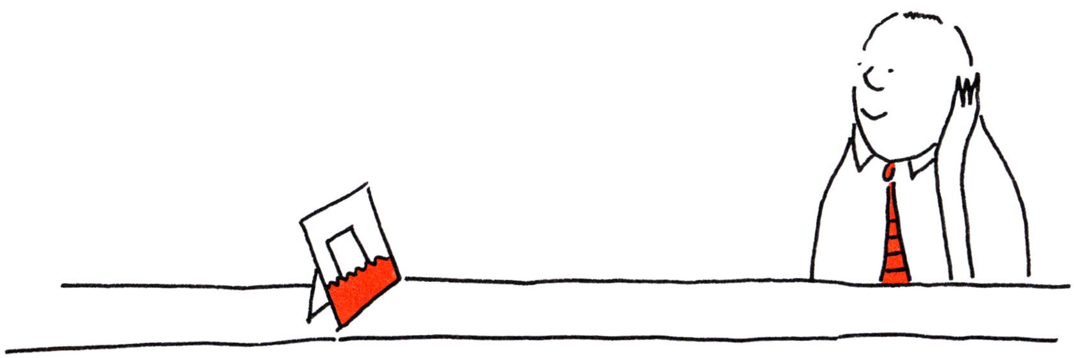

14-7 Beispiele für Metaphorik und Inszenierung

Auch Projekte haben Landkarten

Was tun, damit Metaphorik nicht aufgesetzt wirkt? Geht das ohne Riesenaufwand? Hier zwei Praxisbeispiele für eine realisierte Metaphorik.

Beispiel »Aufbruch in fremde Welten«

Reise- und Ländermetaphorik war Kern einer inszenierten Arbeitstagung (s. Kapitel 10-1): Fusion, Veränderung und Unsicherheit über die zukünftige Entwicklung des Unternehmens erforderten Orientierung, Selbstvertrauen und Neuausrichtung für 120 Projektleiter. Die »fremden Welten« standen sehr real für die neue Situation: frisch fusionierte Bereiche, eine neue ausländische Konzernmutter mit unbekannten Gepflogenheiten und neue ausländische Märkte, über deren Eigenheiten man wenig wusste. Die Veranstaltungsmetaphorik trieb das fast parodistisch auf die Spitze mit großen historischen, aktuellen und fiktiven Landkarten (s. Klare/Swaaij 2000), mit landeskundlichen Großformat-Postern, mit realen und fiktiven Landesfahnen, mit kurzen Theatersequenzen über ein fiktives »Molwanien« (s. Cilauro/Gleisner/Sitch 2006). Und abends ein exotischer Reiseschlenker – gleich ins Universum!

Landkarten schon bei Einladung
Eine Fantasielandkarte mit symbolischen Ortsangaben steht im Zentrum, mit Anklängen an Reisewerbung. Ein Monat vor Beginn und wochenweise zunehmend differenzierter stehen Landkarten und Reisezielbeschreibungen plus Hard-Fact-Infos zur Veranstaltung im Intranet.

Gemeinsame Busfahrt zum Ziel
Vom Firmenparkplatz fahren Busse ab. Als »Reisegesellschaft« mit »Reiseleitern« und Reisesnacks gelangt man an den Tagungsort.

Landkartennamensschilder
Vor Ort bekommen alle Namensschilder. Auf der Rückseite ist jeweils ein Achtel der bekannten Landkarte.

Kennenlernen der Mitreisenden
Jeweils acht Landkartenteilstücke der Namensschilder ergeben ein Ganzes und eine Gruppe. Diese Landkartengruppen treffen sich gleich zu Beginn und später noch mal während der Veranstaltung zum Austausch.

Nationale Identitäten bilden
Jeder frisch zusammengefundenen Gruppe wird eine Länderflagge (Fahnen an hohen Stangen) zugeteilt und damit eine »nationale Identität«.

Einzug der Fahnen ins Plenum
Wie bei den Olympischen Spielen ziehen die »Nationengruppen« mit ihren Fahnen ins Plenum ein.

Raumdeko und Bühnenbild
Hochkopierte alte, aktuelle und fiktive Landkarten und Fahnen vieler Nationen rundum im Raum, als Bühnenhintergrund und im Foyer.

Szenischer Auftakt »Fremde Welten«
Drei Schauspieler aus drei Nationen greifen das Reisethema »Aufbruch« kurz in drei Sprachen beziehungsweise Akzenten auf.

Weltraum-Abendprogramm
Szenen zum Thema »Aufbruch« als parodierte Weltraummetaphorik: »Raumschiff Enterprise« mit entsprechender Musik: Wenn schon, dann gleich weit weg! Der Erdball als Planet im Weltall als Beamerprojektion. Und natürlich sind die drei mitreisenden Schauspieler wieder dabei.

Unterwegs mit Mr. Spock

Zwischendurch immer wieder »Aufbruch in fremde Welten«
Auf der Tonspur durch Moderator und durch kurze, zwischengeschaltete Szenen der Schauspieler (als Running Gag).

»Fremde Länder – fremde Sitten«
Im Programm standen aber auch längere, länderkundliche Schulungs-Workshops über internationales Projektmanagement in bestimmten Regionen. Dazu waren Erfahrungsträger als Workshop-Referenten eingeladen. Das war dann die Schnittstelle zum Lern-Event.

Beispiel »Reise ins Client/Server-Land«

Ausführlich ist das bereits bei Lern-Events beschrieben (s. Kapitel 12-1). Hier geht es um Einfluss und Nutzung des Raums und um die Flug-Metaphorik.

Räume erzwingen Metaphorikwechsel

Wegen Umbaumaßnahmen blieb der endgültige Tagungsort lange in der Schwebe. Das war unangenehm, denn Thema, Metaphorik und »Location« sollten zueinander passen. Anfangs plante man für ein Gebäude mit dem Charme der 1960er-Jahre. Da kreisten unsere Metaphorik-Ideen um »Reisebüro« – aber hundertprozentig überzeugt war niemand. Dann stand das »Sportlerheim« des Unternehmens zur Wahl. Das weckte Symboliken in Richtung Fitness, Training und Wettkampf. Schließlich kam als dritte Alternative ein heller Neubau aus Glas, Holz und großer Eingangshalle. Als wir den zum ersten Mal sahen, war klar: »Flughafen!« Also zentrierte sich alle Metaphorik auf Flugreise, Flughalle, Abflug, Start und Landung.

Einladungen als persönlich ausgestelltes Flugticket

Für alle 180 »Passagiere« wurden echt aussehende Flugtickets ausgestellt. Die musste man als Eintrittsausweis mitbringen.

Symbolische Projektlandkarte
Mehrere Quadratmeter groß hing die schon Wochen vorher zentral im Rechenzentrum. Erst beim zweiten Hinschauen entdeckte man symbolträchtige Orts-, Fluss- und Inselnamen aktueller C/S-Projekte.

»Airport-Sicherheits-Check«
Die Ankommenden standen im Foyer Schlange vor imitierten Flughafensicherheitsschleusen. Uniformierte Studenten »kontrollierten« das Gepäck aller Teilnehmer. Einen (vorab gebrieften) Teilnehmer filzten die Kontrolleure besonders intensiv vor allen wartenden Teilnehmern bis auf die Unterkleidung.

Tagungsprogramm auf Monitoren
Ganz im Stil von Abflugs-Anzeigen im Flughafen. Auch hier wieder Flughafenoptik und C/S-Inhalte verknüpft.

Weitere Flughafenzitate
Über den Tag verteilt Flughafendurchsagen aus Lautsprechern, gedruckte »Reiseprogramme«, Erfrischungstücher mit Lufthansawerbung, ein Lufthansafilm als Vorspann, stilechte Einweisung einer »Stewardess« in die Nutzung der Schwimmwesten im Plenum. Beschilderung der Räume als »Gates«, Begrüßung des Publikums durch den »Flugkapitän« über Lautsprecher und vieles mehr.

Flugreise: Hier abholen – woanders landen

FAQs zu »Makro-Inszenierung«

Warum nicht gleich eine durchgehende Simulation? Das wäre total umgesetzte Metaphorik. Live Action Role Play (LARP) und andere Erlebnisformate machen das (s. Kapitel 13). Die zitieren nicht nur Metaphorik – man »ist« gleich mittendrin im Wettkampf der Teams, ist als Vertriebsmannschaft unterwegs, kämpft outdoor oder steht auf der Bühne. Das bringt Dynamik. Aber nicht alle Veranstaltungen brauchen das zu hundert Prozent, und zu viel Simulation kann auch ablenken. Erleben braucht auch klaren Kopf!

Was hat es mit dem Foto der Schatzkiste auf sich? Die gehörte zur »Schatzmetaphorik« einer großen Fusionsarbeitstagung. Statt forsch nach vorne zu planen, schien es uns faktisch und emotional hilfreich, sich gegenseitig die »Schätze der Vergangenheit« zu zeigen – also das, worauf die fusionierten Partner jetzt noch stolz sind.
Wir hatten das sogar griffiger: Jeder Teilnehmer buddelte gleich zu Beginn »seinen« (Halb-)Edelstein aus großen Sandkübeln – als Metaphorikanker, für die Gruppenbildung (gleiche beziehungsweise gemischte Gruppen) und am Schluss als Erinnerungsobjekt zum Mitnehmen. Übrigens ist es gar nicht einfach mehr als ein Dutzend leicht unterscheidbare Halbedelsteine aufzutreiben – und davon dann jeweils sieben Gleiche.

Wie wichtig sind Requisiten? Wie bei guten Theaterstücken helfen Bühnenbild und Requisiten, aber das Eigentliche geschieht in den Köpfen und Herzen der Anwesenden. In niedriger Dosierung setzten wir auf Requisiten: Geburtstagskerzen oder Sternwerfer für Jubiläen, Figuren als Stellvertreter für Abwesende, markantes Outfit, aber auch Gerüche, Geräusche, Musik oder Running Gags. Die ziehen sich konstituierend durch die ganze Veranstaltung – wie Weihrauch beim kultischen Hochamt.

Ich habe alle drei Monate Quartalstagungen. Soll ich da laufend Metaphoriken aus dem Boden stampfen? Muss nicht sein. Lieber keine als eine ausgelutschte oder aufgesetzte Metaphorik. Auch ohne Inszenierung entstehen gute Veranstaltungen. Suchen Sie andere Quellen fürs Emotionale!

Passen Wachstumsmetaphoriken für Change-Projekte? Das hängt von der Art des Change-Prozesses ab. Manche sind vielleicht eher vom Typ »alles ausreißen!«. Bei anderen kann Wachstum stimmig sein.

ABC der Mikro-Inszenierung

15

Farbtupfer, Glanzlichter und i-Tüpfelchen für Veranstaltungen – ein Ideenpool im ABC. »Mikro-Inszenierung« nennen wir die vielen punktuellen »Kleinigkeiten«, die Witz und Energie in Veranstaltungen bringen. Im Gegensatz zur Makro-Inszenierung ziehen sie sich nicht als roter Faden durch das ganze Event. Hier finden Sie viele kleine und große Ideen für mehr Markanz. Zu viel davon macht Veranstaltungen zum Zirkus, zum Kindergeburtstag oder zur Bühnenshow, aber das spricht nicht gegen unseren Ideenpool, sondern für das Beschränken auf das, was wirklich passt! Manchmal haben abgespeckt-schnörkelfreie Events ihren Charme – ohne viel drum herum. Aber zu karg und mit zu wenig Inszenierung werden Veranstaltungen schnell zum Knäckebrot – vielleicht gesund, aber bröselnd trocken.

Die Geschmäcker sind verschieden sagte der Affe und biss in die Seife.

15 ABC der Mikroinszenierung

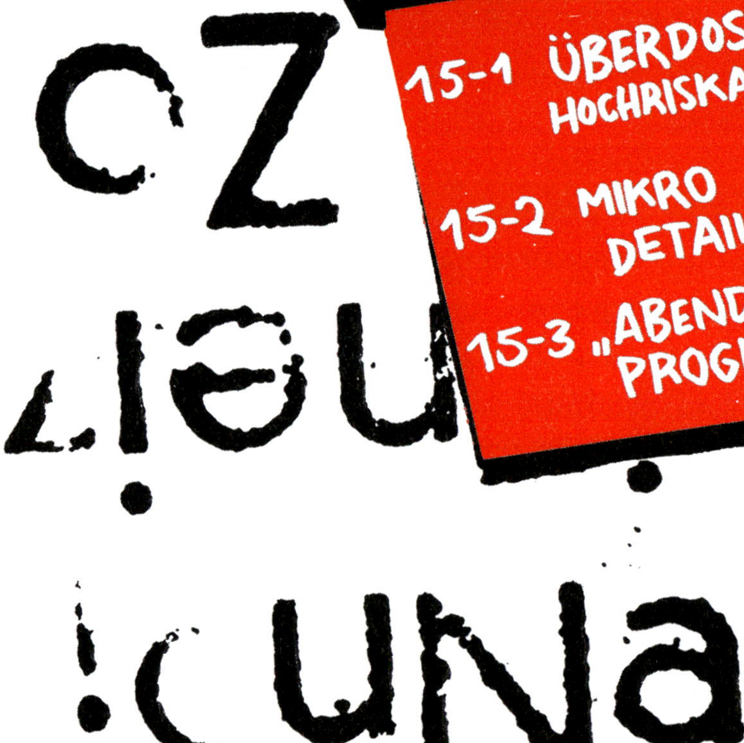

Achtung: Überdosis hochriskant!

15-1

»Inszenierung« ist für uns all das, was man absichtsvoll mehr als üblich tut, um Wirkung und Wirksamkeit zu erhöhen. Das klingt nach Freibrief für »Viel bringt viel!«. Aber bei Info-, Lern- und Change-Events ist es wie beim Kochen: Wer »fünfzig Gewürze der Welt« geschenkt bekommt und tags darauf gleich alle zusammen verwendet, wird selten glücklich.

... die kleinen Münzen der Inszenierung

Die Basis: Veranstaltungsenergie aus der »Substanz«. Bewährte Energiequellen, die aus dem Zentrum der Veranstaltung kommen: aktuell bewegende Themen, Mitreden können, Ehrlichkeit und Klartext, stimulierende Visionen, das Einbinden des Managements, erkennbarer Nutzen und der Austausch in großen, bunt zusammengesetzten Teilnehmergruppen. Für zwei Tage Arbeitstagung kann das genügen, aber manchmal macht »Mehr« Sinn.

»Mikro-Inszenierung« als punktuelle Zusatzenergie. Zusatzenergiebringer helfen wenig, wenn die »Substanz« nicht stimmt. Wer bei solider Substanz mehr für Wirkung und Wirksamkeit tun will, wird aus dem großen Pool der Mikro-Inszenierung und der Methoden einige passgenau aussuchen – als »kleine Münze« der Inszenierung. Gute und ehrliche Inszenierung macht wach, neugierig und offen, fördert Erlebnis und Emotion und setzt Anker. Manchmal ist Mikro-Inszenierung die einzig verbleibende Möglichkeit, ein bereits festgefügtes Veranstaltungsprogramm zumindest punktuell energetisch aufzupeppen.

»Keep it simple!«. All unsere großen und kleinen Mikro-Inszenierungen zusammen wären zu viel des Guten. Die Kunst besteht darin, einzelne passend auszuwählen und so zu dosieren und zu variieren, dass sie maximale Wirkung bringen, ohne Kapazität und Akzeptanz von Teilnehmern und Auftraggebern zu überfordern. Das Grundprinzip: Keep it simple! Also nicht »auf Teufel komm' raus« inszenieren – weder Makro noch Mikro!

15-2 Mikro-Inszenierung im Detail

A

Alumnus: »Zögling« (lat.)

Alumni, Alumni-Ehrung: Teilnehmer, die schon an Vorgängerveranstaltungen teilgenommen haben, werden »herausgehoben«. Als Erfahrene wird man sie ansprechen, befragen, würdigen oder ehren – mit oder ohne Applaus, mit oder ohne »silberne Ehrennadel«.

Ansichtskarte vom Event-Ort: Bildpostkarten vom Tagungsort oder Karten mit dem Veranstaltungsmotto beziehungsweise Briefe werden entweder den Teilnehmern schon im Vorfeld als Einstimmung (anstelle von E-Mails) geschickt, oder die Teilnehmer senden die Karten am Veranstaltungsende aus der Veranstaltung an Kolleginnen, Kollegen, Chefs, Vorstände. Oder Teilnehmer schreiben noch vor Ort Postkarten »an sich selbst«. Diese sammelt man ein und verschickt sie zeitversetzt.

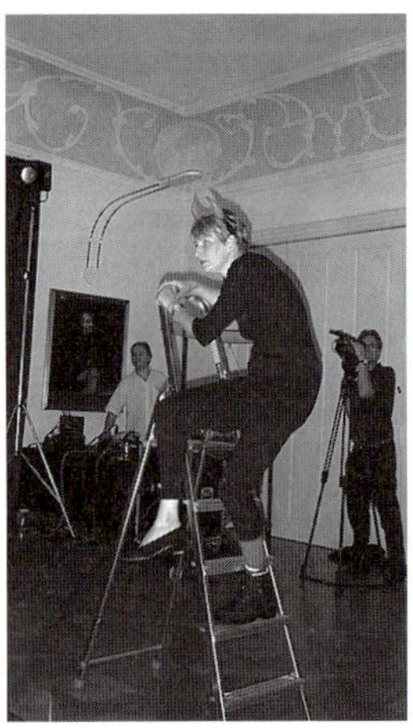

»Antipoden«, Gegenredner: Gegenstimmen, Skepsis und Kritik Raum geben. Ganz in der Tradition des »Teufels« oder des »Antichrists« im alten Theater, treten für das Publikum überraschend Gegenredner auf – live oder als Stimmen aus dem Off.

Applaus gezielt forcieren: Applaus verändert die Atmosphäre. Nicht umsonst klatscht man in TV-Shows das Publikum ein. Klatschen bringt einen Hauch Studioatmosphäre, signalisiert Anerkennung, Ermutigung, Bekräftigung, »Daumendrücken« oder dient als Abstimmungsmodus – je nach Lautstärke.

Auswertungsbogen: Viele Veranstalter möchten herausbekommen, wie einzelne Angebote angekommen sind. Lieblose Fragebogen sind da kontraproduktiv – sie töten jede Lust am Ausfüllen. Persönliche Interviews mit ausgewählten Teilnehmerinnen und Teilnehmern bringen differenziertere Aussagen und mehr Energie.

B

Baden gehen. Die Veranstaltung »geht baden«: Plantschen, Wasserschlachten, Wasserballturniere mit Luftballons, Schlauch-, Ruder- oder Kajakexkursionen, Regattafahren. Vorher ankündigen, damit alle ihre Badesachen dabeihaben. Oder vom sicheren Land aus kleine Kerzen- beziehungsweise Papierschiffchen mit guten Vorsätzen oder Botschaften ins Wasser setzen. Wildere Aktionen

vorher mit Wasserwacht, Gewässereigentümern oder dem Naturschutz absprechen.

Bauchladenverkäufer: Bei Volksfesten schieben sich Zigaretten-, Schokolade- oder Rettichverkäufer mit Bauchladen durchs Publikum. In Veranstaltungen verkauft oder verteilt man so zum Beispiel Ansichtskarten, Gutscheine für Exkursionen oder Give-aways zur Wahl. Axel Rachow schickt Spielmacher als Animateure mit Bauchladen ins Kongresspublikum: Mit kleinen schnellen Kniffel-, Rätsel- oder Geschicklichkeitsspielen – als Klimaauflockerer und Running Gag (s. axelrachow@aol.com).

Begrüßung statt Einchecken bei »A bis K«: Niemand ist gerne »Buchstabe« im ABC. Man stellt sich nur zähneknirschend an Schaltern an. Bei Kongressen und Events wird man Teilnehmer stattdessen persönlich mit Handschlag begrüßen (durch Veranstalter, Bereichsvertreter oder Chefs) und erst dann weiterleiten an (instruierte) Mitarbeiter, die Logistisches klären, Namensschilder und Unterlagen überreichen. Oder Schauspieler überbrücken am Empfang das kühle Anstehen und Fremdeln.

Beerdigen: Ergebnisse und Beschlüsse »beerdigen«: Kreative Arbeitstagungen produzieren viele Ergebnisse. Nicht alle können und sollen realisiert werden. Was also tun mit den Ideen, die zwar nett, aber – im Vergleich zu den anderen – ohne Chance bleiben? In Wien mussten wir nach einer Ideensession weit über 100 chancenlose Vorschläge »entsorgen«. Die trug man im abgedunkelten Saal in feierlicher Prozession und unter dumpfem Trommelklang zu einem »Katafalk« – als würdiges Abschiedsritual. Begraben, versenken, verbrennen wären ähnliche Befreiungsrituale. Anderswo mag das makaber sein – zumindest in Wien passte es.

»A scheene Leich!«

Blumen und Pflanzen: Manche freuen sich an Blumen im Tagungsbüro, andere halten das für altmodischen Schnickschnack. Wer Wachstums- oder Aufblühmetaphoriken aufgreift, für den sind Blumen, Pflanzen oder Früchte mehr als nur Dekoration. Nicht mehr ganz neu als Idee sind Blumen- beziehungsweise Pflanzensamen oder Würzpflanzen samt Blumentopf als Abschiedsgeschenk »Damit unsere Ideen wachsen!«

Bühnenwechsel, Haupt- und Nebenbühnen: Schnelle Bühnenwechsel. Nicht immer ist »vorne« vorne! Nicht zu lange am gleichen Platz sitzen, mehr »Bewegen«.

C

Chaos: Veranstalter fürchten das, wie der Teufel das Weihwasser – bei Imageveranstaltungen auch zu Recht. Aber eine Prise Improvisation und kleinere Fehlpässe können Veranstaltung und Akteure »menschlicher« machen – vor allem, wenn alles von Anfang an auf »Von uns – für uns« angelegt war.

»Clubbing«: Leute suchen Räume für ein Event, verbreiten das über Mundpropaganda oder SMS und finden sich zum angegebenen Zeitpunkt vor Ort zusammen. Eventuell braucht es noch ein »geheimes«, weitergegebenes Passwort für den Einlass.

D

Donner und Donnerblech: Das geht auch elektronisch, aber das großformatige Musikinstrument »Donnerblech« erfüllt viele alte Kinderträume und erzeugt unter anderem diverse Sturm- und Gewittergeräusche – besonders eindrucksvoll im dunklen Saal als überraschender, urweltlicher Donnerschlag plus Donnergrollen. Wenn dann auch noch Theaterfeuer dazukommt …

E

»Eisverkäufer«: Am Strand kommt er mit kleinem Wagen und Glocke, im Kino mit Bauchladen. Bei Veranstaltungen als Anreicherung des Buffets. Aber viel interessanter: Der Eismann ist zugleich Running Gag mit »Kleinanimation« des Publikums.

Enthüllen: Funktioniert nicht nur bei Denkmälern und Striptease, sondern auch bei Plakaten, Kulissen, Gegenständen. Verhüllen ist dazu Voraussetzung.

F

Fackelzug: Politisch arg strapaziert, aber macht nachts immer noch was her. Nicht ganz so vorbelastet als romantische Lichtquelle bei nächtlichen Wanderungen. Vorher im Forstamt nach Waldbrandgefahr fragen, Brandsalbe einpacken und darauf achten, dass Pechfackeln nicht auf Kleidung und Schuhe tropfen.

Fahnen: Nicht jedermanns Sache. Aber vielleicht flattern Firmenfahnen im Wind, bunte Fantasiefahnen oder die Logos der Veranstaltung.

Feuer und Flamme: Sicherheitsbedachte sehen das mit Vorsicht – zu Recht. Aber Feuer steckt voll mächtiger Mythen, Symbole und Erinnerungen: Oster-, Johannis-, Opfer- oder Lagerfeuer, Feuerspringen oder Feuerlauf, Reinigung und Weihe, Geruch und Rauch aber auch Zerstörung. In Veranstaltungen macht Feuer Stimmung und Atmosphäre, speziell in dunklen Räumen oder nachts im Freien. Große Feuerschalen aus Metall weisen Wege, Gruppen treffen sich an Feuerstellen, warten auf das Feuerwerk – real oder im übertragenen Sinn. Die Minimallösung: Großbildprojektion von Kaminfeuer im Plenarsaal über den Beamer – wenn die Metaphorik passt.

Flashmob, Blitzauflauf: Blitzartiges »Zusammenrotten« – initiiert durch Internet oder SMS-Aufrufe im Schneeballsystem: Eine Aktionsform, bei der spontan entstehende Gruppen überraschend, kurzfristig, gemeinsam abgestimmt in der Öffentlichkeit auftreten und dann wieder untertauchen. Für plötzliche Demonstrationen aber auch für Verspielt-Harmloses: Alle sammeln sich an einem Ort und tun zur gleichen Zeit das Gleiche: tanzen, telefonieren, Zeitungen aufschlagen, Texte rezitieren …

Fotos – nicht nur in Asien beliebt: Interessante Situationen, Eindrücke oder Event-Botschaften als Foto festhalten. Veranstalter planen dafür attraktive »Motive« ein, beispielsweise: »Ich und Kollegen«, »Ich und Chef«, »Ich bei Preisverleihung oder Urkundenüberreichung«, »Highlights des Events«. Oder man animiert mottobezogen zum »Schnappschuss« und dessen Versand per Handy. Beliebt auch Event-Foto-Wettbewerbe, gegebenenfalls mit einer der vielen Teilnehmerkameras.

»Geld her – oder ich zeige meine Event-Dias!«

»Freiraum« beziehungsweise »Programm auf Ansage«: Straff organisierte Programme brauchen Raum für

Ad-hoc-Themen beziehungsweise Aktionsvorschläge der Teilnehmer. »Freiraum« oder »Programm auf Ansage« markieren diesen Leerraum für Spontanes, zum Beispiel vor oder

nach dem Abendessen oder vor dem Frühstück im »Morgengrauen«. Da trifft sich dann, wer dazu Lust und Laune hat. Das braucht freie Gruppenräume mit Medienausstattung oder viel ungestörten Platz in attraktiven Café-Pausenzonen. Die Ankündigung geschieht entweder durch Anschläge an zentraler Stelle oder kurz im Plenum – nicht lange vorher.

G

Garderobe als erster Eindruck: Das Aufbewahren von Taschen, Mänteln, Koffern hat mit Anfang und Mikro-Inszenierung nichts zu tun – denkt man. Aber Garderoben sind vielfach erster Kontaktpunkt der Teilnehmer mit der Veranstaltung. Da sollte man schon beim Warten positiv eingestimmt werden: durch persönliche Begrüßung, kurze Wartezeiten, eingewiesenes Garderobenpersonal, Licht, ein Saxophon oder einen Undercover-Schauspieler als »Animateur« (s. Kapitel 16).

Geisterbeschwörung: Nur magische Kulthandlung fremder Völker? Warum nicht in Veranstaltungen gemeinsam den »Event-Geist« anrufen, den »Spirit des Unternehmens«, den lange verblichenen Firmengründer, den Schutzengel oder das zuständige Teufelchen der Organisation? Hilfreich: dunkle Räume, magische Rituale, Anrufungen möglichst unter Einbindung des Publikums, bengalisches Feuer, Gong, Donnerbleche, Lautsprecher mit Hall – und eine Botschaft aus dem »Jenseits«. »Theaterfeuer« überlassen Sie Spezialisten, und vorsichtshalber klären Sie, ab wann Rauchmelder Alarm schlagen.

Gelöbnisse: öffentliche Versprechen – als persönliche, exponierte Aussage vor Zeugen in der Hoffnung auf höhere Verbindlichkeit und Nachhaltigkeit. Den Mechanismus könnte man für Veranstaltungen nutzen. Wir haben Veranstaltungen erlebt, bei denen zum »Gelöbnis« schon die Redakteure der Unternehmenszeitung vor Ort waren, um Aussagen, Text und Fotos der Versprechen in der nächsten Ausgabe publik zu machen. Das erzeugt Umsetzungsdruck. Wer es übertreibt, bekommt aber Bumerangeffekte.

Gesang: Bei uns aus der Mode gekommen, aber anderswo hoch im Kurs. Oft fehlt es an der Anleitung oder der Anspruch ist zu hoch. Wir kennen Gruppen, die damit ganz glücklich waren und entdeckt haben, dass sie alle »das gleiche Lied« singen. Natürlich geht das auch mit Instrumenten oder Body Percussion (z.B. www.VoiceArt.org).

Geschenk und Dankeschön für Referenten, Gäste, Helfer: Veranstaltungen brauchen Zuarbeit von Gästen, Führungskräften, Mitarbeitern, Helfern. Spätestens am Ende der Veranstaltung steht ein öffentliches Dankeschön an. Applaus ist gut. Kleine Geschenke werten ihn auf. Witzige Kommentare beim Überreichen machen dem Publikum Spaß. Gute Geschenke haben Bezug zur Veranstaltung, zum Ort, zum Schenkenden oder Beschenkten.

Geschicklichkeitsspiele beziehungsweise Parcours: Interessant sind gemischte Teilnehmergruppen, die einen »Parcours« mit mehreren Stationen durchlaufen – als Einstieg in die Veranstaltung, als Wach-Macher, als Abendprogramm oder als harter »Lernzirkel« im Wettkampf (s. Kapitel 12 und 17).

Give-aways: Ideal, wenn ein Themenbezug vorliegt, das Give-away eine »Wertigkeit« hat und nicht nur netter Sondermüll ist.

Gong: Der dunkle, weit tragende Ton des großen Gongs eröffnet den Tag, zentriert die Aufmerksamkeit, markiert den Wiedereinstieg in den Nachmittag, setzt den Schlusspunkt. Man wird ihn ritualisieren.

Grand Prix: Wettkämpfe zwischen den Gruppen. Den Siegergruppen winken Palmen und mehr.

Gruppenbildung: Kontakte verändern das Event-Klima positiv. Also Teilnehmer untereinander schnell bekannt machen und aus der Zwangspartnerschaft mit angereisten Kollegen befreien (s. Kapitel 17).

Guglmänner: Relikte der Ritter- und Pestzeiten, die sich in Beisetzungsfeierlichkeiten bayerischer Könige erhalten haben: Da »schreiten Guglmänner dem Sarg voraus, angetan mit schwarzen Mönchskutten, Haupt und Antlitz bedeckt von einer schwarzen Gugl (Kapuze), in den Händen zwei gekreuzte Fackeln sowie die … Wappenschilde der verblichenen Bayernherrscher, ein schaurig-erhebender Anblick« (www.guglmann.de). Als Geheimorganisation existieren sie noch heute und melden sich mit nächtlichen Aktionen vor allem am Todestag von König Ludwig II. Da liegt es nahe, in Tagungen rund um den See morgens »aufgefundene« – mit »Guglmänner« unterzeichnete –

Botschaften zur Veranstaltung zu verlesen. Anderswo würden Rübezahl, Klabautermann oder Kaiser Barbarossa diese Aufgabe übernehmen.

H

Hausmeistermäntel: Graue, abgetragene Hausmeister- oder Technikermäntel sind ideale Requisiten für Running Gags, beispielsweise den »Elektriker«, der mitten im laufenden Programm auf der Bühne beziehungsweise im Saal etwas richten und »gar nicht stören« will und dabei schräge Kommentare zu Veranstaltung oder Publikum abgibt. Wir nutzen die grauen Mäntel auch als Personifizierung des »grauen Alltags« – voll Erfahrungsweisheit und Betriebsblindheit.

Hell und dunkel: Klassisches Stilmittel der Mikro-Inszenierung – vor allem im plötzlichen Kontrast, wenn beispielsweise das Licht schlagartig »zusammenbricht«, der ganze Saal stockdunkel ist und nur noch Stimmen aus dem Off oder Musik zu hören sind.

Ans Herz legen: Wenn Arbeitstagungen Ergebnisse produzieren, dann braucht es für die Umsetzung oft Rückendeckung von »oben«. Da kann es klug sein, Entscheidern und mächtigen Paten die Ergebnisse im Event eindrücklich ans Herz zu legen, beispielsweise durch öffentliches Überreichen auf der Bühne – in der Hoffnung, dass das die Nachhaltigkeit unterstützt.

Das Hörspiel als Hörstück: Zu sehen gibt es genug. Aber wer hört zu? Interviews, kurze Hörspiele, mitgeschnittene Szenen, vorgelesene Tagebuchauszüge, Lesungen, Stimmen aus dem Off. In abgedunkelten Räumen wirkt das besonders intensiv.

I

Instrumente: Klavier im Foyer und Trommeln, Rhythmusinstrumente oder Geräuscherzeuger: Für den Auftakt, zwischendurch oder abends unter professioneller Anleitung. Das macht Spaß, verbindet und unterstützt Metaphoriken des Typs »gemeinsam den Rhythmus finden« und »Nicht aus dem Takt bringen lassen!«. Schon in der Einladung bitten, dass alle (oder einzelne) Instrumente oder Geräuscherzeuger mitbringen. Vor Ort gibt es Zusatzinstrumente oder Musiker als Unterstützung. Vielleicht entwickeln sich so alle zusammen für einen Abend zur »Firmenband«.

Interviewer im Event: Gezielte »Datenerhebung« in der Veranstaltung um Meinungen, Vorschläge, Kommentare, Warnungen, Stimmungen zu sammeln oder Aussagen für die Veranstaltungszeitung beziehungsweise Statements für die Doku. Wir schicken dazu (angekündigt) Interviewer mit offenem Gesprächsleitfaden ins »Volk«. Die führen stichprobenartig kurze Interviews, notieren mit, nehmen gegebenenfalls kurze Videosequenzen auf oder bitten um Ratings auf vorgegebenen Skalen. Die Auswertung ist aufwendig, aber Qualität und Facettenreichtum sind besser als mit Fragebogen. Teilnehmer und Auftraggeber erwarten von solchen Aktionen Rückmeldungen – entweder noch direkt in der Veranstaltung oder kurzfristig im Nachhinein.

J

Jahrmarktsatmosphäre: Schießbude, Hau den Lukas, Nagelei, Karussells, Schiffschaukel, Riesenrad, Steckerlfisch, Zuckerwatte, gebrannte Mandeln, Musik, billiger Jakob, Aalverkäufer … Das alles weckt viel positive Erinnerung. Zumindest Jahrmarktszitate könnten mancher Veranstaltung guttun.

K

Kanzel oder Turm im Raum: Die »höhere Bühne« steht in der Kanzeltradition: Von »oben« zur Gruppe sprechen, Botschaften ex cathedra absetzen. Das geht auch mit »Baugerüsttürmen« (Diese kann man mit Gummirädern, Geländer und Leiter ausleihen. Rollen bei Nutzung blockieren!).

Kindergeburtstag: »Wer einen guten Kindergeburtstag inszenieren kann, kann auch Events veranstalten!«, lautet eine markante These. Aber »Kindergeburtstagsfeeling« aktiviert auch tief sitzende Vorurteile: »Was Spaß macht, kann nicht ernsthaft sein!« Also Kindergeburtstagsideen auf Situation und erwachsene Zielgruppen adaptieren!

Kinderfotos: Alte Fotos vermitteln Geschichten und Atmosphäre. Im Vorfeld bittet man Teilnehmer, von sich zum Beispiel ein »Foto aus der Kinderzeit« mitzubringen oder vorab zu mailen. In der Veranstaltung werden daraus Bilderwand, Bildershow, Plakatmontage, Gesprächsstarter in Kleingruppen oder Ausgangspunkt für persönliche Lebenslinientexte. Digitalkamera oder Scanner und Drucker bereitstellen, denn Originale gibt niemand gerne aus der Hand.

L

»Ländertische«, »Länderräume«: Internationale Tagungen schaffen mit Kaffee und Snacks an »Ländertischen« informelle Anlaufstellen für ausländische Teilnehmergruppen. Wer Lust hat, trifft sich dort und fühlt sich weniger alleine. Übertragen auf Fusionsveranstaltungen wären das beispielsweise »Heimathäfen« für die ehemals eigenständigen Unternehmen (mit Dokumenten über Erfolge, Stärken, Schwächen). Das würde Abschiedsschmerz Raum geben. Im Lauf der Veranstaltung wird man sich dann auch gegenseitig in diesen »historischen« Räumen besuchen. Ähnlich auch die Idee spezieller Treffpunkte für Teilnehmeruntergruppen bei großen Tagungen.

Landkarten: Sumpf, Berg, Wüste, Einöde, Insel, Riff, Bucht, Stadt … bieten genügend metaphorische Anspielungen. Fiktive und reale Landkarten wird man in Veranstaltungen als Metaphorik aufgreifen, wenn Ziele, Reisen oder neue Länder zentrales Thema sind. Großformatige Landkarten auf dem Fußboden lassen sich »abgehen«, und an großen Wandkarten markiert man Herkunfts- oder Standorte der Teilnehmer. Darüber hinaus eignen sich »Landkartenpuzzle« für die Gruppenfindung: Immer sechs bis acht Teilstücke ergeben zusammen eine Landkarte (s. Kapitel 16).

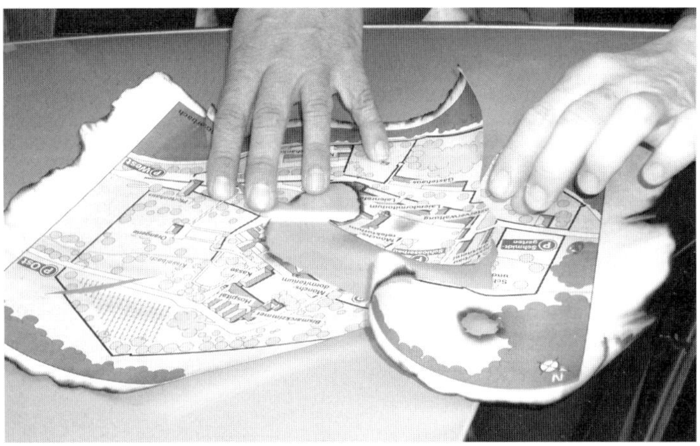

Landesfahnen – nicht nur im Sport: Zum Würdigen von Teilnehmern verschiedener Regionen beziehungsweise Länder, zum Deutlichmachen der internationalen Verflechtung oder als Mittel der Gruppenbildung. Ebenso gut geht das mit Wappen von Kantonen, Bundesländern, Städten, Fußballclubs oder mit Firmenlogos.

Last-Minute-Infos ins Plenum bringen: Schnell aktuelle Programm- oder Raumänderungen unter die Leute bringen: Marktschreier, Herolde mit Glocken oder Fanfaren, echte oder fiktive Durchsagen aus dem Off, Sandwichleute mit vorne und hinten umgehängten Plakaten oder frisch und laut verteilte »Extrablätter« der Veranstaltungszeitung.

Laufzettel: Zwei, drei, vier Teilnehmer lösen zum Beispiel beim Kennenlernen gemeinsam Parcoursaufgaben und notieren ihre Ergebnisse auf dem Laufzettel ihrer Gruppe – vielleicht wählen sie dazu einen Gruppennamen. Diese Zettel wandern in die Sammelbox und die Glücksfee zieht später die Gewinnergruppen.

Leitern/Staffeleien: Für schnelle Botschaften und Kommentare »von oben«. Auf Stabilität und Sicherheit achten!

Luftballons – Emotionen seit Kindesbeinen:

1) Luftballonschlachten als Muntermacher nach der Mittagspause mit Dutzenden gasgefüllter Ballons im großen Kongresssaal – Kein Ballon darf auf dem Boden landen! Und am Ende zerplatzen alle.

2) Luftballons als Orientierungshilfe. Große Gasballons schweben unter der Saaldecke. Man zieht sie an der Schnur als »Leitstern« zur jeweiligen Arbeitsgruppe und findet die leicht wieder.

3) Ballons als »Luftpost«. Am Veranstaltungsende Ballons mit Botschaften, Arbeitsergebnissen, Vorsätzen oder Ideen steigen lassen. Auf Flugrouten achten! Kleine Heißluftballons sind leider polizeilich verboten.

M

Massage, Körperübungen: Kopfgesteuerte Kongresse sind Massageanleitungen (bisher) nicht gewöhnt, aber endlos sitzen macht steif, und die Teilnehmer sind ja nicht nur mit dem Kopf da.

Methoden und Tools: Viele gute Methoden dienen auch der Inszenierung. Wir haben ihnen Kapitel 17 gewidmet. Dort sind sie nach Funktionen geordnet.

Mikro-Überfall, Mini-Konferenz: Mit Handmikro Stimmen aus dem Plenum einholen: Frage ankündigen, etwas Zeit zum Nachdenken beziehungsweise Abstimmen mit den Nachbarn lassen und dann in den Saal (nach hinten) gehen und ausgewählte Teilnehmergruppen nach ihrem Ergebnis fragen. Nur Leute mit Blickkontakt ansprechen. Mikro nicht aus der Hand geben – das gibt Kontrolle über die Länge der Beiträge.

»Morgengrauen« und Sportprogramm: Nichts für Langschläfer: Wer Lust hat, trifft sich vor dem Frühstück im »Morgengrauen« unter Anleitung zum Frühsport. Das steht schon in der Einladung, damit alle, die wollen, geeignete Sportkleidung dabeihaben.

Musik und Töne: Großer Gong, Appelltrompete oder Fanfaren als Signal für den nächsten Start im Plenum. Oder Musik und Geräusche als »Kulisse«, zum Beispiel um Flughafenatmosphäre zu erzeugen. Musik als Stil- und Gestaltungsmittel, um zur Ruhe zu kommen oder musikalisch anzuheizen: Alphörner, alte klösterliche Musik als Konserve oder von professionellen Musikern zur Einstimmung, Stehgeiger beim Essen.
Das Publikum kann auch selbst aktiv werden mit Rasseln, Trommeln, Body-Percussion, Stimme, Ton und mitgebrachten Instrumenten oder mit Chorgesängen.

N

Nachbarn oder Hinterleute begrüßen: Schnelle Aktion im großen Plenum, um Bewegung und Kontakt zu forcieren: Alle stehen auf, begrüßen ihre rechten und linken Nachbarn beziehungsweise Hinterleute per Handschlag, stellen sich gegenseitig vor, berichten wo sie herkommen oder geboren sind. Das dauert nur ein paar Minuten. Es muss klar sein, wer wen kontaktiert. Ein Gongschlag sorgt wiederfür Ruhe (s. Kapitel 17).

Namensschilder: Für's das Kontakten und als Mittel der Gruppenbildung. Gut lesbar sollten sie sein und gegebenenfalls noch Zusatzinfos enthalten. Ansteckbuttons sind dazu eine Alternative (s. Kapitel 16).

O

O-Ton Inputs: Die Welt in die Veranstaltung holen! Erfahrungen einspeisen! Wer weder Gäste noch »Zeitzeugen« live ins Event bekommt, kann sie vorab um kurze Interviews bitten und diese dann im Event einspielen.

Outdoor: Völlig »Outdoor« sind nur die wenigsten Events. Aber man kann Teile der Veranstaltung nach draußen verlegen, um den Erlebnisanteil zu erhöhen (s. Kapitel 13-2). Und warum nicht einfach Arbeitseinheiten nach »draußen« verlagern?

P

Pausen zelebrieren: Kaffee-, Schnauf-, Nachdenk-, Pinkel-, Umbaupausen – die haben Teilnehmer dringend nötig und sollten daher nicht zu kurz ausfallen. Pausen positiv besetzen, als Austauschpause, als Zeit für freien Kopf. Vielleicht spielt im Café leise und kurz ein Stehgeiger – aber keine Kaufhausberieselungsmusik.

Picknick: Atmosphärisch reizvoll, wenn alle wie beim Ausflug draußen sind und im Freien gemeinsam speisen – mit einem Hauch Sommerfest. In Dresden schipperte man sogar mit allen Teilnehmern per Elbboot zum Picknick im Schlosspark Pillnitz.

R

»Rahmenprogramm«: Gibt es immer noch – getreu dem Motto: Erst die Arbeit, dann das Spiel. Denkbar wären Exkursionen zu einem regionalen Sightseeingpunkt oder Sport-Event, Stadtrallys, Werksbesichtigungen, Testfahrten mit neuen Autos oder Rädern, ein Abendprogramm (mit Künstlern oder selbst gestaltet). Manchmal ist »kein Programm« das attraktivste.

Raustelefonieren: Normalerweise bittet man alle, dass sie in der Veranstaltung ihre Handys ausschalten. Aber wie wäre es, wenn alle gleichzeitig nach draußen telefonieren oder eine SMS-Botschaft schicken? Oder alle im Saal bekommen plötzlich einen Anruf!

Regenschirme für zwei: Wenn die Veranstaltung in verschiedenen Gebäuden stattfindet, dann bekommen immer zwei große Regenschirme zum Ausleihen. Da kann man nur hoffen, dass es regnet!

Regionales, Saisonales: Jede Gegend hat jahreszeitliche Besonderheiten, beispielsweise frische Nüsse, Bauernbrot, Bergkäse, frische Äpfel, Wein, Federweißer. Austauschbare Hotelkost kann da nicht mithalten.

Roter Teppich: Aus Politik, Film und Fernsehen bekannt als Stilmittel für VIPs. Klassisch brauchen Sie viel Teppich und Helfer in Livree. Als wirkungsvolles Zitat reicht schon ein Viermeterstück roter Läufer. Sie müssen den nur hochstilisieren.

Running Gag: Mehrfach auftretende Figuren oder Handlungen, die scheinbar den Veranstaltungsablauf »stören«, beispielsweise als »Hausmeister«, »Putzfrau«, »Stellenbewerber«, »Sanitäter« oder »Teilnehmer einer anderen Veranstaltung«. Variierte Wiederholung, Unkalkulierbarkeit des Auftretens und parodistische Metakommentare zur Veranstaltung sind die Pointen.

S

Saal sperren: Das Publikum im Foyer gezielt warten lassen, bis der Saal für den nächsten Schritt vorbereitet ist. Bei der Öffnung gegebenenfalls Zirkusmusik und schnellen Einlass organisieren, damit die Spannung steigt. Gestreifte Baustellenabsperrbänder quer vor die Tür gespannt und ein freundlich-abweisender Zerberus mit weißen Handschuhen erhöhen die Wirkung.

Scheinwerfer, Verfolger, Spots: Licht bringt Atmosphäre und schafft Bühnen. Schon kleine Scheinwerfer aus dem Baumarkt wirken – als »Zitat« für großen Auftritt (s. Kapitel 21).

Seifenblasen: Wecken Erinnerungen an Kindergeburtstag & Co, aber auch Assoziationen an nutzlose Ideen. In großer Menge stellen Seifenblasenmaschinen die Bubbles her.

Seil: 20 bis 30 Meter kräftiges Seil als Linie für Aufstellungen, Leitlinie, Raumteiler oder um zu zeigen, wie schwer es ist mit dem »roten Faden«.

Signalmusik: Wiederkehrend kurze Fanfaren- oder Trompetenstücke beziehungsweise einige Takte der gleichen Musik als Signal für alsbaldigen Beginn. Wie beim Theatergong oder der Schulglocke – aber schöner sollte es klingen.

Spiegeltheater: Theaterform, die den Teilnehmern Eindrücke und Beobachtungen der Schauspieler abends beziehungsweise am nächsten Morgen halb ernst, halb parodistisch widerspiegelt.

Spritzblumen: Große Ansteckplastikblumen voll Wasser. Mit einem Druck, werden sie zu Wasserpistolen. Das ist und bleibt Kinderkram. Aber sie verwandelten ein förmlich-steifes Buffet unter freiem Himmel im Edelhotel in Dubai in eine kindisch-verspielte Wasserschlacht am Rande der Wüste. Davon berichten noch jetzt Teilnehmer der Unternehmensjahrestagung in verklärter Erinnerung.

Spuren hinterlassen: Einträge im Gipfelbuch, geritzte Herzen in Bäumen, Nonsensesprüche an den Wänden öffentlicher Räume: Menschen wollen Spuren hinterlassen. Auch Teilnehmer wollen, dass etwas bleibt. Event-Teilnehmer pflanzen deshalb Bäume, setzen Gedenk- oder Erinnerungssteine, publizieren gemeinsame Erklärungen oder Texte, starten Pressekampagnen, zeichnen Bilder, die später exponiert im Unternehmen hängen, produzieren Videoclips, Comics oder Event-Dokumentationen.

Stille: Lärmig und trubelig ist es oft genug. Da ist Stille Kontrast – insbesondere in Kombination mit Dunkelheit. Stilles »Nichts« ist eine sehr mächtige Inszenierung.

Stimmen und Töne aus dem Off: »Mithören« beziehungsweise etwas mitbekommen, was scheinbar gar nicht für die Öffentlichkeit gedacht war, reizt. Ebenfalls spannend aus dem Off: Tagebucheinträge, Interviews, Gegenpositionen, Kritik.

»Storydealing«: Absichtsvoll verbreitete Gerüchte, die in der Schwebe halten, was nun stimmt, »dazugehört« oder nicht. Klassiker: Das Gerücht, »falsche« Referenten oder Vertreter der Gegenpartei hätten sich in die Tagung eingeschmuggelt und würden dort – undercover – auftreten.

»Suspense«: Ein Hitchcocksches Filmprinzip Spannungsbögen zu erzeugen: Die Zuschauer erwarten ein Ereignis, ohne dass es (so) eintreffen muss (bei »Surprise« würden sie einfach nur überrascht). In Veranstaltungen müsste Suspense mehr sein als die Frage, ob und wann der Vorstand nun kommt.

Symbolgegenstände dabeihaben: »Bringen Sie etwas aus Ihrer Heimat mit!« Oder Teilnehmer bringen »Gegenstände« zum Veranstaltungsthema beziehungsweise zur Metaphorik mit: Werkzeuge, Fahnen, Landkarten, Stadtpläne, Fotos, Zeitungsausrisse, Produkte eigener Kampagnen, Pressespiegel und vieles mehr.

T

Tandemaufgaben: Sozialkontakt als kleine »Inszenierung«. Mit unbekannten Partnern Aufgaben lösen, zum Beispiel Quizfragen oder Themen für eine Veröffentlichung vorbereiten. Die besten Pärchen bekommen Preise.

Telefonanruf mitten im Event: Alle hat man gebeten, die Handys auszuschalten. Aber dann klingelt es plötzlich beim Moderator. Der stutzt, nimmt das Gespräch an und telefoniert laut. Weil man immer nur die Hälfte hört, spitzen alle die Ohren. Erst langsam wird klar, dass dieses Telefonat Teil der Inszenierung ist.

Theaterelemente: In vielen Zuschnitten Inszenierungsklassiker: Wahlweise durch Profis oder Teilnehmer werden selbst aktiv (s. Kapitel 13).

Tischtennisplatten: Nicht nur etwas für den Kopf tun: Schnelle Tennisblitztourniere als Lockerung für all diejenigen, die zwischendurch körperlichen Drive brauchen.

Treffpunkte: Attraktive »Sammelplätze« anbieten: Pausenorte, Tagungscafé, Tagungsbüro, Programm- und Infoboards, möglichst reizvoll und zentral gelegen – so, dass man dort immer auf interessante Leute stößt. Das bindet auch Drop-outs ein, die gerade das Programm »schwänzen«.

U

Überraschungen: Klassische Mikro-Inszenierung. Plötzlich kommt es anders, als man denkt: Gegenthesen treten auf, man spricht über Misserfolge oder Tabuthemen oder Kontrahenten, Kunden oder Erfahrungsträger sind plötzlich mit dabei.

Undercovertheater: Teilnehmer und Aktionen, von denen die anderen Teilnehmer nie oder erst schrittweise mitbekommen, dass sie geplant im Regieplan stehen (s. Kapitel 13).

V

Videoclips herstellen: Teilnehmergruppen entwickeln schnelle Filmideen und drehen mit Camcordern Videoclips (max. 2 Minuten) – möglichst ohne Schnitt, aber eventuell mit professioneller Unterstützung. Themen: »Unsere neuen Leitlinien«, »Firmenphilosophie« in Szenen. Oder als Parodie das »Verkäuferhandbuch des Teufels« beziehungsweise »Arztgespräch einmal anders«. In der Event-Nacht warten dann alle auf die inszenierten Filmweltpremieren.

Tücher und Stoffbahnen: Große schwarze und rote Stoffbahnen sind für schnelle kleine Inszenierungen ohne Perfektionsanspruch ideal. Man wirft sie beispielsweise über Pinnwände, nimmt sie als Drappiermaterial für schnelle Info-Stände oder Gerüsttürme oder als »Kulisse«. Ein roter Überwurf macht einen Stuhl zum »heißen« Stuhl oder zum Ehrenplatz.

W

Wahlangebote: Nicht alle wollen und brauchen das Gleiche. Also gibt es verschiedene Programmangebote. Wählen können Teilnehmer auch zwischen »Aktion« und »Reflexion«, zwischen informellem Austausch und Programm, zwischen Sitzen oder Stehen, zwischen Spielen, Lesen, Zuhören oder Selbst-etwas-tun.

Walk Acts: Alles, was in Bewegung ist: Show-, Spaß-, Scherzkellner, lustiges Personal, Crazy Security, komische Hausmeister, verrückte Butler, verwirrte Festredner, Fantasiefiguren, Avatare und vieles mehr. Sie eignen sich als Programmfarbtupfer – mit Bezug zum Veranstaltungsmotto (Adressen unter Walk Act in Google).

Wallfahrt: Hängt – wie auch andere »Inszenierungen« – vom Publikum ab. Aber wenn uns Teilnehmer schon eine Fahnenweihe für den Mitarbeitertag vorschlagen, dann liegt das vielleicht nicht völlig daneben.

Weinprobe: Als gemeinsames Erlebnis mit Regionalbezug. Vielleicht mit Weißwurstessen oder Bezug zum Unternehmensalltag.

Wellness und Entspannung: Entspannungsanleitung im Saal. »Kongress-Yoga« für alle oder Ruheinseln zur Wahl. Im Flugzeug kennt man Videoanleitung als Thromboseprophylaxe und im Flughafen Kurzmassagen.

Wettbewerbe, Grand Prix und mehr: Mehrere Gruppen im Wettkampf um die besten, schnellsten oder verrücktesten Lösungen. Jury hochoffiziell oder aus jeder Teilnehmergruppe ein delegierter Vertreter.

Z

Zeichner, »grafic facilitation«, Storyboarding: Zeichner, die während der Tagung alle Kernaussagen auf den Punkt bringen – als Prüfbasis fürs Verstehen und Ergänzen beziehungsweise als Material für die Dokumentation. Spannend, wenn alle (über Beamerprojektion) mitverfolgen können, wie die Bilder live entstehen (s. Kapitel 18).

Zugangskontrollen und Zugangshürden: Verknappung hebt den Wert. Deshalb stehen Türsteher vor In-Discos, kommt man beim Wiener »Clubbing« nur mit Passwort in den Saal, schicken Klöster Bewerber beim ersten Besuch wieder heim. Veranstaltung könnten zu erbringende Vorleistungen der Teilnehmer fordern – zumindest für die, die zum »inner circle« gehören wollen.

»Abendprogramm«: Was ist nachts los?

15-3

Wenn alle Teilnehmer im Hotel übernachten oder sich den Abend freigehalten haben, dann wird man diese Zeit irgendwie gestalten – fragt sich nur *wie*?

»Um Himmelswillen kein Programm. Die Leute wollen reden!« Das sagte die Geschäftsführerin, als es um die Gestaltung des Abends ging. Wenn sich 150 Kollegen einmal im Jahr auf Tagung treffen, dann wollen sie Zeit zum Reden. Das »Abendprogramm« sorgt dann einfach für Rahmenbedingungen: Plätze an der Bar, viele Stehtische, Marktstände, Sitzgruppen, Räume für ungestörte Gespräche. Allerdings sind nicht alle Veranstaltungen solche »Familientreffen«, und nicht alle wollen den ganzen Abend an die Bar. Da könnte vorab eine Stunde »Programm« beleben.

Nichts passt für alles!

»Künstlerprogramm« am Abend. Toll, wenn Sie Künstler oder Shownummern als Highlight einkaufen können. Aber ohne Anbindung an Metaphorik beziehungsweise ans Tagesprogramm bleibt es ein bunter Zuschauabend nach dem biederen Motto »Zuerst die Arbeit, dann das Spiel!«.

Die »Kellnernummer«. Das Servierpersonal für das Abendessen kommt vom Theater und produziert 100 überraschende Turbulenzen vor, während und nach dem Essen. Alle rätseln: Was gehört dazu, was passiert »einfach« so? Spannend, wenn die Teilnehmer ihrerseits mit einsteigen.

Steigerung der Tagesmetaphorik. Der Abend könnte das Tagungsmotto parodiert auf die Spitze treiben. So war das beispielsweise beim »Aufbruch in neue Welten«: Mit den Schauspielern, die schon tagsüber ins Programm eingeflochten waren, ist man nach 20:00 Uhr international im Raumschiff unterwegs – zum leuchtend roten Mars am dunklen Himmel und das in wild parodierten, turbulenten Szenen (s. Kapitel 10-1).

Weltpremieren und mehr. Wenn Veranstaltungen mehr als nur Worte produzieren, dann fiebern alle der Nachtpremiere der tagsüber eigenhändig erstellten Texte, Szenen, Comics oder Videoclips entgegen. Die kommen dann groß projiziert und live auf die Bühne (s. Barfußvideo, Kapitel 17 und 18).

Teilnehmertheater. Im Programm steht bereits, dass Sie für den Abend Mitspieler suchen für: »Wenn unsere Pläne Wirklichkeit werden – visionärer Blick in die Zukunft« oder »Das geheime Leben der Landesgesellschaften«. Mit persönlicher Ansprache und etwas Vorbereitungszeit findet sich immer eine kleine Truppe für ein kurzes, witziges Abendprogramm. Scheinwerferlicht, schwarze Tücher als Kulisse und ein paar Requisiten wären der einfachste professionelle Anstrich. Wer als Veranstalter auf Nummer sicher gehen will, vereinbart mit Schauspielern Theaterunterstützung – die springen dann notfalls improvisierend ein.

Abendprogramm: Bezug zum Tag herstellen!

Theatertagesrückblick. Inzwischen gibt es genügend Improvisationstheatergruppen, die darauf spezialisiert sind, Tageseindrücke treffend und witzig auf den Punkt zu bringen (s. Kapitel 13).

Der Abend als Wettkampf plus Siegerehrung. Gruppen durchlaufen Stationen mit bunt gemischten Geschicklichkeits-, Mut-, Wissens- oder Spielaufgaben. Die erzielten Gruppenpunkte sind Basis für die Siegerehrung. Zusatzkick: Gruppen interessant mischen, beziehungsweise verschiedene Lager gegeneinander antreten lassen oder alle summierten Punkte für einen guten Zweck in Spendengeld umwandeln.

Das gemeinsame Abendkonzert. Man hat alle gebeten, Instrumente oder Geräuscherzeuger mitzubringen. Mit professioneller Unterstützung entsteht so mit weiteren Instrumenten vor Ort ein abendliches Musikgesamtkunstwerk mit Trommeln, Rasseln, Körpertönen.

Die Spielhölle. Tische und Stände mit diversen schnell zu spielenden Tisch-, Brett- und Gerätespielen. Wer Lust hat, versucht zwischendurch sein Spielglück, kann sich aber auch wieder zu Gesprächen zurückziehen.

Anfang und Ende

16

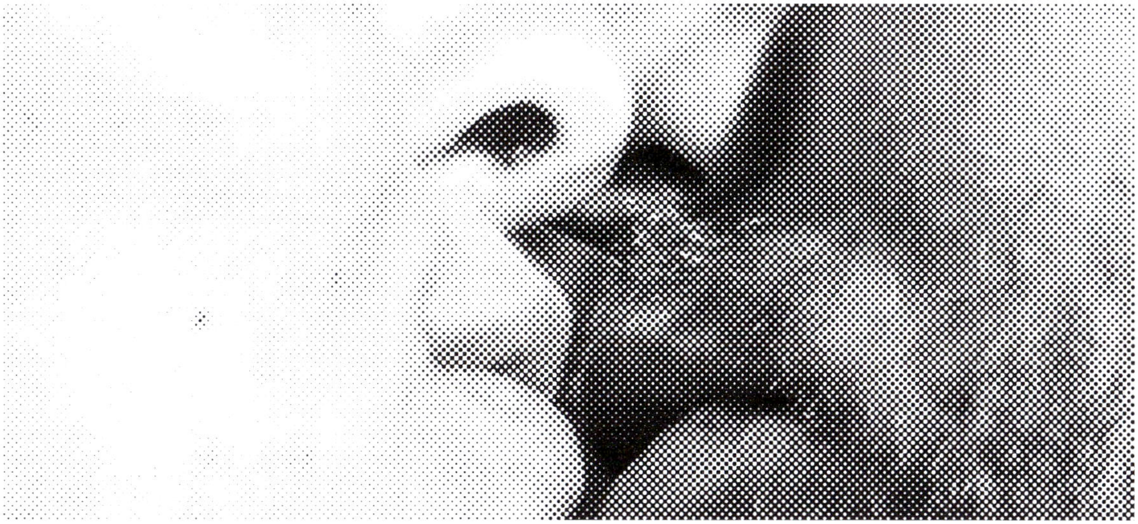

Klug anfangen – wirkungsvoll enden! Gute Starts schicken Signale, setzen Standards, befriedigen wichtige Bedürfnisse: Teilnehmer sollen sich sicher und heimisch fühlen. Sie brauchen Orientierung über Ablauf, Arbeitsstil und Inhalte, und sie sollen offen werden, für das was kommt. Auch der Schluss ist sensibel: Er fasst zusammen, bringt alles auf den Punkt, gibt Ausblick, lässt Zeit, um Bilanz zu ziehen, und eröffnet Folgeaktionen. Genau genommen »beginnen« Veranstaltungen auch für Teilnehmer schon Wochen vorher (Pre-Event), und wenn alles gutgeht, schwingen sie nach dem Finale noch länger nach (Post-Event).

Mit **Anfang** und **Ende**
Signale setzen.

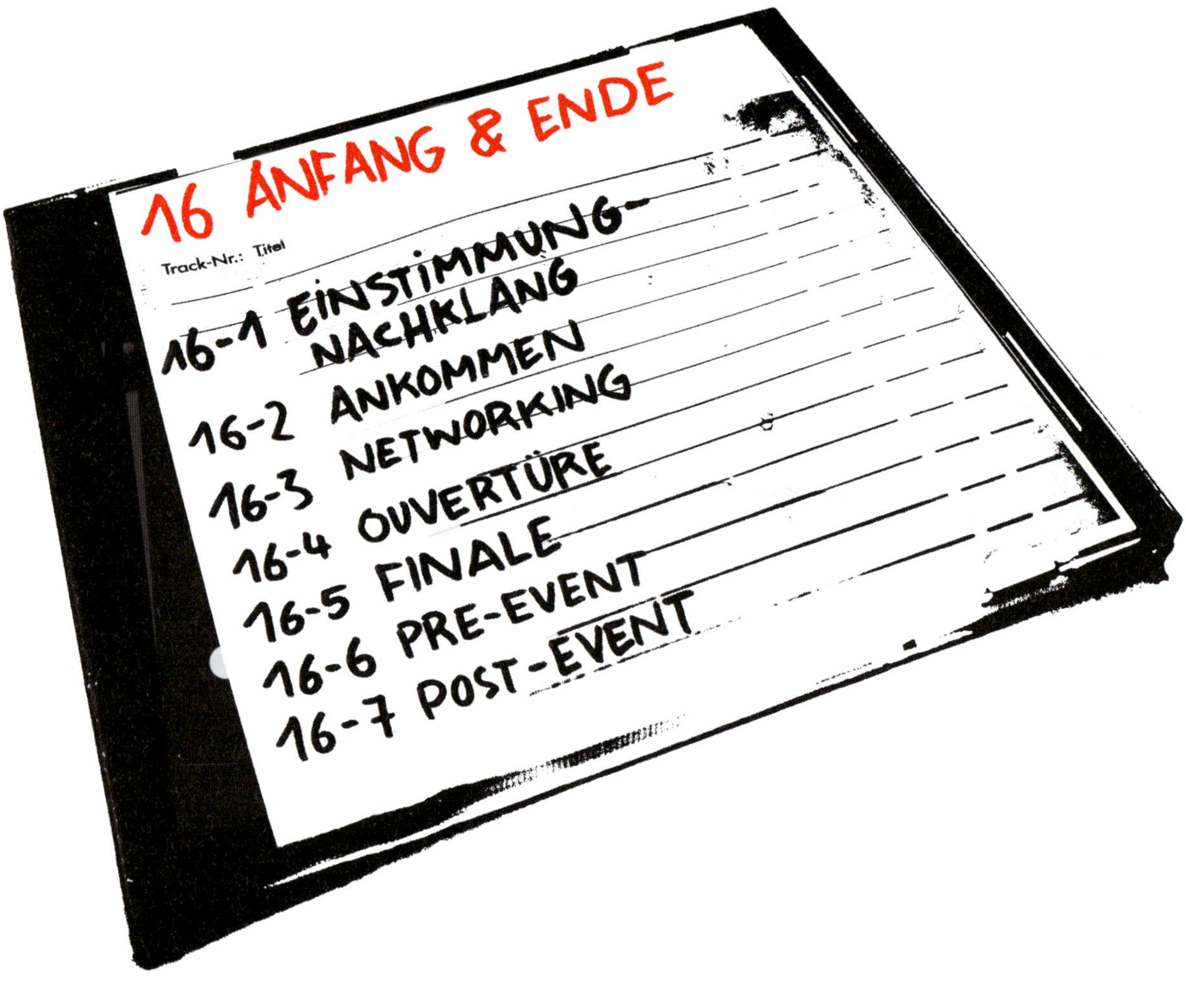

Zwischen Einstimmung und Nachklang

16-1

Anlass, Format, Thema, Teilnehmerzahl und Teilnehmer erfordern jeweils unterschiedliche Einstiege und Schlüsse. Schnelles, Cooles tut manchen Teilnehmergruppen gut. Andere kommen mit Sanftem besser in Resonanz – das wiederum ist Ungeduldigen ein Graus und hat zu viel »Emotionales«.

»Jedem Anfang wohnt ein Zauber inne«. Bei Hermann Hesse klingt es romantisch, aber selbst bei Fachveranstaltungen sind »Beginne« etwas Besonderes: (Fast) alles ist neu. Da braucht es *Orientierung zum Wer, Was und Wie*: zu Personen, Inhalten und Arbeitsweisen. Neben harten Fakten sind bei Starts auch Emotionales, Klima und Atmosphäre wichtig. Darüber redet man nicht viel, sondern vermittelt es handfest durch die Art des Einstiegs.

Einstimmen ohne allzu viel Wirbel!

Einstieg in Etappen: Vom Pre-Event bis zum Auftakt im Saal. Auftraggeber, Promotoren, Veranstaltungsmacher, Projektteams und Akteure starten teilweise schon Monate vor Veranstaltungsbeginn. Für Teilnehmer »beginnt« das Event ab dem Moment der Einladung oder dem Lesen der Ausschreibung: Die stimmen ein und machen neugierig. Anreise, Ankommen vor Ort, Raumsuche und vorsichtiges Beschnuppern sind die nächsten kleinen individuellen »Starts« der Teilnehmer. Und schließlich kommt als letzter Start der »offizielle Anfang«.

Den Sack zubinden: It's time to say good-bye. Schlüsse runden inhaltlich ab, fassen zusammen, klären Offengebliebenes, geben Ausblick auf das Danach, schaffen Raum zum Abschiednehmen, aktivieren nochmals Energie für Folgeaktionen, setzen ein rauschendes oder nachdenkliches Finale, machen, dass die Teilnehmer frohgestimmt und mutig nach Hause gehen.

Post-Event: Die Zeit nach der Veranstaltung. Für Kongresse und Fachtagungen mag es in Ordnung sein, wenn mit dem Schluss Schluss ist. Aber bei anderen Formaten und Kick-offs sollte es im Anschluss erst so richtig losgehen. Da beweist sich dann, ob auch im Nachhinein noch genug Energie im Projekt steckt. Wer für das »Post-Event« verantwortlich ist beziehungsweise wann der Stafettenstab wem übergeben wird, hat man bei der Auftragsklärung schon abgestimmt (s. Kapitel 2).

16-2 Ankommen: Einpendeln und Warmlaufen

Gleich spüren: »Hier bin ich richtig!«

Viele Teilnehmer »fremdeln« in der Zeit zwischen Ankunft und offiziellem Start. Sie erkunden Räume, suchen Plätze, studieren Unterlagen, reden nur mit denen, die sie kennen. Wohl und zu Hause fühlen sich wenige.

Vor Ort – Veranstaltungsbeginn am Parkplatz! Teilnehmer sind schon ab Parkplatz, Tiefgarage, Garderobe oder Eincheckschalter »in« der Veranstaltung. Dummerweise verbreiten diese Orte kaum lustvoll-persönliche Auftaktatmosphäre. Oft wissen Teilnehmer nicht einmal genau, wohin es geht. Komplexe Tagungshäuser brauchen deshalb auch emotional nette »Wegweiser« (Schilder, Bilder, Saxophonspieler, Licht, Begrüßer und anderes mehr), damit Ankommende gleich spüren: »Hier bin ich richtig!«

Wenn immer möglich: Alle persönlich begrüßen! E-Mails und Briefe kann man in Massen verschicken, aber persönlicher Kontakt ist von anderer Qualität. Darum stimmen sich Veranstalter und Moderatoren ab, wer in der Stunde vor Beginn die Teilnehmer wo persönlich begrüßt. Auch Helfer sind darauf geeicht und weisen schon vor dem Tagungshaus den Weg.

Stehcafé und informelle Beschäftigung. Stehtische, Kaffee, kalte Getränke, Kleinigkeiten zum Knabbern, eine kleine Ausstellung, komprimierte Programmübersichtsflyer – das lässt Teilnehmern die Wahl, ob sie in Ruhe ankommen oder Kontakt haben wollen.

Gemeinsame Mahlzeit als weicher Start. Gemeinsames Mittag- oder Abendessen (als Buffet) puffert Wartezeit beziehungsweise Hektik. Namensschilder, Teilnehmerlisten und eine absichtvoll »bunte« Sitzordnung unterstützen den Kontakt: zum Beispiel pro Tisch gemischte Platzkarten oder Sitzplätze nach Geburtsmonaten beziehungsweise Postleitzahlen.

Publikum auf die angepeilte Arbeitsatmosphäre einstimmen. Ein nicht zu lautes Saxophon beim Begrüßungskaffee, Undercoverschauspieler mit witziger Animation (zum Beispiel als übereifrige »Kellner«, Butler oder Platzeinweiser), Interviewer, die Statements oder Prognosen zur Veranstaltung sammeln und später in die Veranstaltung einspielen, Diashows mit Fotos oder Thesen, kurze thematische Videoclips, einfache Such- oder Kennenlernaufgaben. – All diese Aktivitäten wird man niedrig dosieren, denn zu viel Wirbel tut am Anfang selten gut.

Es beginnt schon vor dem Beginn!

16-3 Networking: Teilnehmer früh »verbandeln«

Wer Teilnehmer frühzeitig gezielt miteinander in Verbindung bringt, verändert die Atmosphäre und setzt Energie frei. Einige Kleinigkeiten wirken Wunder:

Gut lesbare Namensschilder. Sie sollen weder Löcher in noch Klebstoff an der Kleidung hinterlassen.

> Namensschilder sind verbreitet und seit Jahren ein Ärgernis. Sie werden als Veranstalterlogoplaketten missbraucht, gleichzeitig ist der Name der Trägerinnen und Träger – notabene Daseinszweck des armen Schildes – nur im Kleingedruckten, sozusagen auf Bückdistanz leserlich.

Zusätzliche Info-Buttons. Sie signalisieren, wer in welcher Funktion hier ist. Verschiedene Farben erleichtern den schnellen Überblick. Die Buttons sind zugleich Eintrittskarten zum Restaurant (www.ansteckbuttons.de).

Fotos plus Steckbrief aller Teilnehmer oder Fotoposter. Gleich beim Einchecken alle Teilnehmer (samt Namensbutton) fotografieren. Fotos, Namen und Zusatzinfo kommen als Steckbrief auf Pinnwände oder erscheinen als »Extrablatt« der Veranstaltungszeitung. Manchmal gelingt es, von allen Teilnehmern vorab Fotos zu bekommen und daraus großformatige Teilnehmerplakate zu montieren. Die stehen dann im Foyer. Witzig: Ein oder zwei fiktive Teilnehmer unter die Steckbriefe mogeln – ob jemand Mr. Spock bemerkt?

Kennenlernen zwischen Einchecken und offiziellem Start. Beispielsweise kleine Parcours in Zweier- oder Dreiergruppen mit einfach lösbaren Aufgaben absolvieren lassen. Die Gruppen tragen die gefundenen Lösungen in »Laufzettel« ein und nehmen damit an einer Verlosung teil. Wer lieber in Ruhe alleine nachdenkt oder auf den letzten Drücker kommt, muss nicht mitmachen.

ABC-Kennenlernen. Jeder Teilnehmer bekommt gleich zu Beginn zwei großformatig ausgedruckte Buchstaben in die Hand gedrückt und soll Teilnehmer finden, deren Namen mit diesen Buchstaben beginnen.

Kurze Vorstellrunden zu Beginn von Kleingruppenarbeit. Vorstellrunden im großen Plenum kosten Energie, und kaum jemand merkt sich etwas. Stattdessen bitten wir, dass sich bei den ersten Gruppenarbeiten zu Beginn alle gegenseitig kurz vorstellen.

Informelle Gruppenbildung unterstützen. Stehtische, Büffets, Themengruppen zur Wahl, Raumwechsel, wechselnde Sitzordnungen und lange Pausen sorgen für immer neue Kontaktmöglichkeiten.

Abteilungen, Standorte, Funktionen in Kontakt bringen. Teilnehmersubgruppen (gleiche Standorte, gleiche Funktionen oder Ähnliches) bekommen gleichfarbige Punkte auf ihre Namensschilder. Bei den nächsten Gruppenbildungen dann Mischkriterien vorgeben: »Bitte fünf farbgleiche Menschen pro Gruppe« oder »Pro Gruppe bitte mindestens drei verschiedene Farbpunkte!«

Absichtsvoll zufallsgenerierte Mischungen. Teilnehmer öfter und in guter Atmosphäre mischen. Dafür eignen sich Gruppenverlosungen, das Ziehen von »Eintrittskarten«, Gruppierungen nach Geburtsmonaten oder nach Sitzordnung (Vorder- mit Hinterleuten bei Reihensitzordnung). Für Überraschung sorgen verschiedenfarbige Klebepunkte, die vor Beginn unter allen Stühlen angebracht wurden, wenn später dann folgende Instruktion kommt: »Unter Ihrem Stuhl ist ein farbiger Klebepunkt. Suchen Sie bitte Gesprächspartner mit gleicher Farbe.«

Dinner Dates. Kennenlernen und Verbandeln muss man nicht auf die Anfangszeit beschränken. Gut in Erinnerung ist uns das Angebot der riesigen ASTD-Konferenz in den USA: Die Veranstalter hatten in verschiedenen Restaurants Tische reserviert. Im Laufe des Tages konnte sich jeder, der Lust hatte, in Tischlisten eintragen. Am Abend saß man dann mit ganz Fremden an einem Tisch und kam miteinander ins Gespräch.

Landkarten- und Fahnengruppen. Beim »Projektleitertag« spielten fremde Welten, Fahnen und Landkarten metaphorisch eine wichtige Rolle (s. Kapitel 10-1). Die Rückseiten der Umhängenamensschilder zeigten jeweils Achtel einer fiktiven Landkarte (inspiriert von Klare/van Swaaij 2000). Die Aufgabe gleich beim Einchecken lautete: »Suchen Sie Kolleginnen und Kollegen mit den fehlenden Landkartenabschnitten. Gehen Sie mit diesen zum Essen und holen Sie anschließend gemeinsam Ihre Unterlagen!«

Beispiel

Projektleitertag

Herzlich willkommen!

So geht's los:

1. Holen Sie sich bitte Ihr Namensschild im Tagungsbüro.
2. Finden Sie Ihre sieben Gruppenkollegen. Sie sind als Gruppe komplett, wenn Ihr Landkartenpuzzle vollständig ist (= insgesamt acht Personen).
3. Gehen Sie schon mal mit den ersten gefundenen Kollegen gemeinsam essen. Beim Imbiss (Stehbuffet) können Sie noch fehlende Puzzleteile (= Gruppenmitglieder) »aufgabeln«.
4. Holen Sie sich dann **vor dem Start** (vor 13:00 Uhr) **gemeinsam** Ihr persönliches **Projektbuch und Ihre Gruppenflagge** ab. Im Projektbuch finden Sie alle weiteren Informationen zum Programm.
5. Kommen Sie gemeinsam als Gruppe bitte pünktlich zum offiziellen Start um **13:00 Uhr** ins Plenum.

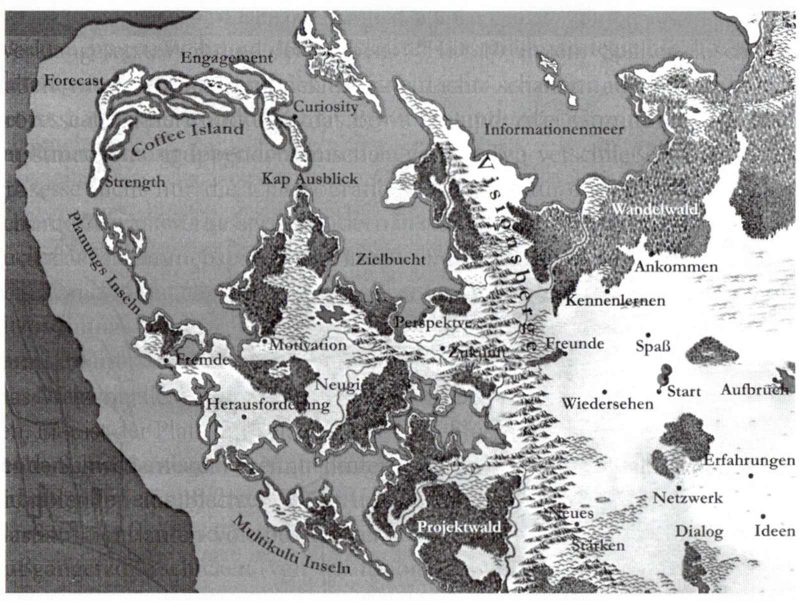

Regieanleitung für alle Teilnehmer gleich beim Ankommen

Ouvertüre: Start im großen Plenum

16-4

Starts »holen die Teilnehmer ab« und setzen Signale für Ablauf und Charakter der gesamten Veranstaltung. Also wird man selten einfach inhaltlich loslegen, denn viele Teilnehmer sind anfangs nur körperlich, aber keineswegs schon emotional anwesend. Für viele wäre ein abrupter Start wie ein Sprung ins kalte Wasser. Im Folgenden finden Sie Anfangsideen zur Wahl.

Auftakt: Start mit Musik. Eröffnungsfanfaren, Musik zum Anheizen oder zum Zur-Ruhe-Kommen. Teilnehmer aktiv einbeziehen mit Geräuscherzeugern (Rasseln, Trommeln, mit Body-Percussion oder Stimme – eventuell auch mit mitgebrachten Instrumenten – das steht dann schon in der Einladung).

Körperlich Stellung nehmen. Gleich zu Anfang für Bewegung sorgen – vorausgesetzt, Sie haben ausreichend freigeräumten Platz im Saal oder Foyer.

Mit dem Körper »punkten«

- *Skalenaufstellung entlang einer Achse:* Sie fragen die Teilnehmer beispielsweise nach ihren Jahren der Unternehmenszugehörigkeit und bitten alle, sich gemäß ihrer Zeit im Unternehmen in einer lange Reihe aufzustellen. Ein langes Seil dient als Achse mit den Endpunkten »Minimal« und »Maximal«. Die lange Reihe zum Kreis schließen – so, dass der Dienstälteste neben dem Dienstjüngsten steht. Dann mit dem Handmikrofon einzelne Personen kurz interviewen (beim Ältesten beginnen). Anspruchsvoller sind Aufstellungen nach der Zufriedenheit mit der Umsetzung vorangegangener Beschlüsse oder nach der Erfolgsschätzung für diese Veranstaltung.

- *Aufstellung nach Himmelsrichtungen:* Die vier Seiten des Raums sind mit großen Schildern N, S, O, W markiert. Einen Punkt in der Saalmitte definiert der Moderator erkennbar als Tagungsort. Dann bittet er alle, sich auf dieser riesigen »Landkarte« im Saal entsprechend dem Heimatort (oder Geburtsort) aufzustellen. Regionale Nachbarn begrüßen sich kurz, dann interviewt der Moderator ausgewählte, exponiert stehende Teilnehmer. Eine groß projizierte Landkarte beseitigt geografische Unklarheiten.
- *Den eigenen Standpunkt wählen:* Bei dieser mehrdimensionalen Aufstellung hängen großformatig drei bis fünf Aussagen an den Wänden, beispielsweise: »Wir sollten etwas unternehmen!«, »Ich befürchte, das wird schwierig.«, »Wir sollten besser x in Angriff nehmen!«, »Wir haben eine Chance!«. Die Teilnehmer stellen sich zu der Aussage, der sie am meisten zustimmen – ganz nah bei voller Zustimmung, weniger nah, wenn das nur mit Einschränkungen gilt. Unschlüssige bleiben in der Saalmitte. Der Moderator interviewt dann exemplarisch besonders exponiert Stehende kurz mit dem Saalmikrofon (s. Kapitel 17-5).

Im Expresstempo gemeinsam auf den Punkt kommen

»Mini-Konferenzen«: Schneller Austausch in Kleingruppen. Gleich nach der ersten »Ein-Führung« stellt der Moderator eine Frage an alle. Die Teilnehmer drehen sich zum Nachbarn oder Hintermann und diskutierten ihre Lösungen. Nach angekündigten zwei bis vier Minuten beendet der große Gong das Gemurmel im Saal. Einzelne Gruppen berichten dann exemplarisch per Saalmikrofon (s. Kapitel 17-4).

Visuell beginnen: Reden ist Silber, Zeichnen ist Gold. Erlebnisse, Erfahrungen, Meinungen gruppenweise auf Karton skizzieren (DIN A3 und größer). Aufhängen, besichtigen, diskutieren. Mit Kamera und Beamer ausgewählte Bilder für alle groß projizieren.

Fotorevue mit Sprecher: Die Vorgeschichte einspielen. Anhand von historischen Bildern, Tagebucheintragungen, Storys oder Dokumenten lebendig werden lassen, was früher war und unternommen wurde. Das »Führungsforum« (s. Kapitel 10-2) startete beispielsweise im großen Plenum mit einer Fotorevue aus fast 100 Jahren Unternehmensgeschichte – jeweils mit kurzen Livekommentaren aus dem Off und mit Musik der jeweiligen Zeit unterlegt.

Theater- und Videostarts. Auch hier bieten sich viele Möglichkeiten: Schauspieler zeigen kurze Szenen in der Art von Impro-Theater oder vorbereitete Episoden aus Vergangenheit beziehungsweise Zukunft. Schauspieler sind als

Undercoverakteure im Plenum, und die Grenze zwischen »echt« und »gespielt« wird unklar beim verwirrten »Professor« oder dem falschen »Vorstandsassistenten«. Running-Gag-Figuren überraschen das Publikum. Kurze Videoclips oder Ausschnitte aus bekannten Filmen heizen das Thema an (s. Kapitel 8-3). Und beim »Führungsforum« interviewten beispielsweise die Schauspieler ankommende Besucher zu ihren Erwartungen. Nach der Fotorevue brachten sie diese Aussagen komprimiert und inszeniert als »Erwartungsspiegel« auf die Bühne. Erst im Anschluss kam dann der Vorstand auf die Bühne und eröffnete offiziell die Veranstaltung (s. Kapitel 10-2).

Vorgezogene Abschlussstatements: Zu Beginn ans Ende denken. In Kleingruppen diskutieren Teilnehmer gleich zu Beginn die wahrscheinlichsten Ergebnisse beziehungsweise Konsequenzen dieser Tagung und bringen das jeweils als »Pressetext«, »Reportage« oder »Szene« auf den Punkt. Spannend wird das, wenn der Text wahlweise für die Unternehmenszeitung, ein Wirtschaftsjournal, als Dossier für den Betriebsrat oder als Tagebuch geschrieben wird.

Start als Vernissage: von Plakat zu Plakat

»Ein-Führung«: Themen »in den Raum stellen«. Große Poster mit den wichtigsten Themen oder Thesen der Veranstaltung stehen verteilt im Saal. Wie bei einer Prozession führt man alle von Station zu Station und erklärt oder kommentiert jeweils kurz. Mit großen Räumen und hoch gehängten Postern verkraftet dieses Inputformat auch 100 Personen und mehr. Die Poster bleiben die ganze Veranstaltung über hängen (s. Kapitel 18-2).

Auf Power und Potenzial setzen: Mit den Stärken starten. Statt aufzulisten, was alles nicht gut läuft beziehungsweise geändert werden muss, recherchiert man im Vorfeld, worauf Mitarbeiter oder Betroffene stolz sein können. Diese »Stärkenaussagen« spielt man zu Beginn in die Veranstaltung ein (möglichst in O-Ton und inszeniert – beispielsweise im dunklen Saal, aus dem Off oder mit verteilten Sprechern). Das geht auch noch vor Ort, wenn sich die Teilnehmer wechselseitig mit »wertschätzenden AI-Interviews« befragen (s. Kapitel 10-2 und 17-8). Ein Leitfaden hilft beim Fragen.

Spezielle Teilnehmer und Teilnehmergruppen würdigen. Warum nicht deutlich machen, wer hier im Saal »aus dem Rahmen« fällt: Kunden, frischgebackene oder besonders langjährige Mitglieder, Mitarbeiter fusionierter Standorte, besonders weit Angereiste, Vertreter wichtiger Institutionen? Wenn die kurz aufstehen oder man einige nach vorne bittet, dann wissen alle, wer wer ist. Begrüßungsapplaus schafft da einfach herstellbar gute Atmosphäre.

16-5 Finale: Zum guten Abschluss kommen

Gute Schlüsse unterstützen Projekt- und Veranstaltungsziele, bringen Veranstaltungen inhaltlich, emotional und aktional auf den Punkt und sorgen für Stimmung und Nachhaltigkeit. Wenn alles klappt, dann gehen Teilnehmer wohlgestimmt nach Hause – voll Energie für Folgeaktivitäten.

Vorsätze und Ideen steigen lassen. Anfangs war es nur das Experiment, ob gasgefüllte Luftballons als mobile Plakathalter taugen. Dann schwebten die Ballons mit langen Schnüren unter der Decke. Also bat man im letzten Plenum alle Gruppen, ihre Vorhaben auf kleine Zettel zu schreiben, die eng zu rollen und an die Luftballons zu binden. Gemeinsam ließ man dann im Klosterhof die Ballons und Botschaften (mit Musik) in den Himmel steigen – als gute Vorsätze und »Botschaften an die Götter«.

Schon beim Start ans Ende denken!

Überschüssige Ideen begraben. Fast jede Arbeitstagung produziert mehr, als man später umsetzen kann. Wie nimmt man von den Ideen würdevoll Abschied? In Wien entschied man sich für »a scheene Leich«, eine feierliche Bestattung: Alles, was ausschied, kam im dunklen Raum unter dumpfem Trommelwirbel in einen Katafalk, wurde langsamen Schrittes durch den Saal getragen und abschließend dem Ideenmanagement zur »Nachlese« übergeben.

Vorsätze, Pläne und Ideen an mächtigen Orten »sichern«. Eigentlich müsste man Vorhaben und Pläne in Safes aufbewahren, damit sie im Alltag nicht verloren gehen. In Veranstaltungen setzt man das symbolisch um: Zettel oder beschriebene Steine vergraben, im See versenken, dem Fluss Papierschiffchen in Richtung Meer mitgeben oder in alten Gemäuern auf winzigen Zettelchen Vorsätze »für immer« im Mauerwerk verbergen.

Abschlussdiashow. Für die Veranstaltungsdokumentation hat man sowieso viele Fotos geschossen. Die besten kommen als überraschendes Finale in die abschließende Diashow – natürlich inszeniert mit Abdunklung, Musik und Bildübergängen.

Beschwörungen und Gelöbnisse. Rituale haben Tradition. Die Veranstaltung kann »Schutzheilige« oder »gute Geister« anrufen. Und warum keine inszenierten Gelöbnisse, wenn sie anderswo, viel ungebrochener, »inszeniert« werden?

Ehrungen und Bescheinigungen überreichen. Auch ohne Orden kann man am Ende zum Beispiel besondere Unterstützung oder mehrfache Teilnahme würdigen: verbal, durch Blumen oder durch kleine Erinnerungsgeschenke. Und falls Teilnahmebescheinigungen auszuteilen sind, wird daraus kein Verwaltungsakt, sondern eine inszenierte Übergabefeier mit Handschlag – vielleicht sogar unterlegt mit dem schnulzigen Song »It's time to say good-bye«.

Erinnerungsobjekte überreichen. Abschlüsse sind ideal fürs Überreichen »materieller Spuren«. Je nach Metaphorik, Zielgruppe und Thema sind das zum Beispiel Designgeist-Flaschen, Pflanzen- oder Blumensamen, Dokumentationen, CDs, Rucksäcke, goldene Eier, Protokolle – möglichst keine Sondermüllwegwerfartikel. Das Überreichen inszenieren und metaphorisch aufladen!

Sichtbare Event-Feedbacks. Eine witzige Soft-Evaluation haben uns Kollegen erzählt: Der Moderator fragt nach der Zufriedenheit mit der Veranstaltung (oder die Hoffnung auf Umsetzungserfolg). Wer wenig zufrieden ist, bleibt sitzen. Wer zufrieden ist, steht auf. Und die, die richtig happy sind, steigen auf den Stuhl. Es geht auch schriftlich: Alle Teilnehmer oder Sitzgruppen halten ihre Statements zur Abschlussfrage stichwortartig in Wort oder Bild fest (DIN-A4-Karton oder größer) und hängen diese »offenen Briefe« für alle lesbar an Wäscheleinen, Wände oder Pinnwände. Dann sollte noch etwas Zeit bleiben für eine lockere Leserunde.

FAQs zu »Anfang und Ende«

»Lohnt dieser Aufwand?« Wir glauben schon. Aber manchmal starten wir auch niedriger dosiert. Das hängt unter anderem von Teilnehmern und Themen, von der Organisationskultur und Veranstaltungsdauer ab.

»Muss man das Publikum überhaupt anheizen?« Man kann ebenso gut Zeit lassen und warten, bis alle auch mit der Seele da sind. Aber das wird dauern und baut eine zurückhaltende Stimmung auf. Teilnehmer erwarten, dass sich die Veranstalter als Gastgeber ihrer annehmen.

»Was tun, wenn sich alle schon kennen?« Gleich inhaltlich anfangen wäre möglich, aber es braucht Zeit, bis alle auch mit den Herzen vor Ort sind. Lassen Sie stattdessen in kleinen »Mini-Konferenzen« (s. Kapitel 17) kurz Neuigkeiten austauschen. Zum Beispiel: »Was ist seit letztem Mal passiert?«

»Wie laufe ich mich als Moderator warm?« Auch Moderatoren müssen auf Touren kommen. Wir ziehen uns in stille Winkel zurück, lesen nochmals Ablaufpläne oder begrüßen ankommende Gäste mit Handschlag.

Was tun gegen 100 Grußworte und eröffnende Landräte? Manchmal kommt man nicht drum herum: Bürgermeister, Rektor, Minister oder Vorstand eröffnen und begrüßen alle von A bis Z – streng nach Protokoll. Das signalisiert hierarchisch hohe Rückendeckung. Energie bringt es kaum, denn die ersten 15 Minuten Plenum gehen vor allem mit dem »Einpendeln« drauf. Im Prinzip verheizt das die edlen Gäste. Besser wäre es, die Gäste kämen später und mit anderen Inputformaten ins Spiel.

Wie starte ich denn in den zweiten oder dritten Tag? Der zweite Tag braucht ebenfalls einen guten Einstieg: Rück-, Aus- und Überblick. Die Teilnehmer wollen wissen, was ansteht. Aber es braucht ebenfalls etwas fürs Herz – zum Beispiel Musik zum Hören oder zum Selbermachen, Theaterrückblenden, Videoclips beziehungsweise Diashows über den Vortag oder die »Frühausgabe« der Veranstaltungszeitung. Vielleicht startet man auch mit einem großen gemeinsamen Frühstück.

17 Methoden und Tools

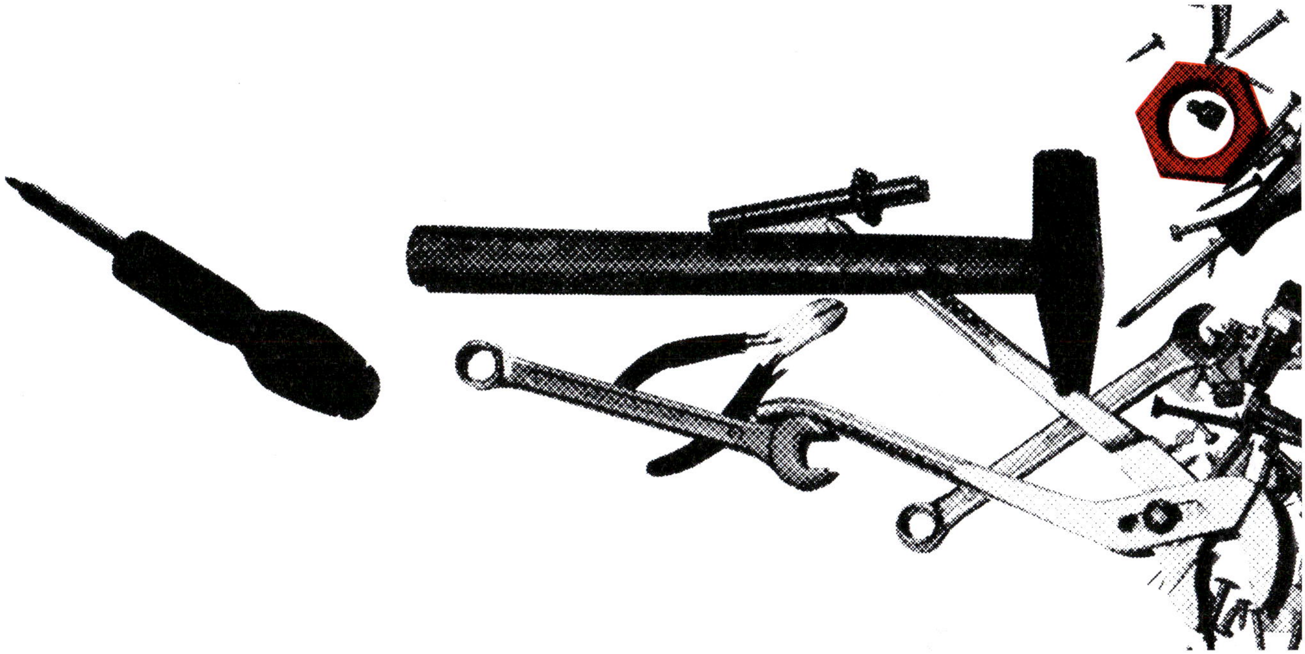

Werkzeuge für Info-, Lern- und Change-Events. Auch die Einzelphasen von Veranstaltungen plant man von den Funktionen her: Welche Aufgaben muss jeder Veranstaltungsschritt erfüllen? Erst, wenn das Wozu klar ist, sucht man nach dem Wie. Da hilft dann ein gut gefüllter Werkzeugkasten. Im Prinzip käme fast alles in Betracht, was Sie aus Workshop, Schulung, Organisationsentwicklung, Show oder Theater kennen. Aber »Keep it simple!« ist angesagt. Darum konzentriert sich dieses Methodenkapitel auf sieben uns wichtige Funktionen und zeigt dazu Methoden, Tools und Varianten.

17 METHODEN & TOOLS

Methoden sind nur **Werkzeuge** kein **Selbstzweck!**

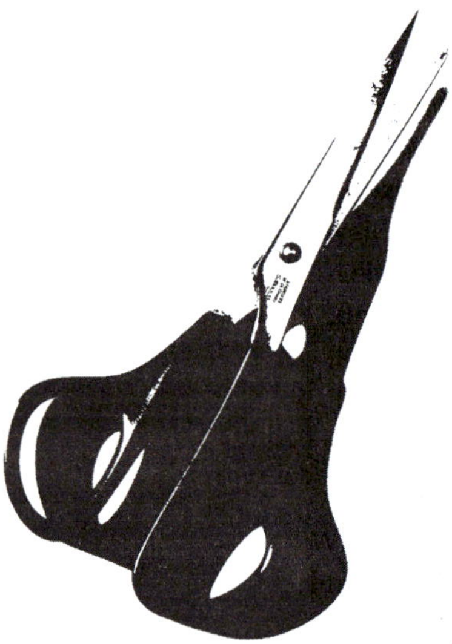

In »Funktionen« statt in Methoden planen!

17-1

Die Wozu-Frage stellt sich für jeden Event-Ablaufschritt: Was soll damit erreicht werden? Geht es um Info-Fluss, ums Anheizen, Beruhigen, Konsens herstellen, ums Ordnen, Bewerten oder Entscheiden? Erst wenn das klar ist, sucht man die dafür passenden Werkzeuge. Wir haben oft versucht, eine klare Funktionsmethoden-Zuordnung zu entwickeln, aber so richtig stimmig wurde das nie. Schon bei leichter Variation können Methoden zudem andere Funktionen bedienen. Auch »Kaliber« und Komplexität unserer Werkzeuge sind unterschiedlich: Manche sind kleine schnelle Tools, andere fast eigenständige Formate. Im Folgenden finden Sie einen bunten Strauß von Funktionen als Planungshilfe. Die ersten sieben werden ausführlich behandelt.

Methoden passend zum Zweck!

Funktionen in Events

Inputs einbringen • sammeln und zusammentragen • austauschen und vertiefen • bewerten und entscheiden • Körper und Geist bewegen • zentrieren und zur Ruhe kommen • Stärken stärken • Lösungen finden • aktivieren und einbeziehen • motivieren • lockern • einstimmen • Signale setzen • Hofrituale pflegen (»Byzanz«) • klären • einschwören • Konsens herstellen • lernen • beschwichtigen • ablenken • anheizen • belohnen • Freude machen • Positionen und Polaritäten herausarbeiten • Dialogbereitschaft fördern • Ergebnisse sichern • Kreativität aktivieren • Kennenlernen und »verbandeln« • Orientierung geben • analysieren • Transparenz herstellen • diskutieren • Perspektiven eröffnen …

und vieles mehr

Manche dieser Funktionen stehen in längeren Veranstaltungen mehrfach an (zum Beispiel »Orientieren« und »Informieren«) oder in Kombination. Andere gar nicht. Manche werden ungern öffentlich genannt.

17-2 »Inputs«: Information ins Plenum bringen

Fast alle Veranstaltungen leben (auch) von vorbereiteten »Inputs«. Als Veranstalter oder Moderator sind Sie selten selbst »Redner«, sondern briefen »Inputgeber« auf Kürze, Methodenvielfalt und »beamerfreie Zonen«. Das sperrige Wort »Inputgeber« wählen wir bewusst. Es signalisiert: Es gibt ein Leben jenseits vom PowerPoint-Vortrag.

Ein Hauch Lagerfeuer

Auswahl: Wer kommt zu Wort? Wir unterscheiden einerseits »Rollen«, zum Beispiel Keynote-Speaker, Referent, Impulsgeber, Überraschungsgast, Interviewpartner, Diskutant oder Präsentierende von Gruppenarbeitsergebnissen und andererseits »Besetzungen«, zum Beispiel Spezialisten, Erfahrungsträger, Betroffene, Chefs, Mitarbeiter, Betriebsräte, Kunden, Gremien- beziehungsweise Verbandsvertreter oder normale Teilnehmer.

Inhalt, Form und Passung: Inputs sollen ankommen! Ist der Inhalt für die Zuhörer heiß und glaubwürdig? Ist Rationales und Affektives in Balance? Gibt es eine klare und nützliche »Message«? Stimmt der Mix, die abwechslungsreiche Verpackung: Worte, Texte, Abbilder, Fotos, logische Bilder, Strukturdarstellungen, Zahlen, Szenen, Geschichten, Interviews, Videoclips, O-Ton-Einspielungen, Stimmen, Gegenstände?

Inputgeber briefen und verführen!

Referenten oder Inputgeber sollten vorab Ziele, Inhalte, Schwerpunkte und Publikum der Veranstaltung kennen. Sie sollten wissen, was vorher und nachher stattfindet und wie viel Zeit für ihren Beitrag zur Verfügung steht – samt An- und Abmoderation, Puffer- und Diskussionszeit.

Markanz: Hebt sich der geplante Input von anderen Inputs ab? Inputs anderer »Referenten« buhlen ebenfalls um die Aufmerksamkeit des Publikums – inhaltlich und in der Art der Verpackung. Da ist »Markanz« wichtig. Sind die Botschaften klar und pointiert genug? Kann die Inszenierung hochgefahren werden, zum Beispiel durch einen Start mit Gegenthesen, Videoclips oder einem folienfreien Start mit Storytelling. Oder »Inputgeber« aktivieren ihr Publikum zwischendurch mit Zuruflisten, Handzeichenfragen, kurzen Kleingruppenrunden (»Mini-Konferenzen«), Expressfragen samt Expressantworten. Stimulierend wirken auch »Tandems«: zwei aufeinander abgestimmte Sprecher zugleich auf der Bühne. Wir schlagen Referenten mehrere Präsentationsideen zur Auswahl vor – in der Hoffnung, dass sie zumindest eine umsetzen.

Predigtregel: Die ersten zehn Minuten für Gott, die zweiten zehn für niemand, die dritten zehn für den Teufel!

Talkshow: »Stehtisch-Interview« vor Publikum. Inputs an Stehtischen – möglichst in Studioatmosphäre: Statt Referenten am Stück reden zu lassen, portioniert man deren Beiträge. Als Moderator führt man ein und liefert das erste (abgestimmte) Stichwort. Der Referent »antwortet« darauf. Dann kommen die nächste (vorher abgesprochene) Frage und die Antwort des Inputgebers. So geht es zwei bis drei Spielzüge weiter. Damit das lebendig bleibt, zwischendurch das Publikum einbeziehen, nicht zu brav an den Vorabsprachen hängen und eventuell (wenige!) Medien einbinden: »Haben Sie da nicht einen Videoclip dabei?«

Podiumsdiskussion: Einige diskutieren – alle anderen hören zu. Eine Stehtisch-Talkshow mit mehreren Gesprächspartnern. Statt auf dem Podium zu sitzen, können Diskutanten ebenso zentral in der »Manege« stehen. Auf den Kontakt zum Publikum achten – die Inputgeber sollten nicht nur untereinander reden!

Mediensupport anbieten. Grafisch gute Folien und Großformatposter brauchen Know-how und Vorbereitungszeit, die Inputgeber nicht immer investieren wollen. Weil uns gut gemachte Medien wichtig sind, organisieren wir im Vorfeld der Veranstaltung manchmal grafisch-technischen Mediensupport.

»Ün düm Kürzül liegt dü Würzül!«

Mini-Handbuch und Coaching im Vorfeld. Manchen Inputgebern fehlt Vortragserfahrung vor großem Publikum. Denen schenken wir das »Mini-Handbuch Vortrag und Präsentation« (Will 2008) und bieten Präsentationscoaching, Mediensupport und Generalproben mit Feedback (s. Kapitel 8-9).

Checkliste

Was Referenten brauchen

- ☐ Gute Ausleuchtung des Rede- beziehungsweise Bühnenplatzes.
- ☐ Wasser, Trinkgläser und Ablagen für Manuskript oder Material.
- ☐ »Presenter« für das Notebook, damit man von überall im Raum die nächsten Folien per Fernbedienung ansteuern kann.
- ☐ Notebook in Blicknähe der Referenten, damit sich die nicht zur Leinwand drehen müssen.
- ☐ Flipchart und dicke Filzstifte für Ad-hoc-Stichworte von Teilnehmern oder schnelle Handskizzen.
- ☐ Eine Anmoderation, die das Publikum neugierig macht, ohne alles zu verraten.
- ☐ Vielleicht ein Dankeschön-Präsent des Veranstalters oder Moderators für Gastreferenten.

Posterinputs plus Bewegung

Die Sprache signalisiert noch Räumlichkeit und Bewegung: »Ein-Führung«, »Themen in den Raum stellen«, etwas »durch-gehen«. Aber stattdessen sind Ein-Führungen zu »Sitzungen« verkommen, und Themen werden nur flüchtig an die Wand geworfen.

»Vernissage«: Ein-Führung ins Thema. Im Raum verteilt stehen große (hochkopierte) Poster mit Kernaussagen. Nach einer kurzen Orientierung bittet der Moderator alle zum ersten Plakat und gibt dem Inputgeber das Wort. Der präsentiert und das Publikum fragt nach, noch ohne in die Diskussion einzusteigen. Dann gehen alle zum zweiten Plakat – wie bei einer Museumsführung –, und die Prozedur wiederholt sich: Anmoderation, Input, Klärungsfragen, kurze Antworten. Anschließend trifft man sich beim dritten Plakat.
Das geht auch noch mit 100 Zuhörern, wenn die Räume groß sind, die Plakate hoch genug hängen und gut lesbar sind. Mehr als vier Stationen, beziehungsweise 20 Minuten darf das nicht dauern, andernfalls bekommen alle Plattfüße, und die Aufmerksamkeit sinkt. Die Plakate bleiben anschließend sichtbar im Raum (s. Kapitel 18-2).

Große und kleine Plakatausstellungen – bis hin zur Postersession

Getaktete Postersession mit mehreren »Referenten«. Es gibt kein großes, gemeinsames Plenum. Stattdessen stehen die Teilnehmer an verschiedenen Postern oder »Marktständen« und lassen sich von den jeweiligen Inputgebern kurz und knapp das Wichtigste erzählen, und sie fragen nach. Beim Signal wechseln alle zur nächsten Station ihrer Wahl, und das Spiel wiederholt sich (die Inputgeber bleiben natürlich). Für drei Durchgänge reicht die Energie auf alle Fälle (jeweils 10 bis 15 Minuten). In der anschließenden Kaffeepause kann man eventuell noch informell restliche Stände besuchen. Im Vorfeld darauf achten, dass die Stationen inhaltlich und grafisch attraktiv sind.

Freie Postersession, Ausstellung, Infomarkt. Viele vorbereitete Poster stehen im Saal oder Foyer, und die Teilnehmer spazieren nach Lust und Laune durch die »Ausstellung«. Zu einem festgelegten Zeitpunkt sind alle Posterautoren an ihren Ständen, und man kann nachfragen oder sich erklären lassen, was man genauer wissen will. Manche nennen das »Markt der Möglichkeiten«, »Infomarkt« oder »Info-Parcours«.

»Expertenbefragung«: Inputs auf Wunsch

Vier zentrale Prinzipien der Expertenbefragung. Eine unserer Lieblingsmethoden, um Inputs in Plena einzubringen. Wir nennen das auch »Wunschkonzert«. Ausführlicher beschrieben ist es bei Lipp/Will 2008.

- *Die Initiative liegt bei den Teilnehmern:* Sie definieren die Themen, zu denen sie punktgenau Auskunft haben möchten. Der Befragte (Geschäftsführer, Bereichsleiter, Spezialisten, Erfahrungsträger) ist nicht mehr »Referent«, sondern Antwortender. Das unterscheidet sich vom Vortragsprinzip »Abfütterung«.
- *Die Fragen kommen nicht ad hoc aus dem Plenum:* Sie werden kurz vorher in kleinen Gruppen gesammelt. Das gibt mehr Qualität und Schutz durch die Gruppe. Die wichtigsten Fragen notieren die Gruppen auf großen Kartons (DIN A4 oder größer). Die kommen dann an Pinnwände (bei Bedarf schnell sortiert).

Auch Erfahrungsträger sind »Experten«

- *Auf alle Fragen gibt es jeweils eine kurze Antwort:* Dafür sorgt ein stark strukturiertes Frage-Antwort-Spiel im Drei- bis Fünf-Minuten-Takt (Zeittakt bekannt geben und einhalten). Falls zu viele Fragen entstehen, wählt die Gruppe ihre Fragefavoriten (die restlichen kommen an eine »Zweite-Priorität-Wand«).
- *Keine Diskussion während der Expertenbefragung!* Das wäre »Austausch« statt »Input«. Natürlich ist man frei, beim methodisch nächsten Schritt ein oder zwei verbleibende Fragen vertiefend zu diskutieren.

Dieses Grundmuster erlaubt Varianten. Beispielsweise, dem Gast Freiheit bei der Reihenfolge geben, kurze Zwischenfragen zulassen, komplexere Fragen in einer zweiten Runde weiter beantworten lassen, Aussagen mitprotokollieren (oder absichtsvoll nicht, damit man freiere Aussagen bekommt), mehr als einen Gesprächspartner aufs Podium einladen, …
Vom *Theater-interaktiv* stammt die witzige Idee, dass Schauspieler am Vormittag im Plenum Fragen sammeln (»Fragenspiegel«) und diese dann nachmittags stellvertretend an hierarchisch »Hohe« auf dem Podium stellen. In der geschützten Rolle des Hofnarren können sie pointierter nachhaken, als sich das mancher Teilnehmer trauen würde, und spritziger kann es ebenfalls werden.

Sammeln und Zusammentragen 17-3

Zusammengetragen werden in Arbeitstagungen und Lern-Events zum Beispiel Einschätzungen, Meinungen, Fragen, Erfahrungen, Gerüchte, Ursachen, Situationen, Abläufe, Vorschläge, kreative Lösungsideen. Wichtig ist das *Was* und das *Wozu.* Schnelles Sammeln hilft als Einstieg in ein Themenfeld, fürs wechselseitige Kennenlernen, dient der Bestandsaufnahme oder Klärungshilfe, liefert Basismaterial für die weitere Arbeit, ist Vorstufe fürs »Bewerten« oder »Entscheiden«.

Karten und Plakate als Klassiker. Sammeln mit »Kärtchen« (vom kleinen Drittelformat bis zum großen DIN A3), Mitprotokollieren auf Flipcharts, Pinnwänden oder Papiertischdecken – das sind klassische Workshop-Verfahren (s. Lipp/Will 2008). Zwischendurch haben sie auch ihren Platz in Arbeitstagungen und Lern-Events.

Zeichnerisches und szenisches »Sammeln« als Klärungshilfe. Sammeln wird plastischer, wenn man nicht nur redet (und Stichworte aufschreibt), sondern das Gedachte und Gesprochene zeichnerisch auf den Punkt bringt oder szenisch darstellt. So entstandene Bilder, Texte, Szenen oder Feedbacks tauschen Teilnehmer dann untereinander aus, machen Wandzeitungen daraus, projizieren Ausgewähltes groß an die Leinwand oder spielen exemplarische Szenen als Quintessenz im Plenum (s. Kapitel 18).

Teilnehmer als Dokumentare und »rasende Reporter«

Springblitzlicht für ein schnelles Meinungsbild. Das Blitzlicht als Methode für schnelle Bestandsaufnahmen ist an der Grenze zwischen »Sammeln« und »Austauschen«. Der Klassiker aus Schulung und Workshop passt nicht für Großgruppen – man wird nicht hundert Teilnehmer reihum um kurze Statements bitten. Aber jeden fünften oder zehnten in Reihe oder nur selektiv fünf vom Außendienst und fünf vom Innendienst oder nur Teilnehmerinnen mit Geburtstag im Frühjahr oder als »Stichprobe« nur die hintersten Reihen um eine markante Stellungnahme im Telegrammstil bitten – das geht. Und als Variante: Zwei Minuten Zeit lassen für »Mini-Konferenzen«, in denen sich Sitzgruppen abstimmen und dann jeweils Tischsprecher mit Handmikrofon um das Statement bitten.

»Collective Notebook«. Eine bewährte Kreativmethode, die nun elektronisch neuen Schub bekommt. Früher zirkulierten in der Veranstaltung öffentliche »Tagebücher« oder »Journale« und wurden von immer anderen Teilnehmern reihum fortgesetzt. Technisch geht das inzwischen in Richtung Weblog oder Content-Datenbank. Spannend, wenn darauf alle schon im Vorfeld, live während der Veranstaltung und im Anschluss Zugriff haben – als Eintragende, Leser oder Kommentierende.

Teilnehmerkameras und Bildprämierung. Für Abschlussdiashow oder Dokumentation sind gute Veranstaltungsfotos immer gesucht (Videos natürlich gleichermaßen). Weil viele Augen mehr sehen und weil Fotografieren aktiviert, zirkulieren im Publikum Digitalkameras beziehungsweise Camcorder mit der Bitte um spannende »Schnappschüsse« oder Clips. Wer weniger Geräte bereitstellen kann, bittet schon in der Einladung, eigene Kameras mitzubringen. Die besten Bilder werden später veröffentlicht und prämiert.

Dialog, Austausch und Vertiefung

17-4

Dialog, Austausch und Vertiefung sind für »Arbeitstagungen« zentral – quer über alle Kulturen, in asiatischen Dorfkonferenzen genauso wie beim afrikanischen »Palaver«, das dort zu den guten Umgangsformen zählt. Auch »jenseits von Afrika« schaffen geduldiges Zuhören, Dialog (statt Diskurs) und Redundanz Atmosphäre, Akzeptanz und Compliance! Veranstaltungen profitieren vom Dialog zwischen Teilnehmern, zwischen verschiedenen Bereichen, zwischen »drinnen« und »draußen« oder »unten« und »oben«. Dafür braucht es allerdings klug gesetzte Freiräume und förderliche Methoden, Pausen, Stehbüffets, variable Sitzordnungen, gemischte Kleingruppen, bunte Teilnehmerzusammensetzung und einiges mehr.

Delegiertendiskussion: Pro-Kontra. Kleingruppen bekommen ihre »Position« als Gruppe zugewiesen (Pro oder Kontra) beziehungsweise entscheiden sich selbst für eine Position. Die diskutieren sie im kleinen Kreis und schicken dann ihren Diskutanten auf das Podium. Da startet eine straff im Zeittakt moderierte Diskussion. Das Plenum außen herum hört zu. Konsens entsteht so weniger, aber die Positionen werden klarer – auch das gehört zum Austausch.

Austausch und Vertiefung in Kleingruppen

»Gruppenarbeit« klingt altbacken. »Lassen Sie uns das arbeitsteilig vertiefen« vermeidet das Reizwort. Bei der Umweltkonferenz in Bali hießen die Verhandlergruppen »Friends of Chair« – das klingt edler. Aber wichtiger als das Wording sind Attraktivität der Aufgabenstellung und deutlich erkennbare Ziele. Was sollen Kleingruppen bewirken: schnelles Kennenlernen, Warmwerden, Auflockern nach langem Zuhören, Dialogatmosphäre schaffen, Austausch intensivieren, Erarbeiten von Fragestellungen, Vorschlägen, Lösungen …?

Austausch kurz und knackig!

Schnelle kleine »Mini-Konferenzen«. Auf eine Fragestellung des Moderators hin diskutieren die Teilnehmer in vielen kleinen »Murmelgruppen« (»buzz groups«) Lösungen mit Nachbarn oder Hinterleuten. Nach zwei bis drei Minuten beendet ein Gong allen Austausch, und der Moderator bittet ein paar Gruppen um ihre Resultate (Handmikrofon). Weil alles Gruppenergebnisse sind, verliert niemand das Gesicht, wenn Aussagen brisant oder falsch sind.

Freier Austausch. Nicht immer muss man alles regeln! Gesprächsgruppen bilden sich nach Lust und Laune, nach Interesse, Motivation und Kontaktlust. Klar sein muss, wann sich wo wieder alle im großen Plenum treffen und ob sie Ergebnisse berichten sollen.

Austauschgruppen nach mehreren parallelen »Workshops«. Weil Teilnehmer nicht überall dabei sein können, wollen sie wissen, was sie »versäumt« haben. Im Plenum organisiert man dazu gemischte Gruppen jeweils mit Gesprächspartnern aus jedem Programmangebot. Diese thematisch gemischten Gruppen tauschen sich für 15 bis 30 Minuten über ihre besuchten Workshops aus.

Ideenliste »Gruppenbildung«

Bei Diskussionen im großen Plenum kommen nur wenige zu Wort. Aktivierender sind Arbeitsgruppen – vorausgesetzt die Aufgabenstellung ist klar und energetisierend, und die Gruppenergebnisse haben Konsequenzen.

Strategien für attraktiven Gruppenmix

- ☐ **Gruppenbildung nach Kriterien:** Teilnehmer gruppieren sich in Eigenregie nach Rahmenvorgaben, beispielsweise gemischt nach Regionen, Arbeitsfeldern, Geschlecht oder aber »Maximal fünf Personen aus mindestens zwei Bereichen«.
- ☐ **Zufallsgesteuerte Gruppenbildung:** Lose ziehen, Geburtsmonate, Körpergröße, Farbpunkte auf dem Namensschild (»Bitte alle Gruppen mit gleichen Farbpunkten« oder aber »Bitte Gruppen bunt mischen: möglichst keine gleichen Farben in einer Gruppe!«).
- ☐ **Nach Schnelligkeit (»Windhundprinzip«):** Wer sich rasch in ausgehängte Listen einträgt oder »Tickets« für ausgeschriebene Mini-Workshops von der Pinnwand holt, ist dabei.
- ☐ **Nach Vorleistung:** Teilnehmen kann, wer Vorarbeiten erbracht hat.
- ☐ **Delegation:** Entsendergruppen entscheiden, wer wo teilnimmt.
- ☐ **»Nightflights« oder Freiräume:** Das Programm reserviert programmfreie Zeitfenster und Räume für Ad-hoc-Austausch- und Arbeitsgruppen in Eigenregie, zum Beispiel vor oder nach dem Abendessen. Das aktuelle Angebot steht auf großen Anschlagtafeln oder die Akteure kündigen ihre Themen kurz vorher mit wenigen Sätzen im Plenum an.
- ☐ **Nach Themeninteresse (»Marktplatz«):** Da klärt sich, wer welche Themen einbringen, beziehungsweise, wer wo mitarbeiten will: Aktive schreiben ihre Vorschläge auf große Kartons, tackern sie an lange Stangen, bewerben ihr Thema und suchen Mitdiskutanten. Diese gruppieren sich zum Thema ihrer Wahl. Als Moderator unterstützt man die Werbephase, aber akzeptiert, wenn einzelne Vorschläge letztlich keine Mitstreiter finden. Die Stangen erleichtern den Überblick und das Wiederfinden der Arbeitsgruppen (s. Foto bei 10-3).

Gruppenergebnisse ins Plenum einbringen

Oft verpufft die Arbeitsenergie der Kleingruppen in der anschließenden Ergebnispräsentation im Plenum – insbesondere, wenn alle alles erzählen oder alle alle Poster von oben bis unten vorlesen. Die Grundsatzfrage dazu lautet: Müssen alle alles wissen? Wer mit »nein« antworten kann, hat einige Energiefresser vom Hals. Zumindest müssen selten alle alles gleich ausführlich wissen.

Arbeitsteilige Fragestellungen. Schon von Anfang an nicht alle Gruppen am gleichen Thema arbeiten lassen – das macht später die Ergebnisse fürs Plenum spannender.

Langatmigkeit und Wiederholungen vermeiden!

Portioniert präsentieren lassen. Alle Gruppen reihum um ihre Resultate zur ersten Frage bitten. Dann alle Ergebnisse zur zweiten Frage abrufen. Mehr als drei Fragen sollten es möglichst nicht sein.

Delta-Präsentationen. Eine bestechende Idee, aber sie braucht flexible Teilnehmer und klare Moderation. Jede Gruppe präsentiert nur noch, was bisher nicht vorgetragen wurde – also nur noch das Fehlende. Vorsicht: Kein Gefühl des Zeitdrucks schüren.

Gruppenergebnisse im Plenum in Stehtischinterviews abfragen. Gruppensprecher auf die Bühne bitten und als Moderator reihum die wichtigsten Ergebnisse erfragen. Da hat man Aussagen und Zeit besser im Griff, kann Themen verknüpfen und das restliche Publikum einbeziehen. Bistrostehtische geben Lockerheit.

Ergebnisdiskussion im »Aquarium« (Fishbowl-Diskussion). Moderierte Diskussionsrunde mit Repräsentanten aus den Gruppen im Innenkreis. Alle anderen sitzen im großen Außenkreis und hören zu.

Gemischte Austauschgruppen statt Plenum. Statt förmlicher Ergebnisinputs im Plenum tauschen sich jeweils fünf bis zehn Teilnehmer verschiedener vorangegangener Arbeitsgruppen untereinander aus. Darauf achten, dass diese maximal gemischten Austauschgruppen rasch entstehen. Tohuwabohu wäre kontraproduktiv.

Ergebnisrotation: Getaktete Umschlussgruppen statt Plenum. Alle Gruppen visualisieren ihre Ergebnisse auf Pinnwänden. In der Austauschphase bleibt jeweils ein Gruppenvertreter bei seiner Wand. Alle anderen wandern zu anderen Pinnwänden und lesen, hören, vergleichen, diskutieren dort die Ergebnisse. Ein Gong gibt das Signal für die zweite Runde (s. Kapitel 10). Tipps: Mindestens zehn Minuten pro Durchgang (Wegzeiten dazurechnen). Drei bis vier Wechsel. Eventuell treffen sich am Ende die Ausgangsgruppen nochmals und optimieren ihre Ergebnisse – schließlich haben sie jetzt einiges an Erfahrung gesammelt.

Nur Postersession oder Fotokopien statt Plenum. Manchmal genügen ausschließlich visualisierte Arbeitsergebnisse an Wänden oder Pinnwänden oder an alle ausgeteilte Fotokopien.

Was tun mit grafisch chaotischen Gruppenpostern? Manchmal sehen inhaltlich gute Arbeitsergebnisse visuell fürchterlich aus. Bevor man sie Entscheidungsträgern präsentiert, wird man sie grafisch aufbessern, damit auch die Form stimmt. Da helfen Profivisualisierer. Die zeichnen das Wichtigste neu oder geben vorab einen Schnellkurs in »grafic facilitation« (s. Kapitel 18-4). Oder es gibt abschließend noch Extrazeit nur für das Herstellen der Präsentationsplakate.

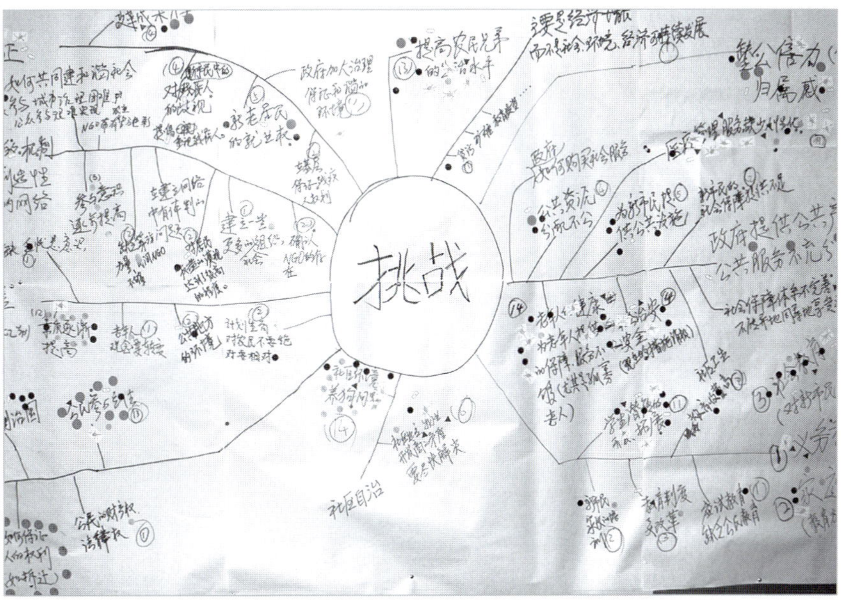

Alles klar, aber für uns trotzdem unverständlich!

Tische beschriften und diskutieren!

Das »World Café« als Austauschmethode

World Cafés (Future Café) nutzen Bewegung, Visualisierung und die Energie kleiner Gruppen.

Kaffeehaus-Atmosphäre. An mehreren Tischen diskutieren Kleingruppen Teilaspekte einer übergeordneten Fragestellung. Auf großen »Papiertischdecken« halten sie möglichst viel davon schriftlich fest. Nach einiger Zeit wandern alle zum nächsten Tisch – nur einer bleibt und berichtet, was hier bisher besprochen wurde. Die neue Tischbesetzung diskutiert daran weiter und hält das ebenfalls auf der »Tischdecke« fest. Weitere Tischwechsel folgen.

So geht's Schritt für Schritt!

- Eine Fragestellung wählen, die alle betrifft und die in drei bis fünf Teilaspekte zerlegen. Entsprechend viele mit Papier bespannte Tische im Raum verteilen. Filzstifte dazulegen.
- Gruppen bilden und den Tischen zuordnen.
- Erste Runde: Die Gruppen diskutieren 15–30 Minuten »ihr« Tischthema und halten Gedanken und Ergebnisse auf Papier fest (Sätze, Skizzen).
- Wechsel: Zeitgleich gehen alle zum nächsten Tisch. Nur ein »Gastgeber« bleibt und informiert die Neuen über den bisherigen Verlauf.
- Eventuell noch ein bis zwei weitere Wechsel. Dann eine Abschlussrunde im Plenum, in der man das weitere Vorgehen vereinbart.

Stärken der Methode. Teilnehmer werden schnell aktiv und kommen ungezwungen miteinander in Kontakt. Lockerer Austausch: Viele Teilaspekte kommen auf den Tisch, und es ist Raum für kreative Vielfalt. Durch die Wechsel beißt man sich nicht an Teilen fest. Günstig fürs Anwärmen und als Einstieg in ein Thema.

Auf was man achten sollte. Teilfragestellungen dürfen nicht aufeinander aufbauen. Tischherr oder Tischdame müssen »soft« moderieren. Alles lesbar auf der Tischdecke festhalten. Zeittakt nicht zu eng halten.

Grenzen des Verfahrens. World Café ist eine lockere Austauschmethode (s. Kapitel 6-4). Für Input, Vertiefung, Entscheidungen, Aktionspläne braucht es weitere Methoden, sonst bleibt es eine unverbindliche Plauderparty. Aber das spricht ja nicht gegen das Café.

Mehr Infos s. Brown/Isaacs 2007 und www.theworldcafe.com

Bewerten und Entscheiden

17-5

Abstimmung mit grünen, gelben und roten Karten

Nicht alle Entscheidungen sind einfach: Im Streit der drei Göttinnen Hera, Aphrodite und Athene, wer von ihnen die Schönste sei, entschied sich Paris für Aphrodite und überreicht ihr zum Zeichen einen Apfel.
Parteitage, Hauptversammlungen und ähnliche Entscheidungsveranstaltungen haben Abstimmungen als Ritual, auch solche mit Ergebnissen von 51 zu 49 Prozent. Man hofft, dass überstimmte Minderheiten Mehrheitsbeschlüsse brav mittragen – aber das ist nicht immer so. Allein schon deshalb sind Info-, Lern- und Change-Events anders gestrickt. Nur selten sind sie Beschlussgremien und setzen stattdessen auf Informationsfluss, Austausch, Akzeptanz und breit getragene Konsenslösungen. Wichtige Grundsatzentscheidungen würde das Management in hierarchischen Unternehmen zudem ungern von der Basis entscheiden lassen. Das kann man bedauern und mit den Auftraggebern diskutieren. Aber zu Beginn der Veranstaltung muss allen klar sein, ob und inwieweit vor Ort entschieden werden kann oder ob es beim Typus Info- und Austauschveranstaltung bleibt.

Bewerten und Entscheiden in Events

Auch ohne explizite Abstimmungen stellen Veranstaltungen Weichen, beispielsweise, wenn die Stimmung in eine Richtung »kippt«, beziehungsweise wenn man über »Marktplatz« oder »Summometer« einzelne Themen vertieft, andere aber aus Zeitmangel unter den Tisch fallen. Da hilft Transparenz über Bewertungsprozeduren und die Konsequenzen von Entscheidungen.

Römische Quellen berichten: Die Germanen hätten Wichtiges zweimal beraten – einmal im Suff und einmal nüchtern

Was Entscheidungen kosten. Dass in Veranstaltungen Minderheiten unter den Tisch fallen oder ihre Positionen wenig gehört wurden, ist ein Risiko. Genauso teuer kommen Beschlüsse des Managements, die in Veranstaltungen überrumpelnd durchgedrückt werden sollen (unabhängig von deren Qualität). Wer anschließend mit Unterlegenen oder »Manipulierten« zusammenarbeiten muss und deren Loyalität und Motivation braucht, wird Gewinner-Verlierer-Spiele meiden – vor allem knappe 49-Prozent- zu 51-Prozent-Situationen. Da lohnen Kompromisse, die »Verlierern« das Gesicht wahren helfen.

Leitfragen zur Entscheidung

- ☐ **Entscheidungsdruck:** Warten alle auf eine Entscheidung?
- ☐ **Legitimation:** Darf die Veranstaltung überhaupt abstimmen? Wer würde durch eine Abstimmung übergangen?
- ☐ **Konsequenzen:** Welche Tragweite und Verbindlichkeit hätten solche Beschlüsse?
- ☐ **Entscheidungsreife:** Braucht es vorab noch Information beziehungsweise Diskussion?
- ☐ **Loyalität:** Würden Management, Mitarbeiter, Betroffene solche Beschlüsse mittragen und umsetzen?
- ☐ **Konfliktpotenzial:** Sät die Entscheidung Zwietracht im System? Ist Resignation beziehungsweise stille Sabotage der Unterlegenen zu erwarten?
- ☐ **Kompromissansätze:** Lassen sich Positionen der Minderheit in die Mehrheitslösung integrieren?

Ambiguitätstoleranz erhöhen. Beschlüsse in der Schwebe zu halten ist in einer Kam-sah-und-siegte-Kultur nicht »in«. Viele Teilnehmer und Führungskräfte halten das nicht lange durch. Sie wollen »Klarheit« – vor allem aber die Sache vom Tisch haben: Lieber ein Ende mit Schrecken als ein Schrecken ohne Ende. Aber aus Kreativprozessen weiß man, dass es (manchmal) lohnt, die Vorentscheidungsphase zu verlängern. Das erfordert Toleranz für Unklar-Offenes.

Altgermanische Euphoriebremse. Über Ratssitzungen der alten Germanen berichten römische Quellen, man hätte wichtige Entscheidungen immer zweimal getroffen: Einmal im euphorischen Suff und einige Tage später nochmals nüchtern. Das verhinderte allzu spontane Schnellschüsse.

Bewertungs- und Abstimmungsmethoden

Manchmal entschärfen Probeabstimmungen das Konfliktpotenzial. Sie zeigen Stimmungsbilder und eröffnen Raum für Dialog, Konsens und Kompromisse – noch bevor Minderheiten endgültig unterlegen sind.

»Hammelsprung« als Parlamentsklassiker. Eine Parlamentsprozedur mit »Ja-« und »Nein-Türen«: Zur Abstimmung geht man durch die Türe seiner Wahl und wird dort gezählt. Das sorgt für Klarheit, aber verbindende Brücken schlägt das nicht – im wahrsten Sinn des Wortes steht man auf verschiedenen Seiten. Zumindest müssten sich anschließend sofort alle gemeinsam im Foyer treffen.

Elektronische TED-Abstimmung und »Schwarmintelligenz«. Alle Teilnehmer bekommen kleine »Fernbedienungen« und können auf Fragen von der Bühne per Knopfdruck Antwortzahlen von eins bis fünf beziehungsweise zehn eingeben. Die Auswertung der Abstimmung ist in PowerPoint-Präsentationen integriert und erscheint sofort für alle sichtbar als Großbildprojektion. Richtig aufregend wird das Knöpfedrücken aber bestenfalls, wenn die Fragen wirklich heiß und die Abstimmprozesse spannend inszeniert sind. Mit den schillernden Stichworten »Schwarmintelligenz« und »SwarmPolling« verkauft sich jetzt eine höher inszenierte Erhebungsmethode als »systemisch«: Im abgedunkelten Saal bekommt jeder einen kleinen reflektierenden Signalgeber (SwarmPad) und kann Option A oder B sofort optisch mit Rot oder Grün »bewerten«. Eine hochauflösende Kamera wandelt diese Signale in Echtzeit in farbig sichtbare Meinungsbilder des »Schwarms« um (www.swarmworks.com). Bleibt zu hoffen, dass nicht nur Lemminge im Saal sitzen.

kurzer »Lockerungsgymnastik« aufmischt oder zu gegenseitiger Massage animiert – vielleicht in der Rolle einer witzigen Running-Gag-Figur. Andere Teilnehmergruppen bringen Tischtennisplatten, Kickerautomaten oder schnelle Tanzaktionen wieder zurück ins bewegte Leben.

Früh- und Abendsportangebote. »Bringen Sie Sportkleidung mit, wenn Sie Lust auf Bewegung haben« steht schon in der Einladung, damit es nicht an der Ausstattung hapert. Feste Zeiten, Orte und Räume im Programm reservieren, Lage- und Routenpläne bereithalten oder jemanden, der zum Laufen, Joggen, Schwimmen, Rudern … animiert. Aber Pflicht sollte das nicht sein.

Gemeinsam singen oder Musik machen. Gemeinsames Singen ist bei uns Rarität, aber andere Kulturen würden sich wundern, wenn das nicht Programmpunkt in der Veranstaltung wäre. Also, warum eigentlich nicht – vor allem, wenn es eine metaphorische Brücke zum Thema gäbe? Instrumente setzen da noch eins drauf: »Bringen Sie mit, was Sie an Instrumenten oder Geräuscherzeugern haben.« Vor Ort gibt es noch Trommeln, Rasseln, Klingeln, Plastikrohre (als Blasinstrumente) und ein paar Teilnehmer oder Helfer, die das Ganze als nächtliches »Musikfestival der anderen Art« zum Laufen bringen.

Arbeit in Bewegung

Misstraue Gedanken, die im Sitzen entstanden sind – sie könnten zu statisch sein!

Wallfahrten, klösterliche Gespräche im Kreuzgang, philosophische Diskurse der Peripatetiker in den Wandelhallen im alten Griechenland oder die »Waldspaziergänge« bei festgefahrenen politischen Verhandlungen zeigen, dass Frischluft und Bewegung den Kopf frei machen.

Spaziergänge, »Outdoor-Association«, »Arbeitswanderungen«. Zum Austausch und bei der Suche nach neuen Ideen schicken wir Teilnehmer in vielen kleinen Gruppen mit Aufgaben, Zeitvorgaben, Notizblöcken oder Kameras »ins Freie«, in Museen, Fabrikhallen oder in den Ort. Anschließend werten oder tauschen sie die »Outdoor-Ergebnisse« aus und verwenden sie weiter. Oder die ganze Veranstaltung wird zur großen »Arbeitswanderung«: Unterwegs sein, Inputs bekommen, Aufgaben lösen, sich austauschen, Neues denken, überrascht werden. Unter dem Stichwort »Walk und Work« ist das Spezialität unserer WUP-NETZWERK-Kollegin Dr. Birgit Müller-Großer (s. www.mueller-grosser.de).

»Zentrieren« und zur Ruhe kommen

17-7

Aktion und Inszenierung energetisieren, aber manche Teilnehmer verlieren den Überblick und brauchen zwischendurch Zeit zum Nachdenken, »Verdauen« und Speichern. Das kann man den Teilnehmern entweder selbst überlassen oder aber das wird zum »Wahlprogrammangebot«.

Das Programm nicht zu vollstopfen! Luft lassen! Zu viele Inhalte und Aktionen blockieren. Also nicht noch einen Programmpunkt reindrücken! Verarbeitungspausen lassen. NGenügend Zeit für Austausch, informelle Kontakte und für stilles Nachdenken einplanen. Da helfen ruhige Rückzugszonen.

Programm braucht Rhythmisierung. Runterdrehen! Nicht durchgehend Vollgas fahren. Zwischendurch ruhigere, reflexivere Phasen, Spaziergänge, Ruhephasen beziehungsweise längere Pausen – vorausgesetzt, am Tagungsort kann man damit etwas anfangen.

Ruhe als Erlebnis!

»Zentrieren« als eigenständiger Programmpunkt. Als »Trancereise durch Themen des Tages«, als halbhypnotische Transfervorbereitung für die Rückkehr an den Arbeitsplatz oder als angeleitete Meditationsübung im großen Plenum – vielleicht mit Musik unterstützt. Es liegt nicht so sehr an der »Methode«. Wichtiger sind professionelle Anleitung, ein fester Zeitpunkt, beispielsweise als Tagesstart oder Tagesabschluss und dass sich das als Grundidee durch den ganzen Tag zieht – eben als »Spirit«.

17-8 Stärken stärken

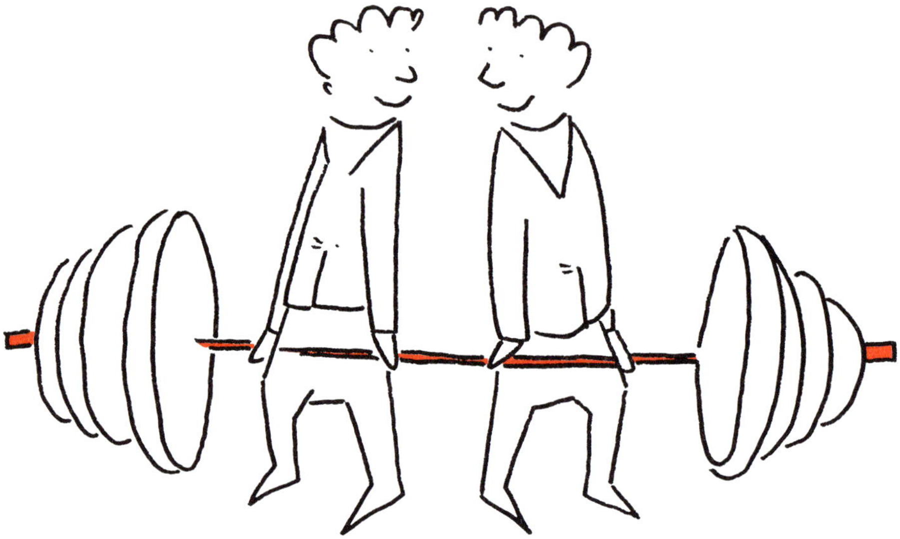

Ob Menschen aus Fehlern klug werden, ist ungewiss – vor allem, wenn man sie öffentlich darauf anspricht. Aber mit Lust und Energie lernen und arbeiten sie, wenn sie auf ihre Stärken, Kenntnisse und guten Erfahrungen aufsatteln können. Deshalb kreisen Events klugerweise nicht so sehr um Defizite, sondern gehen (auch) von den Stärken und Ressourcen aus. Also weniger: »Wie bekommen wir unsere fünf Prozent Fehlerquote weg?«, sondern mehr: »Wie haben wir 95 Prozent Erfolgsquote erreicht?«. Wenn das klar ist, kann man immer noch fragen »Was können wir tun, um noch besser zu werden?«.

Würdigen bisheriger Stärken und Erfolge als Prinzip. Dieses altbewährte Prinzip braucht handwerklich-methodische Umsetzung: Beim »Projektleitertag« (s. Kapitel 10-1) waren das beispielsweise Marktstände zu erfolgreich abgeschlossenen, besonders markanten Projekten. Bei einer Fusionsveranstaltung zeigte man in Umschlussgruppen die »Schätze der Vergangenheit« der fusionierten Unternehmen. Bei »wertschätzenden Interviews« (Appreciate Inquiry, AI) recherchieren Interviewer Stärken und positive Erfahrungen im persönlichen Zweiergespräch.

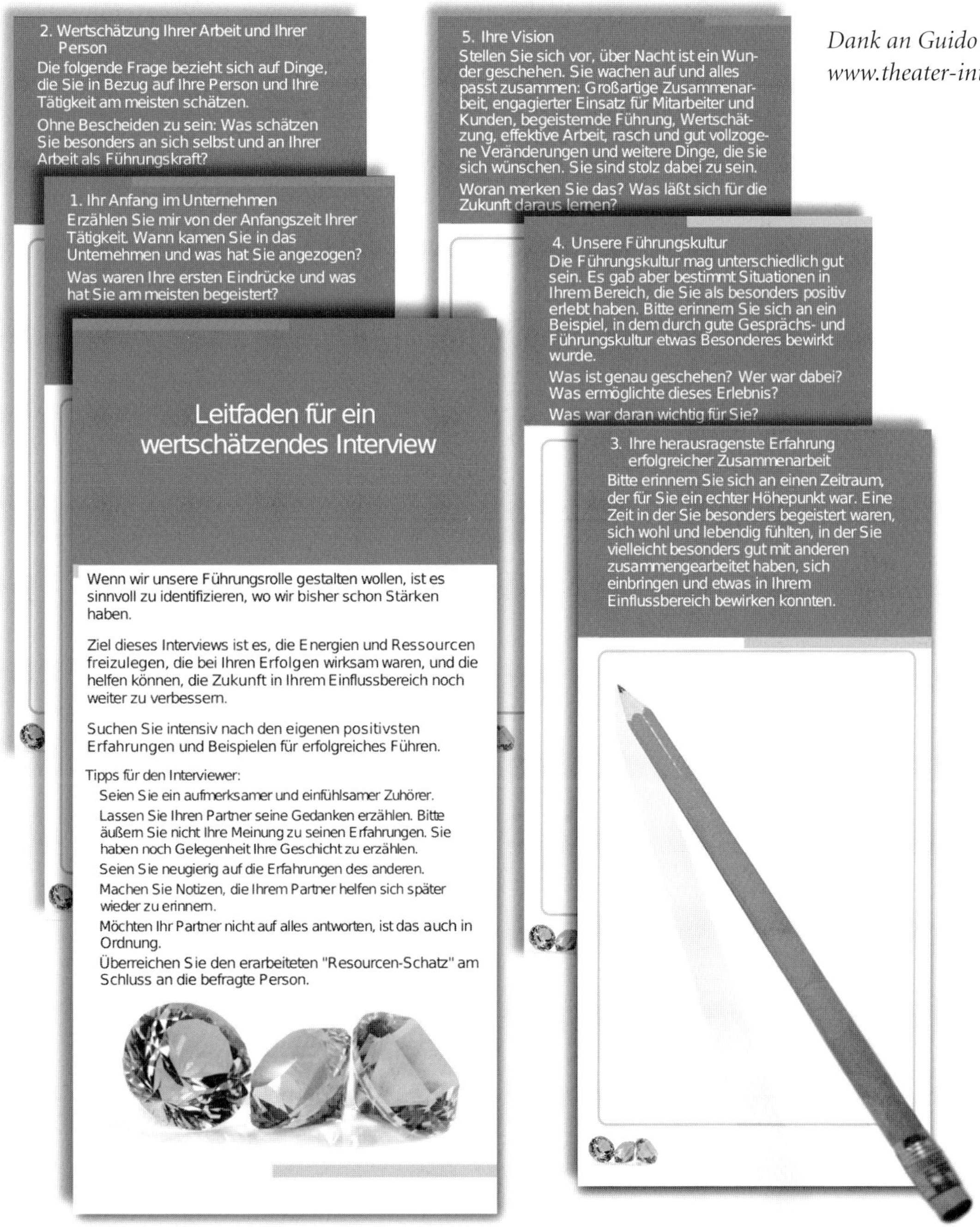

Dank an Guido Hornig, www.theater-interaktiv.net

Beispiel

Wertschätzende Interviews

Beim »Führungsforum« (s. Kapitel 10-2) hatten die Taskforcegruppen ihre Arbeitsergebnisse in kurzen Szenen gezeigt. Darauf schon konnte man stolz sein. Im nächsten Schritt wollte man den Blick auf positive persönliche Erfahrungen und Potenziale im Unternehmen lenken. »Theater interaktiv« hatte für alle Teilnehmer Gesprächsleitfäden für »wertschätzende Interviews« vorbereitet.
Mit denen zogen sich alle hundert Teilnehmer paarweise gut eine halbe Stunde lang zu sehr persönlichen Gesprächen zurück. Wir hatten darauf geachtet, dass die Pärchen möglichst hierarchisch gemischt waren und sich nicht allzu gut kannten. Leitfaden und stichpunktartiges Mitnotieren gaben den Interviews eine Struktur, aber zentral waren die Gespräche. Als Abschluss überreichten sich die Partner gegenseitig ihre Notizen. Davon wurde nichts öffentlich gemacht. Uns genügten die erkennbar zufrieden gestimmten Teilnehmer. Nach dem Mittagessen waren dann »schwierige« Situationen Thema – da war das Zufriedenheitspolster aus den Interviews hilfreich.

Appreciative-Inquiry-Summit als Formel. Die »AI-Summits« nutzen den Stärken-stärken-Ansatz als durchgehendes Veranstaltungskonzept:

- Die wertschätzende Befragung in Paar-Interviews ist Ausgangspunkt eines Vier-Phasen-Prozesses.
- Die Befragungsergebnisse (oft Best-Practise-Beispiele) werden dann in größeren Gruppen ausgetauscht.
- In der nächsten Phase entwickelt man daraus Visionen – wie bei der Zukunftskonferenz.
- Diese konkretisieren die Teilnehmer zu konkreten Maßnahmen.

Wertschätzung und Stärkenorientierung bleiben dabei durchgehende Grundhaltung (s. zur Bonsen/Maleh 2001).

Sinnlich und medial

18

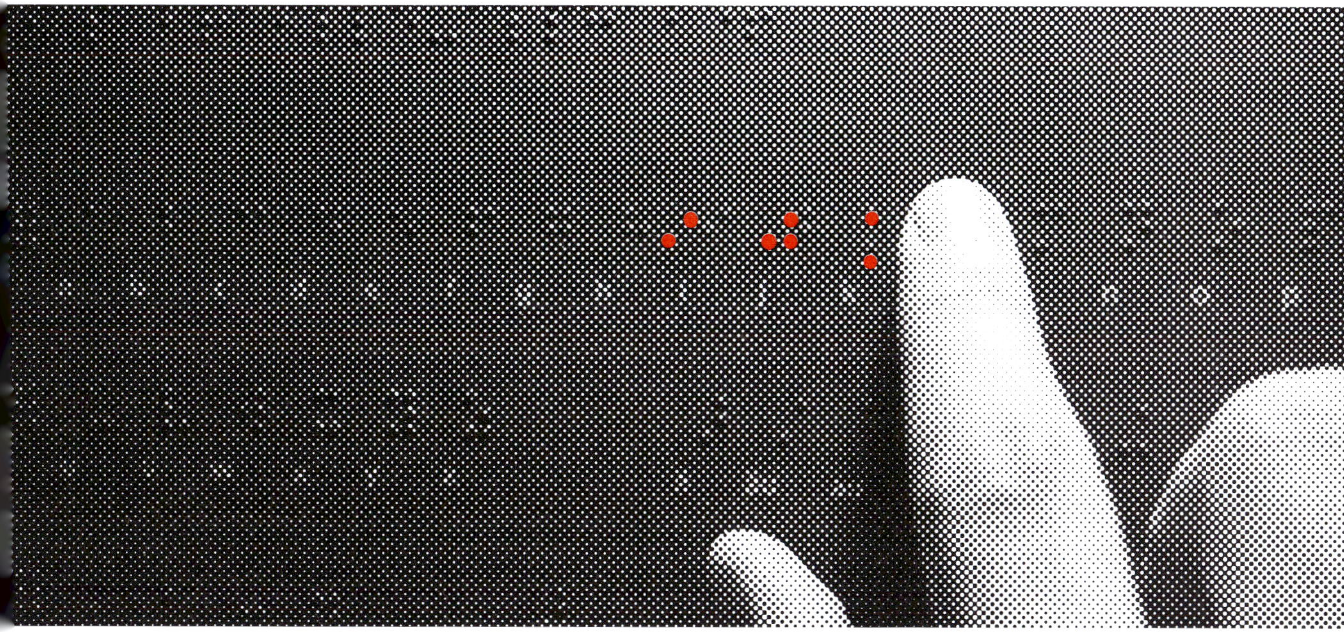

Hirn, Herz, Aug' und Ohr ansprechen! Menschen sind Augentiere, aber sie wollen auch hören, erleben, fühlen und begreifen und brauchen zumindest zwischendurch Sinnlich-Mediales für Herz, Aug' und Ohr. Also wird man nicht nur auf visuelle Magerkost setzen, denn Erlebnishaft-sinnliches ankert eindrücklicher, und manche »Story« sieht man mit den Ohren plastischer als mit den Augen. Dieses Kapitel bringt bunt gemischt sinnlich-mediale Ideen für Info-, Lern- und Change-Events. Dabei liegen uns die pragmatisch kleinen Lösungen besonders am Herzen.

Mit den Ohren sehen,
und den Augen hören!

»Tango Tonnage« – ein gewichtiges Beispiel

18-1

Seit über 100 Jahren produziert das Unternehmen schwere Bodenverdichtungsmaschinen und Straßenwalzen aller Art. Beim internationalen Marketing-Meeting steht der neue Walzentyp 150 TT im Mittelpunkt. Da will man zeigen, was man zeigen kann.

Warum wir dieses Beispiel gewählt haben

Interessant an diesem Straßenwalzentanz: Choreografisch abgestimmt bewegen sich tonnenschwere Maschinen nachts im Werksgelände bei Feuerschein zur Musik – von Beethoven bis Tango. Aber es geht nicht nur um Effekte. Die Aktion dient zugleich der Teambildung und internen Kommunikation: 35 Mitarbeiter der Produktion trainierten die Choreografie und zeigen Angehörigen, Unternehmensleitung, Marketing und Vertrieb mit ihrer Tanzperformance, was in ihnen und »ihren« Walzen steckt. Wir haben Samuel Fleiner (www.concept-nouveau.de) gebeten, uns von seinen Maschinen-Tanz-Projekten zu erzählen – als sinnlich-mediale Beiträge zu Unternehmens-Events. Hier sein Bericht zu »Tango Tonnage« in Auszügen:

Ballett für 21 Straßenwalzen und Kompaktoren

Maschinentanz-Projekte

Ausgangssituation

Anlässlich eines internationalen Marketingmeetings zu dem auch die Belegschaft und deren Angehörige eingeladen waren, »tanzten« 35 Mitarbeiter aus der Produktion mit ihren schweren Maschinen »Tango«. Alles kam zum Einsatz: Kleine Geh- und Radwegswalzen, über 40 Tonnen schwere Kompaktoren, Gummirad- und statische Dreiradwalzen. Bei Maschinenchoreografien ist es ein bisschen wie bei der Formel 1: Sie leben vom Live-Akt, vom Dieselgeruch, dem Wummern der schweren Motoren, vom Nebel aus den Hochdruckreinigern und vom Geruch der Schwedenfeuer, die den Tanzplatz umringen.

Akteure und Planung

Geprobt habe ich mit einer Kernmannschaft von elf Schichtarbeitern vom Mischband und weiteren drei

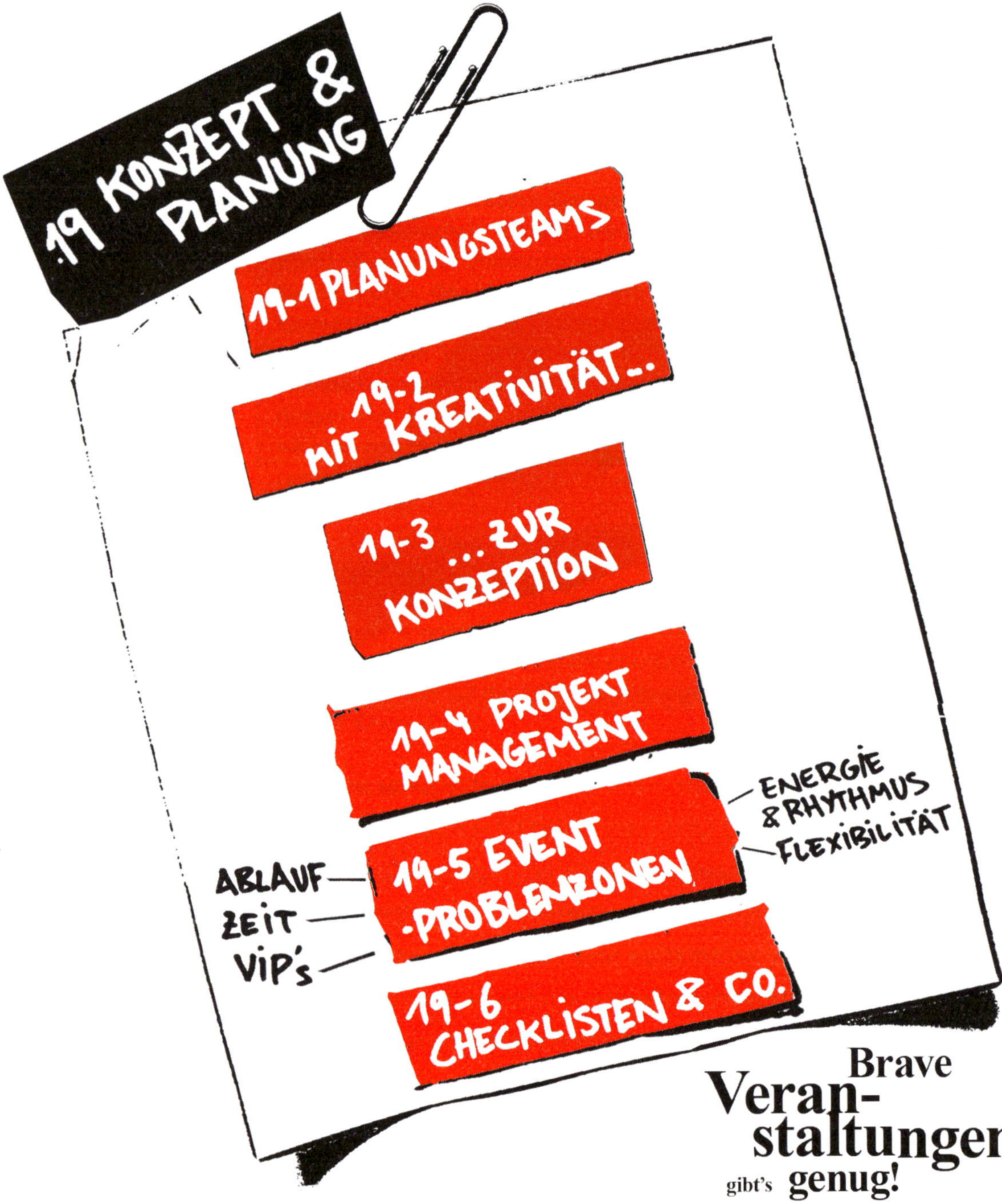

Brave Veranstaltungen gibt's genug!

Projekt- und Planungsteams

19-1

Veranstaltungen entstehen fast immer in Arbeitsgruppen, Kern- und Planungsteams. Folgendes wird man frühzeitig klären:

- *Projektleitung:* Wer übernimmt die Projektleitung mit welchen Entscheidungsspielräumen und wie viel formeller und informeller Macht?
- *Verantwortlichkeiten im Projektteam:* Wer ist wofür zuständig, verantwortlich oder (bis zu welchem Grad) entscheidungsberechtigt?
- *Steuerungsboard und Programmkomitee:* Entscheidergremium aus »Hierarchen« und Auftraggebern. Beiräte als Auswahlgremium und Qualitätssicherer für Referate, Angebote, Aussteller und vieles mehr.
- *Zielerreichungs- und Zeitplanung:* Wer kümmert sich um Milestones und das Zeitmanagement im Vorfeld des Events? Wer interveniert, wenn manches nicht so recht klappt?
- *Größe und Zusammensetzung des Projektteams:* Große gemischte Planungsteams erhöhen zwar den Abstimmungsaufwand, beziehen aber viele Abteilungen oder Bereiche stellvertretend ein. Alternativen: Kleine Kernteams ziehen zeitweise zusätzliche Mitglieder beratend hinzu. Das sichert breiten Kontakt zur Basis.
- *Kreative Vielfalt in der Zusammensetzung:* Zu homogene Teams und solche mit geringer Veranstaltungserfahrung denken innerhalb ihres bisherigen Erfahrungshorizontes. Mischung tut gut.
- *Einbinden von Management und weiteren Machtzentren:* Wie läuft die Abstimmung mit Auftraggebern, Stakeholdern und Hierarchieebenen? Wann, durch wen und wie werden beispielsweise Betriebsrat, Beiräte, Ausschüsse und Sponsoren einbezogen?
- *Einbindung Externer:* Viele Projektteams holen sich punktuell oder kontinuierlich Unterstützung von außen für Konzeption, Organisation, Moderation oder Technisches und Logistisches.

Klare Strukturen und Verantwortlichkeiten!

Möglichst viel mit Bordmitteln lösen! Das bezieht aktiv ein, fördert Stallgeruch und führt zu »Von uns für uns«-Lösungen. Fremdleistung kauft man zu, wenn Beratungsbedarf besteht, die eigenen Kapazitäten knapp sind oder sich niemand zu exponieren traut. Interessant sind Mischformen mit interner Federführung und externem Support.

19-2 Konzeptentwicklung als kreativer Akt

Das Risiko von »Fertiglösungen«: Manche Auftraggeber möchten schon vor Auftragsvergabe Konzepte und Kosten wissen. Weil da vieles noch offen ist, laufen sie Gefahr, anderswo entwickelte Fertiglösungen präsentiert zu bekommen. Die sind kalkulierbar und Agenturen haben dazu Ausstattung auf Lager. Lösungen von der Stange »gehen immer«. Dummerweise passen sie selten für die spezielle Fragestellung.

»Kreativwerkstatt« für das Generieren von Ideen

Nicht nur …, sondern auch …!

Bei der kreativen Ideenentwicklung für das Event-Konzept ist noch alles möglich. Systematisch »ver-rückt« denken: keine Beschränkungen, keine Budgetkürzungen, keine Verbote. Ruhig mal fach- oder themenfremde Fragen stellen – das eröffnet neue Perspektiven. Nicht alles wird man umsetzen, aber Impulse für »Outside the Box«-Lösungen entstehen allemal. Auch »partizipative Formate« (s. Kapitel 9-5) mit scheinbar »fertigen« Ablaufmustern nochmals kreativ »querdenken«!

Wie kommt man auf neue Ideen? Tausend »Kreativtechniken« stehen zur Wahl. Fast wichtiger als eine spezielle »Technik« ist die Arbeitsatmosphäre: Unterstützend, veränderungsfroh, neugierig, Chaos zulassend, »Tagträumen« und sinnloses »Um-die-Ecke-denken« akzeptierend. Wir achten zusätzlich noch auf Bewegung, lassen niemanden lange an der gleichen Stelle sitzen und schicken die Teilnehmer nach draußen zur »Outdoor-Association« – denn viele Ideen liegen »auf der Straße«.

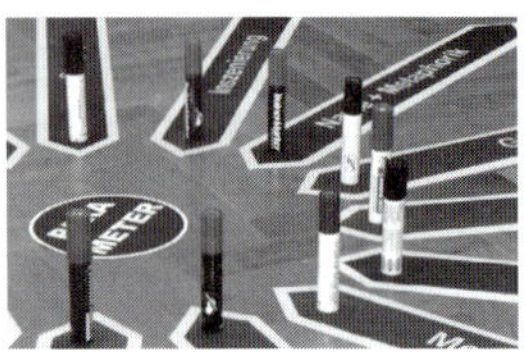

Auf eigene und fremde »Scheren im Kopf« achten. Manchmal sind es nicht Beschränkungen von außen, die Neues verbauen. Die »Schere im eigenen Kopf« ist in vielen Fällen mächtiger und kappt Ideen, noch bevor sie überhaupt geäußert werden. Gezielter Teilnehmermix und stimulierende »Spinn-Atmosphäre« reduzieren das Scherenrisiko.

Mit dem »Parameterstern« strukturiert spinnen

Das Prinzip ist einfach: Die anstehende Veranstaltung in »Event-Parameter« zerlegen. Einer ist beispielsweise »Teilnehmer« mit den Unterkategorien Zahl, Rekrutierung, Art, reale und virtuelle Teilnehmer. Weitere Parameter sind »Ort«, »Zeit«, »Dauer«, »Gäste«, »Finanzierung«, »Werbung« … Für jeden dieser Parameter existieren konventionelle Lösungen. Wir suchen testweise »verrückte« Ausprägungen (»Lösungen« sind das noch nicht). So gehen wir vor:

Warum eigentlich nicht …?

- Klären, welche Parameter noch beeinflussbar sind und Potenzial versprechen für das »Neu-Denken«.
- Für diese Parameter die konventionellen Lösungen recherchieren: Wie ist oder wurde das bisher gelöst?
- Nun für einzelne Parameter »spinnige« Ausprägungen andenken – jenseits des Üblichen. Dafür nutzen wir Kreativtechniken und unsere Lieblingsfrage »Wofür ist im Moment die Zeit noch nicht reif?«.
- Aus den »spinnigen« Ideen die noch tolerierbaren wählen und an denen weiterdenken: »Vielleicht denkbar wäre …«
- Nach markanten »roten Linien« suchen, unübliche und übliche Ideen bei den einzelnen Parameterausprägungen zu neuen, stimmigen Konzepten verbinden.

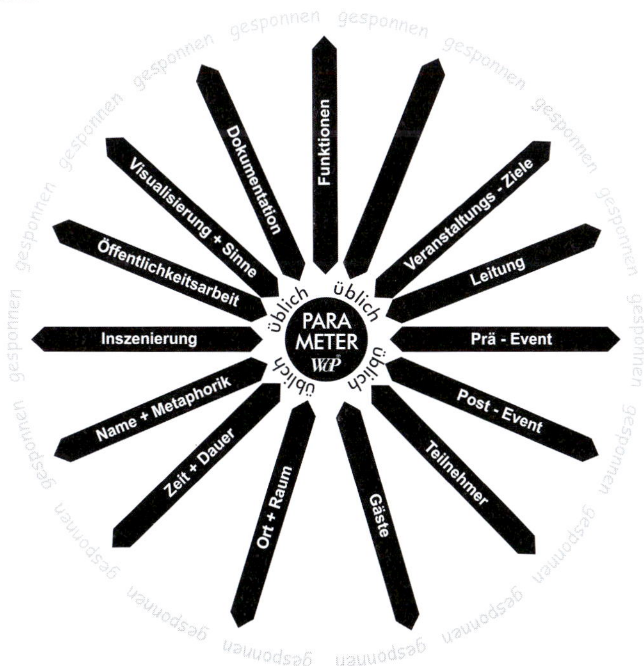

19-3 Von der Kreation zur Konzeption

Die Walt-Disney-Strategie. Neugierige haben Walt Disney über die Schulter geschaut und daraus die Vier-Stühle-Schrittfolge kondensiert. Das Prinzip: Ein »junges« Event-Konzept systematisch aus vier Blickwinkeln betrachten und diskutieren – so lange, bis eine gute Lösung gefunden ist. Der symbolische Stuhlwechsel erleichtert den Positionswechsel.

Blickwinkel wechseln!

- *Position des »Träumers«* (Visionär, Ideenlieferant): Ideen enthusiastisch und subjektiv auf einen Haufen schmeißen – ohne Bewertung, ohne Kritik, aus der Position des Toren, Kreativen, Künstlers.
- *Position des »Realisten«* (Macher, Techniker, Fachmann): Einen pragmatischen Standpunkt einnehmen: Ressourcen andenken, Maßnahmen und Arbeitsschritte entwickeln, Voraussetzungen prüfen.
- *Position des »Kritikers«* (Qualitätsmanager, Miesepeter): Ideen und Vorgaben konstruktiv-kritisch prüfen. Positionen und Annahmen hinterfragen, aus anderen Perspektiven beleuchten. Mögliche Fehlerquellen identifizieren. Neue Aspekte positiv ins Spiel bringen.
- *Position des »Neutralen«* (Beobachter, Berater, Philosoph): Ideen aus der ganz anderen Ecke veränderungsneutral und mit weitem Fokus angehen.

Einfluss- und Umfeldanalyse: Die Stakeholder-Matrix. Damit es nicht beim Träumen bleibt: Früh recherchieren, woher einflussreiche Unterstützung zu erwarten ist und aus welcher Richtung Widerstände drohen. Die Stakeholder-Matrix gruppiert Mitstreiter, Wohlwollende, Alliierte, Unterstützer, Desinteressierte, Wankelmütige, Betroffene und Gegner nach Interesse und Einfluss-

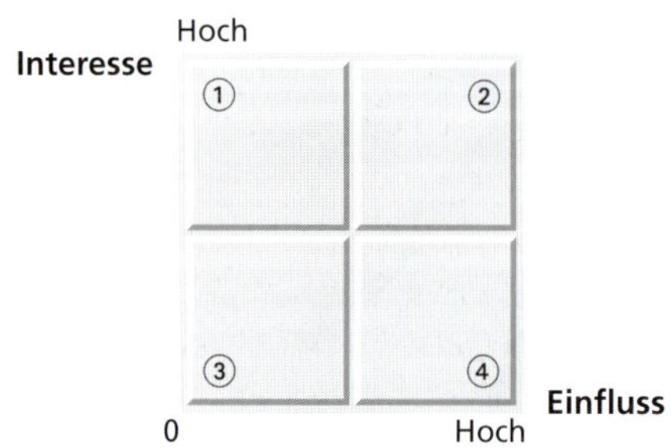

① = Hohes Interesse, geringe Einflussmöglichkeit
② = Hohes Interesse, hohe Einflussmöglichkeit
③ = Geringes Interesse, geringe Einflussmöglichkeit
④ = Geringes Interesse, hohe Einflussmöglichkeit

möglichkeit in vier Felder. Wir achten auf offene versus verdeckte Interessenausübung und Einflussnahme sowie auf die tangierten Bereiche (beispielsweise Budget, Ablauf, Ressourcen, Image).

Einfluss auf die Macht- und Interessenvertreter nehmen! Sie stehen ihrerseits in Abhängigkeitsverhältnissen. Man wird versuchen sie zu gewinnen, damit sie entschlossener unterstützen oder Skepsis und Widerstand reduzieren. Oder man sucht mächtige Paten als Gegengewicht. Wir nutzen Kreativtechniken, um dazu Einflussstrategien und geeignete Ansprache- und Kommunikationskanäle auszuloten. Es lohnt sich.

Präsentation der »Ideenskizze«. Inzwischen sollte das Konzept konkreter geworden sein. Aber noch immer kann und muss man nicht alles wissen, muss nicht alles ausformuliert, recherchiert und mit Zahlen hinterlegt werden. In diesem Stadium präsentiert man die »Ideenskizze«. Sie informiert den Auftraggeber und weckt seinen Appetit. Manchmal reichen knappe Formulierungen, handgezeichnete Schatzkarten – man befindet sich schließlich noch mit einem Bein im Tagtraum. In welcher Form das Dokument auftaucht, bleibt kunden- und anlassbestimmt. Grundsätzlich wäre es schön, wenn bei der Präsentation der Ideen schon ein wenig vom Charakter der Veranstaltung zu »riechen« wäre, wenn sich Opulenz und Stringenz die Waage hielten und der Auftraggeber das Konzept als Angebot für den Dialog verstünde. Aber Vorsicht: Zu viel »Skizze« überfordert weniger kreativ gestimmte Auftraggeber.

Den »Spirit« spüren lassen!

Inhaltlich-formal enthält ein volles Konzept folgende Punkte: Ausgangslage, Zielgruppe, Aufgabe, Ziele, Idee, Motto, Strategie, Umsetzung, Maßnahmen, Zeiten, Ablauf und Timeline, Varianten, Alternativen, Budget, Team und dessen Erfahrungen sowie das Copyright. Zusätzlich festgehalten wird, was noch offen oder zu klären ist.

Das Risiko der »fixen Idee«. Voll kreativen Überschwungs schleichen sich in die Konzeption manchmal aufwendige Ideen ein, die (zumindest für Außenstehende) nicht viel bringen oder den Ablauf erschweren. Aber einmal losgetreten, sind sie kaum noch zu stoppen. Beispielsweise fotografierte man bei einer Veranstaltung alle Teilnehmer zu Beginn mit viel Aufwand einzeln professionell. Die Bilder wurden bearbeitet, ins Labor geschickt, gedruckt und wenige Stunden später als individualisierte Give-aways in Unterlagen geklebt. Das sah nett aus, aber letztlich hatte jeder »nur« sein Bild vorne drauf. Das stand kaum im Verhältnis zu Kosten und Aufwand. Also Vorsicht vor »fixen Ideen«!

19-4 Veranstaltungsplanung als Projektmanagement

Life happens, while I'm planning!

Jede Veranstaltung samt Vorlauf ist ein »Projekt« – egal ob groß oder klein und ob das formal so heißt. Es geht um so einfache Dinge wie: führen, organisieren, koordinieren, steuern und kontrollieren.

Events starten viel früher. Für Teilnehmer beginnen Events mit der Einladung oder Ausschreibung – also deutlich vor dem Veranstaltungsbeginn. Für Veranstaltungsmacher fängt alles viel früher an: Mit Recherche, Analyse und erster Konzeptidee, mit dem Gewinnen von Unterstützern, dem Aufbau eines Planungsteams, mit Werbung … Dabei geht es schrittweise immer mehr darum, alle zusammengetragenen Puzzleteile in To-do-Listen zu übertragen, damit nichts übersehen oder vergessen wird.

Zwischen Zettelwirtschaft und Generalstabsplanung. Wenn viele Akteure vor, während und nach Veranstaltungen aktiv sind, dann sollte jeder frühzeitig wissen, wer was wann wie und wo machen soll. Da helfen Planungsmeetings, präzise ausgearbeitete Logistik-, Ablauf- und Regiepläne und später auch Generalproben. Aber kluge Planung holt weiter aus: Es geht um Atmosphärisches, um das Einbetten des Events in den Unternehmenskontext und in das übergeordnete »Gesamtprojekt«.

Event-Projektmanagement. Bei Veranstaltungen müssen Projektleiter vieles managen: Menschen, Kommunikation, Qualität, Material, Budget, Kosten, Zeiten, Termine, Umfang und Inhalte. Und sie müssen Unheil abwenden – kaum ein Event geht völlig glatt über die Bühne. Also braucht es Projektstandards (http://www.gpm-infocenter.de) und Checklisten, die man jeweils erweitert und anpasst.

Geklärte Zuständigkeiten und Verantwortlichkeiten. Wer ist weisungs- und entscheidungsbefugt? Wer ist für Konzept und Planung verantwortlich? Wer hat Inhalte, Ziele, Zielgruppen im Blick? Wer definiert und misst Erfolg? Wer hat Budgetzugriff? Wer hat Zugang zum Management? Wer ist dort Nothelfer und gibt Rückendeckung? Wer interveniert, wenn nichts vorangeht?

Planung der Projektmeilensteine. Projektverantwortliche setzen und kontrollieren Milestones. Die definieren, bis wann etwas spätestens erledigt sein muss, und helfen (an alle Entscheider kommuniziert), sich daran zu halten. Etwa: »Wenn sich bis zum Zeitpunkt x nicht y Teilnehmer angemeldet haben, muss die Veranstaltung ausfallen«. Oder »Wenn der Kunde nicht bis x bestellt, kann das Hotel nicht mehr gehalten werden«.

… und dann kommt's ganz anders, als man denkt!

Abhängigkeiten visualisieren. Balkenpläne (Excel- oder Word-Tabellen) zeigen das zeitliche Nebeneinander und Miteinander und somit die Bedingtheit von Aktionen. Beispiel: Die Anlieferung der benötigten Flipcharts und Beamer kann nicht geschehen, bevor nicht der Zuständige am frühen Morgen den Raum und alle Wege zu ihm aufgeschlossen hat. Der Aufbau kann erst erfolgen, wenn die Anlieferung stattgefunden hat. Die Gäste kann man erst in den Raum lassen, wenn der Aufbau fertig ist.

Anlieferung, Aufbau (Auszug) in Veranstaltungsraum und Vorraum

Nr.	Uhrzeit						Aktion
	06:00	06:30	07:00	7:30	8:00	8:30	
1							Aufschließen
2							Anlieferung
3							Aufbau Tonanlage
4							Aufbau Catering, Stehtische etc.
5							Eintreffen der Gäste, Check-in

Risiko: Die Zeit läuft aus dem Ruder. Jede kleine Verspätung ist für sich kein Unglück – dummerweise summiert sich das. Also konsequentes Zeitmanagement vor allem zu Beginn! Andernfalls lernen alle, dass der Zeitplan nichts gilt. Besser: Längere Pausen und Pufferzeiten einplanen, aber diesen Plan strikt einhalten. Gong- oder Musiksignale signalisieren wenige Minuten vorab, dass es gleich (wieder) losgeht. Helfer achten darauf, dass nicht alle Teilnehmer plaudernd vor oder hinter den Saaltüren stehen bleiben. Büfetts so organisieren, dass Suppe, Vorspeise, Hauptgang und Nachtisch nicht nur über eine einzige Warteschlange zu erreichen sind und sich die Wege Anstehender und Weggehender nicht kreuzen.

Plan B für den Notfall

Der Moderator fällt aus. Wochenlang hat man alles detailliert abgestimmt und dann liegt der Moderator plötzlich im Krankenhaus. Eine von Anfang an geplante Doppelmoderation reduziert solche Risiken und sorgt zudem für Abwechslung. Zumindest frühzeitig als »Plan B« überlegen, wer als Notbesetzung in Betracht käme, falls alle Stricke reißen.

Referenten und Vorstände kommen doch nicht. Der Referent kreist im Flugzeug über der Stadt und der Vorstand hat den Termin verbaselt beziehungsweise heute »Wichtigeres« zu tun. Manchmal gibt es dann keine wirklich guten Alternativen und der Gedanke daran stresst – aber vorab vorsorglich darüber nachdenken, schadet selten.

Keine Visa für ausländische Gäste. Eine internationale Veranstaltung gleich jenseits der deutschen Grenze hätte viele Gäste, Referenten und Teilnehmer aus exotischen Ländern haben sollen. Aber niemand klärte frühzeitig die österreichischen Einreisebedingungen. Kurzfristig war da nichts mehr zu machen. Die Tagung wurde abgesagt und es gab viel Streit um Flugstornos.

Vieles merken die Teilnehmer gar nicht! Sie wissen selten genau, was geschehen sollte – deshalb entgeht ihnen manch Ungeplantes. Zudem machen kleine Fehler eine Veranstaltung (manchmal) sympathisch und menschlich. Das tröstet.

Wenn die Technik verrücktspielt

20-3

Scheinwerfer bringen die Dekoration zum Schmoren. Licht, Ton oder Klimaanlage versagen. Der zentrale Rechner gibt nach Blitzschlag und Überspannung den Geist auf, die Festplatte crasht. Teilnehmer stolpern über Kabel und lockern die Verbindung … Alles zusammen tritt nicht zugleich ein – man wäre schon mit einem Ereignis haushoch bedient.

Die Stromversorgung bricht zusammen. Scheinwerfer ziehen überraschend viel Strom, aufgerollte Kabelrollen unter Strom werden heiß. Wer sich da nicht gut auskennt, engagiert einen Veranstaltungstechniker oder bespricht das zumindest vorab mit dem Tagungshaus.

Gibt es einen »Plan B« für den Beamer? Der PC erkennt den Beamer nicht oder während der minutiös geplanten Rede des Vorstands gibt der professionelle Beamer den Geist auf. Da wäre es gut, man hätte einen zweiten Beamer startbereit. Wo steht der? Wer kennt sich aus? Wer gibt das Signal für den Wechsel? Weiß der Moderator, was zu tun wäre, wenn das länger dauern würde?

Verdunklung, Thermostat und Lüftung bleiben ein Rätsel. Eigentlich sind sie überall Standard, aber Gebrauchsanleitungen fehlen fast immer. Man ist schon zufrieden, wenn man die Schaltkästen entdeckt. Klugerweise sorgt man dafür, dass mehrere (!) Helfer über all diese Technik verlässlich Bescheid wissen.

Zwar kommt der Strom aus der Steckdose, aber …

Licht und Ton machen Probleme. Ohne gute Ausleuchtung bleibt alles diffus und auf schlechten Ton reagieren alle aversiv. Am besten man engagiert einen Veranstaltungsprofi, der mit diesen Räumen schon (positive) Erfahrung gesammelt hat. Das gilt insbesondere für exotische Räume: Zelte, Gewächshäuser, Palmengärten, Werkshallen.

20-4 Gesetze und Vorschriften beachten

> **Beispiel**
>
> **Das Dilemma der Pappkartonsitze**
>
> Für eine Change-Veranstaltung in einem Gebäude mit 100 Teilnehmern werden 120 Pappkartonsitze zum Auffalten besorgt. Frage: Sind diese nach der Norm B1 feuerfest imprägniert? Schließlich könnte (Kerze, heißer Scheinwerfer, Zigarette) die Pappe brennen. Werden die Pappkartons nachträglich imprägniert, dann fragt sich, mit welchem Mittel (Gesundheit), zudem, was das kostet, und vor allem: Wie müssen diese Pappkartons nachher entsorgt werden, falls sie nicht mehr zu gebrauchen sind (Sondermüll wegen der Imprägnierung)? Das alles ist dann budgetrelevant, wie potenziell jeder Risiko- und Sicherheitsposten.

Auf Nummer sicher gehen!

Risiko und Sicherheit im Veranstaltungsbereich werden über die »Versammlungsstättenverordnung« gesetzlich geregelt. Einzelne Bundesländer weisen unterschiedliche Bestimmungen auf. Die genauen Gesetzestexte kann man unter www.vstättv.de herunterladen. Wichtig sind Bauvorschriften, Brandschutz, Fluchtwege, Materialeigenschaften, Veranstaltungstechnik und Arbeitssicherheit. Das Einhalten dieser Bestimmungen wird vor Veranstaltungsbeginn über eine Abnahme geprüft (Feuerwehr, TÜV). Zuständig ist das jeweilige Ordnungsamt. Für öffentliche Veranstaltungen mit mehr als 200 Personen (vom Vortrag bis zum Volksfest) und für größere Versammlungsstätten gilt die »VStättV« immer. Hotels und Kongresshallen sind dafür in der Regel schon abgenommen. Für unternehmensintern im eigenen »Haus« abgehaltene Veranstaltungen gelten diese Regeln formal nicht – aber es ist klug, sich daran zu halten.

»Sachkundige Aufsichtsperson« und Versammlungsstättenverordnung! Für die Sicherheit größerer öffentlicher Veranstaltungen braucht man IHK-geprüfte Veranstaltungstechniker beziehungsweise Veranstaltungsmeister. Die kann man als freischaffende Profis tageweise anheuern. »Sachkundige Aufsichtspersonen« lernen in einer dreitägigen Ausbildung Grundlegendes zur Versammlungsstättenverordnung. Kleinere Veranstaltungen bedürfen formal keiner

Fachkraft für Veranstaltungstechnik, aber eine »sachkundige Aufsichtsperson« beruhigt und reduziert Risiken (Info und Ausbildung unter anderem unter www.deutsche-event-akademie.de).

Unfallverhütungs- und Hygienevorschriften. Sie dienen der Sicherheit bei Aufbau, Abbau und Proben beziehungsweise sichern die Qualität von Essen und Trinken.

Förmliche Anmeldungen und eingeholte Genehmigungen. Ist die Veranstaltung angemeldet? Darf Alkohol ausgeschenkt werden? Was ist mit dem Jugendschutz? Wie lange darf laute Musik spielen? Wissen örtliche Polizei oder Feuerwehr um geplante Lagerfeuer, Feuerwerke, aufsteigende Gasballons oder um plötzlich großes Verkehrsaufkommen? Sind Parkplätze ausgewiesen oder Parkverbote beziehungsweise Straßensperrungen beantragt? Braucht es Einweiser an den Parkplätzen? Wird öffentlicher oder privater Grund genutzt – gibt es dafür Zusagen oder Genehmigungen?

Urheberrechte. Sicherheitsrelevant sind sie nicht, aber kompliziert und teuer wird es, wenn man sie verletzt. »Wo kein Kläger ist, ist kein Richter!«, hilft in diesem Fällen nicht, denn spätestens, wenn die Veranstaltung halbwegs öffentlich ist, Protokolle im Netz stehen, Handouts zirkulieren oder kommerzieller Nutzen im Spiel ist, muss man Rechte für Bilder, Fotos, Cartoons, Comics, Bildbearbeitungen, Filme, Videoclips, Musik, Töne, Texte unbedingt vorab regeln und bezahlen.

Gesunder Menschenverstand: Risikofaktoren und Risikoanalyse. Bereits vor der Veranstaltung alles im Kopf durchgehen: Was könnte beim geplanten Event schief gehen? Kurz vor Beginn alle Räume begehen und auf Stolperfallen, Kabel, scharfe Ecken und Kanten, freie Notausgänge, Erste-Hilfe-Kästen achten.

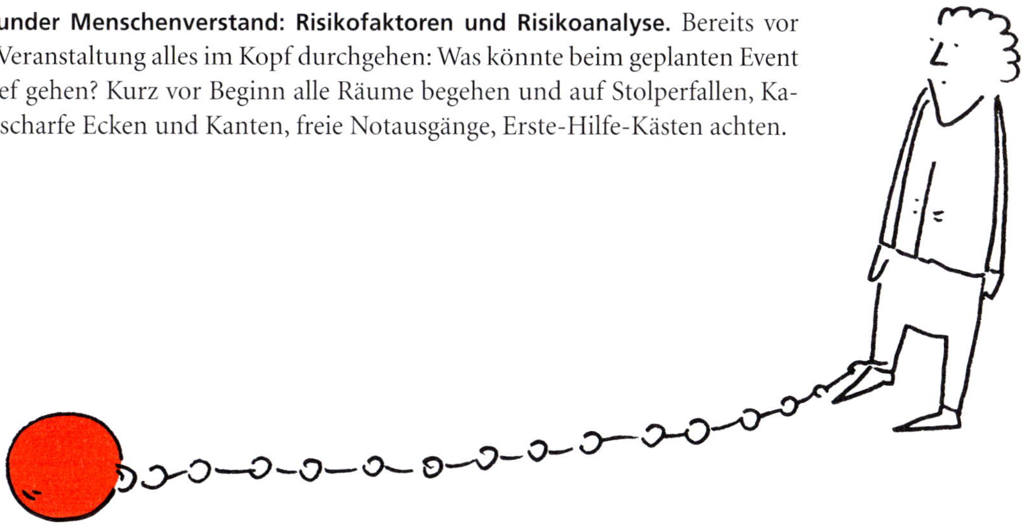

20-5 Sicherheit bei Alarm und Notfall

Alles, was schief gehen kann, geht schief! Aber die großen Risiken sind selten.

Murphy's Law: Alles, was schief gehen kann, geht schief!

Risikofaktor	Verantwortlich	Maßnahme
Feuer, Wasser	Veranstaltungstechniker, Feuerwehr	Abnahme, imprägnieren, THW
Wetter	Veranstalter	Info, absichern, abbrechen (Outdoor)
Lebensmittel, Allergien	Location, Caterer, Techniker	Arzt vor Ort, Rotes Kreuz, Notfallnummer
Unfall	Veranstalter, Location, Techniker, Person selbst	Arzt, Rotes Kreuz, Krankenhaus
Gewalt, Kriminalität	Veranstalter, Location	Sicherheitsdienst, Polizei
Panik, Massenpanik	Veranstalter, Location	Pläne, Kommunikation
Budget	Projektleiter (Controller)	Rechnen, nachhalten

Telefonnummern und Ansprechpartner im Notfall. Alle Akteure und das Tagungsbüro haben Telefonlisten aller relevanten Personen vor Ort – zusätzlich Feuerwehr, Polizei, den nächsten Arzt, das regionale Krankenhaus, den Taxiservice. Die Ansprechpartner sind eingewiesen.

Notfalltreffpunkte. Mit den Co-Moderatoren Treffpunkte zur schnellen Abstimmung in Notfällen mit der Leitungscrew vereinbaren. Offiziell ausgeschilderte Alarmsammelstellen außerhalb des Gebäudes vorab erkunden.

Zugangskontrolle und Schließdienst. Wer sperrt auf und zu? Wer hat Schlüssel? Wer passt verlässlich auf Gepäck, Garderobe, Rechner und Dokumente auf? Wer bringt Flipchart- und Pinnwandplakate in Sicherheit, bevor Fremde sie lesen? Sind Zugangskontrollen nötig und möglich? Gibt es fälschungssichere Zugangsdokumente oder Ausweise?

Tagung mit besonderer Geheimhaltungsstufe. Das erfordert Zugangskontrolle (beispielsweise durch Pförtner oder Saalbeauftragte), Zugangsregelung (Ausweis …) und geklärten Umgang mit sensiblen Dokumenten (Papier und digital). Geregelt werden muss, ob und wie Aufzeichnung der Veranstaltung zulässig ist und wie sie intern bleibt. Wichtig auch die Auswahl des Ortes – ein Hotel mit anderen Gästen zur gleichen Zeit passt nicht! Spezielles Training und Briefing der Mitarbeiter und des Hauspersonals wird nötig sein. Vielleicht braucht es zusätzliches Wachpersonal (Security).

Hausrecht und Krisennotfallplan. Bei einem großen Universitätskongress waren hochrangige Gäste aus Wirtschaft und Politik vor Ort. Besonderen Personenschutz hatte der Minister mit »unauffälligen« Sicherheitskräften in Zivil. Wichtig war das Hausrecht: Wer definiert den Notfall? Wer darf Polizei ins Hochschulgelände holen? Wer ist für was verantwortlich? Wer gibt notfalls welche Meldungen und Mitteilungen an wen weiter?

VIP-Sicherheit und Personenschutz für hochrangige Gäste. Politiker und Vorstände kommen mit eigener Schutzmannschaft. Sonst hilft der Anruf bei Polizei oder Bundesgrenzschutz, um die nötigen Vorkehrungen zu treffen. Nach einer »Bombenbegehung« und Sicherheitsüberprüfung wird der Veranstaltungsraum gesperrt. Das ist wichtig für die Vorbereitung. Klären, wer das Sicherheitspersonal koordiniert.

Checkliste
Notfallprophylaxe

- ☐ DIN-gerecht gefüllter Notfallkoffer vorhanden?
- ☐ Wissen Verantwortliche um Koffer und Notfallverhalten?
- ☐ Sind Rettungssanitäter (mit Ausrüstung) vor Ort?
- ☐ Ist ein Arzt nötig, ist einer unter den Teilnehmern?
- ☐ Über welche Telefonnummern erreicht man Notarzt/Krankenhaus?
- ☐ Sind die Notausgänge gekennzeichnet und frei zugänglich?
- ☐ Stehen die Stuhlreihen weit genug auseinander für einen Notfall?
- ☐ Sind die Stühle fest miteinander verbunden?
- ☐ Gibt es Notlicht/Taschenlampen/Megaphon?
- ☐ Wer macht notfalls eine Durchsage?

Mit Netz und doppeltem Boden …!

20-6 Finanzen: Nicht plötzlich auf dem Trockenen sitzen!

Eigentlich ist das ein Thema der Planung. Aber wenn da was schief läuft, entwickelt sich das schnell zum ernsthaften Risiko für Veranstalter.

Finanzierungsrisiken. Ist die Finanzierung gesichert? Sind Sponsorenzusagen verlässlich? Was ist, wenn sich zu wenig Teilnehmer anmelden?

Shit happens

Storno als Risiko. Alle Akteure – von den Dienstleistern bis zu den angemeldeten Teilnehmern – werden schlagartig rebellisch, wenn die vereinbarte Veranstaltung kurzfristig storniert werden muss. Klare Vereinbarungen und Terminkontrollen begrenzen das finanzielle Risiko – ein Imageschaden ist es allemal.

Budgetüberschreitung. Selbst wenn klar war, was die Veranstaltung insgesamt oder pro Teilnehmer kosten darf: plötzlich braucht es zusätzliche Referenten, einen lichtstarken Beamer, mehr Dekoration, mehr Aufsichtspersonal. Giveaways kosten mehr als kalkuliert, wenn sie nicht ramschig aussehen sollen. Reichen dann die kalkulierten zehn Prozent Mehrkosten für Unvorhergesehenes?

Versicherung: Wer muss versichern? Meist ist die Event-Location (Hotel, Halle, Klettergarten) rechtlich für die Sicherheit am Veranstaltungsort verantwortlich. Alles muss entsprechend der Versammlungsstättenverordnung errichtet sein und betrieben werden. Bei öffentlichen Veranstaltungen ist die Anwesenheit eines Veranstaltungstechnikers gesetzlich gefordert. Änderungen und Einbauten in den Räumen oder auf dem Gelände lässt man von einem Sachverständigen abnehmen.

In Gefahr und höchster Not … ist es für Versicherungen zu spät. Veranstalter haften für viele Sach- und Personenschäden. Darum vorsichtshalber Zulieferer und Dienstleister nach ihren Versicherungen fragen (Technik-, Diebstahlversicherung), nach der Qualifikation der ausführenden Personen (geprüfter Veranstaltungstechniker) und alles vertraglich oder in Besprechungsprotokollen festhalten. Empfehlenswert ist eine Haftpflichtversicherung für Veranstalter (im Internet unter »Event-Versicherung«) – auch für einzelne Events.

Bühne, Raum und Technik

21

Den richtigen Rahmen schaffen. Bei Bühne denkt man unwillkürlich an die Sehgewohnheit der Guckkastenbühne: Zuschauer sitzen in festen Reihen und vorne läuft die Action. Da ist gleich klar, wer den Ton angibt. Aber manchmal sind überall Bühnen und überall Auftritte: vorne, seitlich und hinten. Wichtige Entscheidungen darüber hinaus: Wo sitzen und stehen die Zuschauer und Mitmacher? Brauchen sie Tische? Welche Requisiten helfen? Was bringt Verdunklung und gezieltes Licht? Welcher Ton macht die Musik? Welche Ästhetik will ich und welche Impulse setzt meine Bühne?

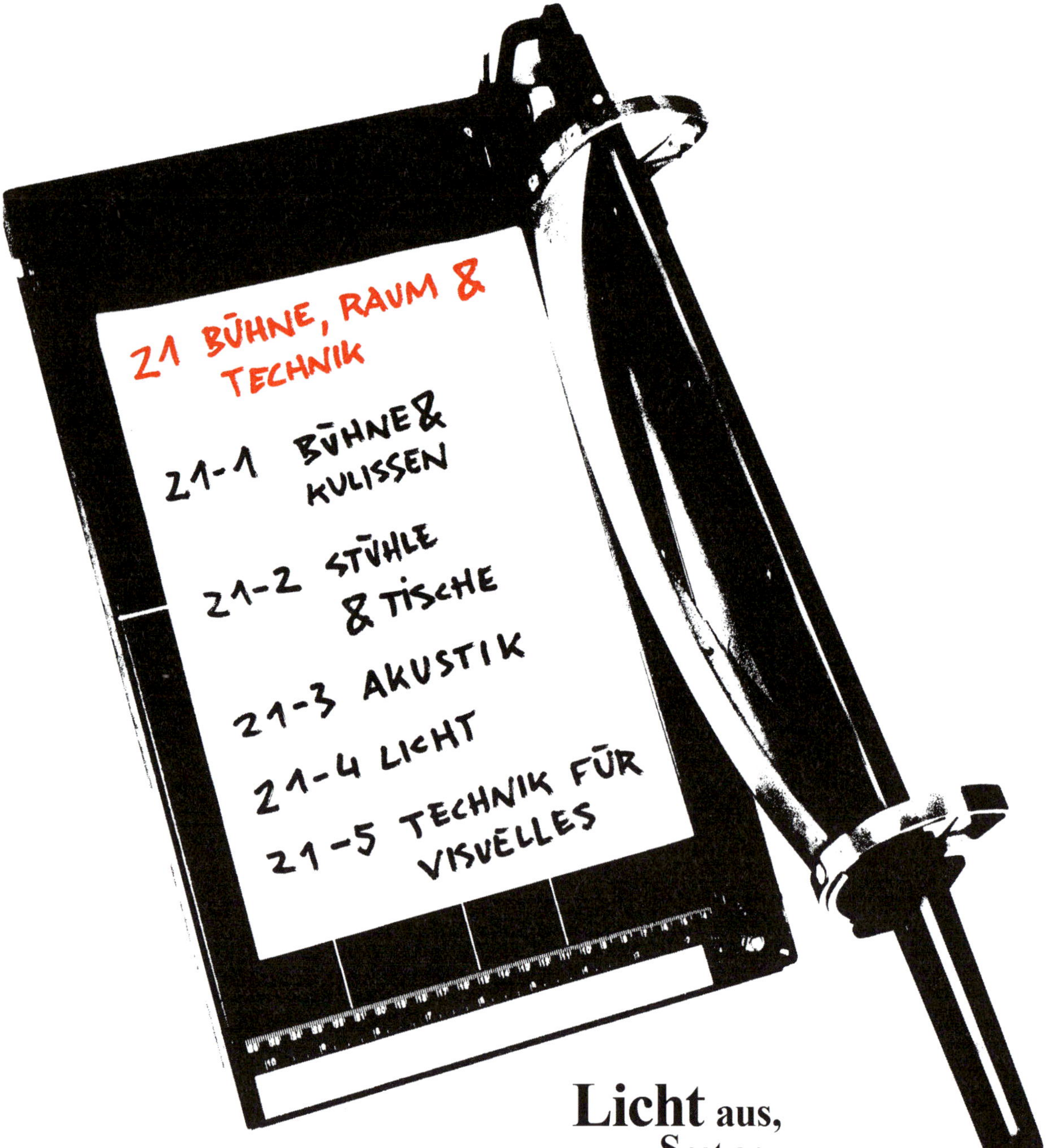

Licht aus,
Spot an,
Ton ab!

Bühnen und Kulissen

21-1

Was brauchen Sie: Dialoginseln mitten im Publikum, hohe Kanzeln, Laufstege quer durch den Saal, Manegen, klassische Vortragsbühnen mit Rednerpult?

»Die ganze Welt ist Bühne«. Schon Kleinigkeiten lassen Bühnen überall im Raum entstehen: Ein anderer Sprechduktus, der Wechsel aus der Alltagsrolle, indem man einen speziellen Hut aufsetzt oder eine Jacke anzieht, Requisiten, Objekte, ein paar Meter rot-weißes Baustellenabsperrband oder ein großer roter Teppich. Scheinwerferlicht, Kulissen und Musik setzen zusätzlich Akzente, wecken Erwartungen, bringen Akteure in Position.

Guckkasten, Manege, Laufsteg, Kanzel

»Guckkastenbühne«. Klassisch für Staatstheater und Konzert. Vorne, erhöht und entfernt vom Zuschauer, wird etwas vorgestellt. Bühne und Publikum bleiben getrennt. Von unten mischt sich kaum einer ein. Schon räumlich wird deutlich, wer »vorne« den Ton angibt oder als »Publikum« nur zuschauen darf.

Die Antibühne. Die Zuschauer sitzen auf der erhöhten Bühne und die Handlung spielt unten im Parkett – wieder Guckkasten, nur andersrum!

Bühnen: anders als üblich!

Breitseiten eine Chance geben. In langen Schlauchräumen hängen (zu kleine) Leinwände oft an der Schmalseite. Die Konsequenz: Reihenbestuhlung, große Abstände zwischen Publikum, Redner und Projektion – der Funke springt schwer über. Abhilfe: eine große Zusatzleinwand auf der Breitseite des Saals und Stühle mehrreihig im leichten Halbkreis um diese Seitenbühne.

»Manege« als zentrale Mittelbühne. Wie beim Zirkus oder im Boxring agieren Moderatoren, Akteure, Leitung oder Gäste mitten »unterm Volk«. Die Stühle stehen in Reihen um das Zentrum. Das signalisiert aktives »Sich-stellen« und Aktion. Wenn etwas projiziert werden muss (Bühnengeschehen oder redenbegleitende Charts): Ein wenig Tüftelei bei der Bestuhlung und Positionierung der Leinwände lässt alle alles sehen – ohne dass man sich den Hals verrenkt.

Der »Laufsteg« – nicht nur bei Modeschauen. Erhöhte Stege führen (von der Bühne) quer durchs Publikum. Auf ihnen bewegen sich Akteure oder Teilnehmer. Oder der Steg teilt das Publikum in zwei Lager – zum Beispiel in »Protagonisten« und »Antagonisten«. Kreuzförmige Laufstege quer durchs Publikum eröffnen noch mehr »Laufwege« und Felder.

Mitten durchs Publikum: Laufsteg in Kreuzform

»Kanzel«. Die luftige Höhe eignet sich fürs Verkünden und für die Metaebene: Reflektieren, Nachdenkliches und Thesen in den Raum stellen, Perspektiven wechseln. Fahrbare Gerüsttürme (im Baumarkt ausleihen), hohe Podeste oder Haushaltsleitern werden zu »Kanzeln« in symbolischer Höhe.

Nebenaltäre, Prozessionen, Kulissen ...

Stationen und Nebenbühnen. Alte Kirchen haben Haupt- und Nebenaltäre, Prozessionen führen von Station zu Station. Das Prinzip ist also nicht neu. Bei Events enstehen dann Bühne und Gegenbühne, seitliche Nebenbühnen beziehungsweise mehrere »Stationen« im Saal. Dort ist jeweils Raum für Widersprüche, Gegenthesen oder schrittweise Argumentation. Das bringt das Publikum körperlich und geistig in Bewegung – nicht umsonst spricht man von »Standortwechsel«, »Ein-Thema-durchgehen« beziehungsweise von Positionen, die »sich festsetzen«. Wir nennen solche Steh- und Geh-Sessions »Vernissage« (s. Kapitel 17-2). Länger als 20 Minuten dauern sie selten. Manchmal haben wir an den Stationen Stühle stehen oder bitten Fußschwache, ihre Sitzgelegenheit mitzutragen (vorausgesetzt, die Feuerpolizei spielt mit).

Bühnenpodeste. Unentbehrlich, um Erhöhungen und Plattformen in allen Größen herzustellen (1 auf 2 Meter und kombinierbar). In niedrigen Hotelräumen bringen schon 20 Zentimeter Höhe Bühnenwirkung. Höhere Podeste brauchen Treppen. Verleiher der Podeste liefern auch rutschfeste und schwer entflammbare Bodenbeläge, Stoffblenden und Rückwände. Kleine erhöhte »Inseln« für Arbeitsstationen im Saal bestehen ebenfalls aus Podesten.

Rampe und Backstage. Ganz vorne an der Bühnenrampe gewinnt man am einfachsten Kontakt mit dem Publikum. Im Bereich der »Backstage« (oft einfach hinter Bühnenabhängung oder Trennwänden) sammeln sich Akteure für ihren Auftritt, liegt Material griffbereit, starten Auftritte, enden Abgänge.

Bühnenbild und Kulisse. Alles, was aufgehängt oder aufgestellt wird, um Bühne zu markieren. Man muss nicht immer voll dekorieren. Oft genügen groß projizierte Fotos oder Schlagworte, Großkopien, gezieltes Scheinwerferlicht, eine mobile »Spiderwand« als Bühnenhintergrund beziehungsweise dunkle Abhängung aus schwarzem Molton.

Inszenierte Trennungen. Vorhänge fürs Enthüllen, Beenden und Geheimnisvoll-machen. Wasservorhänge, Lichtwände oder Wabernd-Unklares von der Nebelmaschine. Auf- oder Rückprojektionen auf Abhängungen. Unterschiedlich farbige Raumareale, stockdunkle Passagen, die das Publikum durchqueren muss – interessant, wenn das Wirkung und Wirksamkeit unterstützt.

Alles nutzen: Höhen und Tiefen, vorne und hinten, schräg und quer!

21-2 Stühle und Tische verraten den Arbeitsstil!

Haustechniker wollen wissen, wo und wie Stühle und Tische stehen sollen. »Sachkundige Aufsichtsperson« fragen nach »Bestuhlungsplänen«. Vor allem aber ist Bestuhlung zentrales Designelement.

Welche Bestuhlung braucht das Event?

Sitzordnungen verraten viel über Arbeitsweise und »Filosofie« der Veranstaltung. Teilnehmer verstehen das sofort beim Hereinkommen:

- *Soll Hierarchie signalisiert oder neutralisiert werden?* Wird schon räumlich klar, wo die Musik spielt (auf der Zentralbühne), oder sind zumindest vom Sitzen her alle gleich, zum Beispiel im Stuhlkreis oder großen Sitzquadrat?
- *Wie kommunikationsfördernd soll die Sitzordnung sein?* Sollen Teilnehmer »nur« den Rednern lauschen oder auch miteinander sprechen?
- *Sollen Teilnehmer miteinander arbeiten?* Sind zwischendurch viele kleine Arbeitsgruppen angesagt? Braucht es dazu Sitz- oder Tischgruppen?
- *Wie viel Mobilität ist gewünscht?* Muss schnell umgebaut werden? Braucht man zwischendurch eine größere freie Fläche? Sollen alle auch räumlich in Bewegung kommen?
- *Will man Signale setzen?* Werden Erwartungen bedient oder will man bewusst dagegen verstoßen: «Was – keine Tische?«

In Reihen sitzen. Stuhlreihen hintereinander richten alle auf die Bühne hin aus. Kommunikation zwischen den Teilnehmern beflügelt das nicht.

Der große Sitzkreis als Gegenentwurf. Kein räumliches Oben und Unten. Die Kreismitte ist »Bühne« für alle. Vor allem partizipative Formate lieben diese Sitzordnung (s. Kapitel 9).

Zwiebelschalen-Halbkreis. Eine Kombination aus großem Sitzhalbkreis und Reihen. Wir stellen mehrere Stuhlreihen leicht versetzt hintereinander. Alle sehen auf die Bühne, bekommen aber die anderen Teilnehmer noch mit. Die zweite Kreishälfte ist breite »Bühne«. Durchgänge lassen!

Dynamisch-exotisch sitzen. Ergonomisch gute Stühle sind wunderbar. Merkwürdiger wären große Sitzkissen, Sitzbälle, Isomatten, Korb- und Schaukelstühle oder stabile viereckige Kartons (mit Event-Motto bedruckt beziehungsweise zum Selbstbeschriften), die auch als Pinnwand-Ersatz dienen.

Tische in Veranstaltungen

Braucht es überhaupt Tische? Würden Tagungsmappen als Schreibunterlage genügen? Frühzeitig recherchieren, was zur Wahl steht: große, kleine, breite, schmale, niedrige, hohe, eckige und runde Tische, Geräte- und Ablagetischchen. Wo und wie stehen Tische im Foyer und in Gruppenräumen? An großen runden Hoteltischen für acht bis zwölf Personen kann man sich fast nur mit den Nachbarn rechts und links unterhalten – das Tisch-Gegenüber ist in weiter Ferne.

Sitzen – stehen – liegen: Was macht Sinn?

Stehtische fördern Kommunikation und erlauben schnelle Wechsel. Ideal für kurze, schnelle Austauschmeetings, Foren und Infomärkte. Auch für Mahlzeiten haben sie ihren Reiz – insbesondere beim Flying Buffet, bei dem ständig Häppchen vorbeischweben. Für längere Veranstaltungen braucht es zwischendurch das Sitzen – sonst geht es in die Beine – oder ein gemischtes Angebot aus Steh- und Sitztischen.

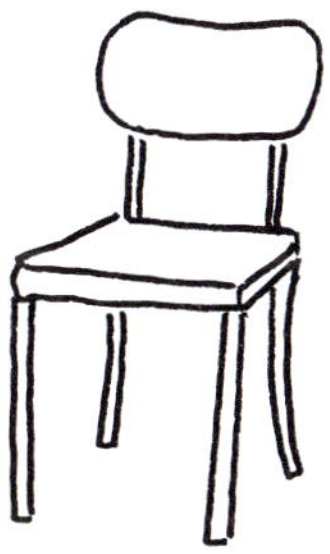

Sitzordnung mit vorgegebenen Plätzen? Wer vermeiden will, dass der Innendienst mit dem Innendienst und der Außendienst mit dem Außendienst zusammengluckt, muss sich was einfallen lassen. Wir wählen farbige Platzmarkierungen (zum Beispiel auch beim Mittagessen): Da steht dann »Innendienst« und »Außendienst« jeweils in bunter Reihe auf den Plätzen oder »Standort A«, »Standort B«, »Standort C«.

Tipp der Macher

Tesakrepp: Damit später alles wieder seinen Platz hat

Bei Stellproben oder vor dem Umbau mit kleinen Tesakreppstreifen Markierungen am Boden anbringen. Die halten den sorgfältig ausgetüftelen Platz fest für Podeste, Tische, Beamertische oder Schweinwerfer. Wenn das mit dem Reinigungsdienst abgesprochen ist, dann findet man am Folgetag sofort wieder den optimal geplanten Platz.

Ulrich Lipp, WUP-NETZWERK

21-3 Alles für den guten Ton!

Orchester plus Stummfilm

Gleichgültig, ob »hohe Tiere«, Moderatoren, Referenten oder Teilnehmer live auf der Bühne, aus dem »Off« oder irgendwo im Publikum sprechen – alle wollen, dass sie gehört und möglichst verstanden werden. Musik und Ton sollen auch vernünftig klingen.

Profis engagieren. Wir halten viel vom »Von-uns-für-uns-Prinzip« und der Idee »Eigene Leute auf die Bühne!«. Aber für Licht, Ton und Bild holen wir uns Support: Werkstudenten mit Band-Erfahrung, freie Eventtechniker oder Licht- und Tonspezialisten. Die findet man unter anderem unter www.eventtechniker.de, www.dthg.de, www.vplt.org oder www.stagehands.de.

Raumakustik checken. Exotische Räume sind nicht auf guten Ton hin gebaut. Bei Werkshallen, Gewächshäuser, Kirchen, Museen, Tiefgaragen oder Parks unbedingt nach spezifischen Akustik-Erfahrungen fragen. Am besten die Tonspezialisten engagieren, die hier schon einmal erfolgreich waren.

Gehört und verstanden werden

Das Echo vom Königsee. Dort ist es toll, wenn jeder Ruf vielfach von der Felswand widerhallt. Bei Events schätzt man das weniger. Die Ursache für Mikrofon- und Lautsprecherecho: Der Schall reist langsamer durch die Luft als das elektrische Signal zum Lautsprecher. Also hört man im Raum den Sprecher leicht zeitversetzt doppelt, was ziemlich stört. Abhilfe schafft die Delay-Line, ein Programm, das die passende Verzögerung berechnet und den Lautsprechersound mit dem tatsächlichen Redner in Deckung bringt. Ab zehn Metern Raumlänge macht das Sinn.

Rückkopplung vermeiden! Es pfeift, wenn das Mikrofon Lautsprechern zu nahe kommt. Also Lautsprecher recherchieren und Referenten, Moderatoren und gegebenenfalls Teilnehmer entsprechend briefen. Der Tontechniker sollte immer im Raum sein, um notfalls nachzuregeln.

Mikrofone für Moderator, Referent und Teilnehmer? Selbst wenn Redner oder Moderator stimmgewaltig sind, Teilnehmer sind es nur bedingt. Aber mit ihnen will man den Dialog. Viel spricht für Mikrofone:

Wer Ohren hat zu hören, der höre – aber nur mit dem richtigen Mikrofon!

- *»Handmikrofone« (»Stabmikro«, »Keule«):* Mit der Hand werden sie vor den Mund gehalten. Sie sind volumenstark, vom Nutzer fein steuerbar und man kann sie schnell weitergeben. Mit ihm lenkt der Moderator seine Gesprächspartner (und verhindert Ausuferndes durch Wegziehen).
- *»Lavalier«:* Fast unsichtbare Knöpfe am Revers, Pullover oder Kragen – über Funk mit dem Mischpult verbunden. Der Sprecher hat einen Sender am Körper und damit beide Hände frei.
- *»Headset«:* Die Alternative zum Lavalier klebt an der Backe oder mittels Bügel am Kopf. Verschiedene Größen und Unsichtbarkeitsstufen existieren. Für schnelles akustisches »Verstärken« von Teilnehmern eher umständlich.
- *»Schwanenhals«:* Biegbare stationäre Mikros am Rednerpult.

Guter Sound braucht gute Lautsprecher. Für guten Klang (Bass und Höhen) reicht ein Laptoplautsprecher mit 10 Watt Leistung für 50 m^2 Raumfläche. MP3 klingt flacher als CD. Alles Weitere lässt man sich von Tontechnikern erklären.

Musikrechte beachten. Spielt man im Rahmen kommerzieller Veranstaltungen Musik von CD oder Laptop ab, werden Gebühren fällig. Die GEMA (Gesellschaft für musikalische Aufführungs- und mechanische Vervielfältigungsrechte) wacht streng über die Verwertung von Musik. Ist eine Veranstaltung nicht angemeldet, kann die GEMA theoretisch jeden Betrag fordern. Darum empfiehlt es sich, die genutzten Titel unter www.gema.de zu melden und zu zahlen. Das gilt ebenso für Musik zur Vertonung von Filmen oder einer Diaschau. Alternative: Sonoton (www.sonoton.de) liefert online rechtefrei Musik, Klänge, Geräusche aller Art gegen eine einmalige Gebühr – ohne GEMA. Der Nachteil: Bekannte Hits bekommt man hier nicht.

21-4 Licht schafft Stimmung und Raum

Lichtwirkung: meist unterbewertet!

Ab etwa drei Stativen mit drei, sechs oder neun Scheinwerfern aufwärts werden Mischpult und Beleuchter (Beleuchtungsmeister, Lichttechniker) sinnvoll. Die kennen sich aus mit Licht und »Bühnenlicht«, kümmern sich um komplexe Lichtanlagen, programmieren und speichern die optimale Lichtgestaltung und fahren das »richtige« Licht auf Knopfdruck hoch.

Ideal: tageslichtsdurchflutete Veranstaltungsräume. Die Realität sieht anders aus: Großhotels haben häufig fensterlose Säle, kleinere Räume zwar Fenster, aber oft keine gute Verdunklung. Dimmbares künstliches Tageslicht für trübe Tagen wäre wünschenswert. Der warme, sonnengelbe (statt krankenhausweiße) Tageslichtton erhöht die Konzentration und sorgt für Wohlbefinden.

Scheinwerfer wirken Wunder! Arbeits-, Putz- oder Saallicht ist nichts für die Bühne – alles bleibt diffus. Nicht immer braucht es hochprofessionelle Lichtlösungen, aber zumindest ein bis zwei einfache Scheinwerfer für gezieltes Licht. Ideal, wenn ein »Beleuchtungsplan« existiert und sich jemand die ganze Zeit über ums Licht kümmert.

Hell und dunkel – die Kontraste nutzen. Ansteigende und abfallende Helligkeit, Veränderung der Lichtfarbe oder ein (absichtsvoller) Blackout erzeugen visuelle Bühnenräume und Aufmerksamkeit.

Scheinwerfer: Technik und Typen. Es gibt sie in diversen Größen, Arten, Ausführungen: »Baby Spots« heißen einfache Lichtquellen mit Farbfilter – die erzeugen Stimmungen. »Farbwechsler« variieren die Lichtfarben. »Spots« (»Verfolger«) stellen Personen in einen beweglichen Lichtkegel – dafür braucht es Beleuchter. »Moving Light« als motorbewegter Schweinwerfer sorgt für dynamisches Licht bei geringer Schweinwerferzahl. »Gobo-Projektionsscheinwerfer« projizieren Logos permanent. »Lichtschnüre« ergeben effektvolle Lichtvorhänge. Audience Blinder blenden das Publikum mit grellem Scheinwerferlicht, um es für Überraschungen abzulenken.

Lichtexoten. Info-, Lern- und Change-Events setzen auf Wirkung und Wirksamkeit – »Special Effects« haben da nicht erste Priorität. Denkbar wäre es, Gebäude, Gebäudestrukturen oder Wege nicht nur anzustrahlen, sondern zum Leuchten zu bringen. »Feuerwerke« sollten inhaltlich und pyrotechnisch sein. Fluoreszenz- oder Schwarzlicht weckt Assoziationen an Disco und grellweiß aufleuchtende Fusseln.

Kerzen und offenes Feuer schaffen Atmosphäre. Ein schemenhaft erleuchteter Raum mit einer Kerze in der Mitte, das Anzünden von Kerzen als Ritual für Wünsche und Hoffnungen, große Kerzen als »Wächter« in den Ecken, auf Wasser schwimmende Kerzen als Punkt der Konzentration und des Loslassens und große Feuer und Feuerschalen – alles wunderbar, wenn es zum Thema passt und die Feuerwehr mitspielt.

21-5 Technik für Visuelles

Unbedingt groß und sichtbar projizieren!

»Sinnlich-Mediales« war Thema von Kapitel 18. Hier geht es um Beamer, Leinwände und Projektionsflächen – also ganz unabhängig vom Inhalt.

Projektionsflächen. Texte und Bilder brauchen Flächen, auf denen sie erscheinen können: Bildschirme, Leinwände, Saal- oder Hauswände, Saaldecken. Die sollen groß sein, damit etwas zu sehen ist und Wirkung entsteht. Als Faustregel für Größe und Distanz gilt:

- *Höhe der Leinwandfläche*: ein Sechstel der Entfernung zur letzen Sitzreihe.
- *Entfernung zur ersten Sitzreihe:* das Doppelte der Leinwandhöhe.
- *Mindestabstand der unteren Leinwandkante zum Boden:* mehr als 1,25 m bei Bestuhlung und 1,60 m bei stehendem Publikum.

In vielen Tagungshotels sind die Leinwände zu klein (vor allem, wenn mehrere Seminarräume zusammengelegt wurden). Da helfen große, zusätzlich aufgestellte Projektionsflächen – manchmal auch mehrere Leinwände, damit alle ohne viel Kopfverdrehen etwas sehen.

Trivial aber nützlich: Reservegeräte und »Kleinzeug«! Für wichtige Geräte schnell Ersatz parat haben – beispielsweise lichtstarke Profi-Beamer, Ersatzlampen, aber auch mehrere, schnelle und geprüfte Rechner, Sticks und Adapter, »Presenter« (Klicker) für das Fernbedienen von Laptops. Gelegentlich auch Teleprompter oder Monitore links und rechts vom Stehpult für Redner, die ihre Manuskripte ablesen – das aber möglichst niemanden sehen lassen wollen.

Vor Ort mitschneiden. Interessante Vorträge oder Aktionen einfach mit der eigenen Kamera aufnehmen – kein schlechter Gedanke. Aber gleichbleibende Bildausschnitte aus der Ferne und schlechter Ton bringen wenig Freunde und Freude. Eventuell beauftragt man ein professionelles Videoteam oder stellt einen interessanten Vortrag (ganz oder gekürzt) als Audiodatei (MP3-Format) zum Download bereit. Wie immer: Zeitaufwand und Kosten beim Aufnehmen stehen nur selten in einem guten Kosten-Nutzen-Verhältnis zur späteren Nutzung. Anders gesagt: Oftmals produziert man so audiovisuelle Karteileichen oder Weltraumschrott!

Kameraübertragung vor Ort. In großen Sälen Redner oder das Bühnengeschehen auf Leinwände übertragen, damit alle etwas mitbekommen oder das Gefühl haben, nah am Geschehen zu sein. Profis nutzen zwei Kameras und mehrere Leinwände. Für normale Veranstaltungen reicht eine handelsübliche Videokamera für die großformatige Übertragung auf eine Leinwand.

Ausreichend Zeiten für Proben einplanen. »Technikproben« stellen technische Abläufe in den Vordergrund. »Rednerproben« testen Akteure im Einsatz – mit oder ohne Technik. Bei »Generalproben« kommt alles zusammen.

Nicht totproben: Das Dialogisch-Lebendige darf nicht untergehen!

> Tipp der Macher
>
> **Auf Bildrechte achten!**
>
> Wer fremdes Foto- oder Videomaterial nutzt, muss die Rechte klären. Bewegtbilder und Fotos recherchiert man lizenzfrei im Internet und kann sie gegen geringe Nutzungsgebühr erwerben. Zwei Millionen Fotos sind zum Beispiel unter http://www.fotosearch.de/ zu betrachten. DVDs mit den Bildern alter und neuerer Meister oder historischen Fotografien sind Quelle für Inspiration und rechtefreie Verwendung.

Links und Zeitschriften zu Bühne, Technik und Ausstattung

Für manche Info-, Lern- und Change-Events sind folgende Links und Zeitschriften einige Etagen zu hoch: Sie werden selten Zelte oder Dolmetscheranlagen mieten. Aber als Inspirations-Fundgrube …

www.dthg.de – Deutsche Theatertechnische Gesellschaft. Informationen zu allem, was mit Bühne und Bühnentechnik zu tun hat.

www.vstättv.de – alle Versammlungsstättenverordnungen als Download sowie regelmäßige Updates und Informationen.

www.konferenztechnik.de/lexikon – Übersicht eines Anbieters mit Schwerpunkt auf Dolmetscheranlagen, aber auch generell zu Konferenzen.

www.satis-fy.com – technische und gestalterische Umsetzung von und für Events.

www.r-zs.com – Röder Zeltsysteme. Beispiel für einen internationalen Zeltbauer. Regionale Zeltanbieter auch bei www.eventmanager.de.

www.gb-mediensysteme.de – Full-Service-Dienstleister für Veranstaltungstechnik.

www.av-views.de – AV-Views. Magazin für audiovisuelle Kommunikation und Präsentation.

www.p-m-a.de – PMA Reportagemagazin für die Veranstaltungsbranche.

www.production-partner.de – Production Partner. Magazin für Beschallung, Licht, Bühne, Event-Technik, Projektion.

www.miet24.de – ein Mietkatalog. Unter „Events & Messen" finden Sie einige Hundert Dinge, an die Sie bisher noch gar nicht dachten.

Umweltverträglichkeit

22

Veranstaltungen ökologisch und sozial gestalten. Inzwischen gehört es zum guten Ton, dass sich Unternehmen zu ihrer sozialen und ökologischen Verantwortung bekennen. Teilnehmer von Veranstaltungen trennen zu Hause Müll und haben die Solaranlage auf dem Dach. Aber dass Veranstaltungen Ressourcen verbrauchen und die Umwelt belasten, war vielen nicht so deutlich im Bewusstsein – und wenn, dann schien mit der Rückgabe der Plastiknamensschilder alles in Ordnung zu sein. Seit einigen Jahren aber hat die Tagungsindustrie die Umwelt- und Sozialverträglichkeit von Veranstaltungen als Thema und als Marketingargument entdeckt.

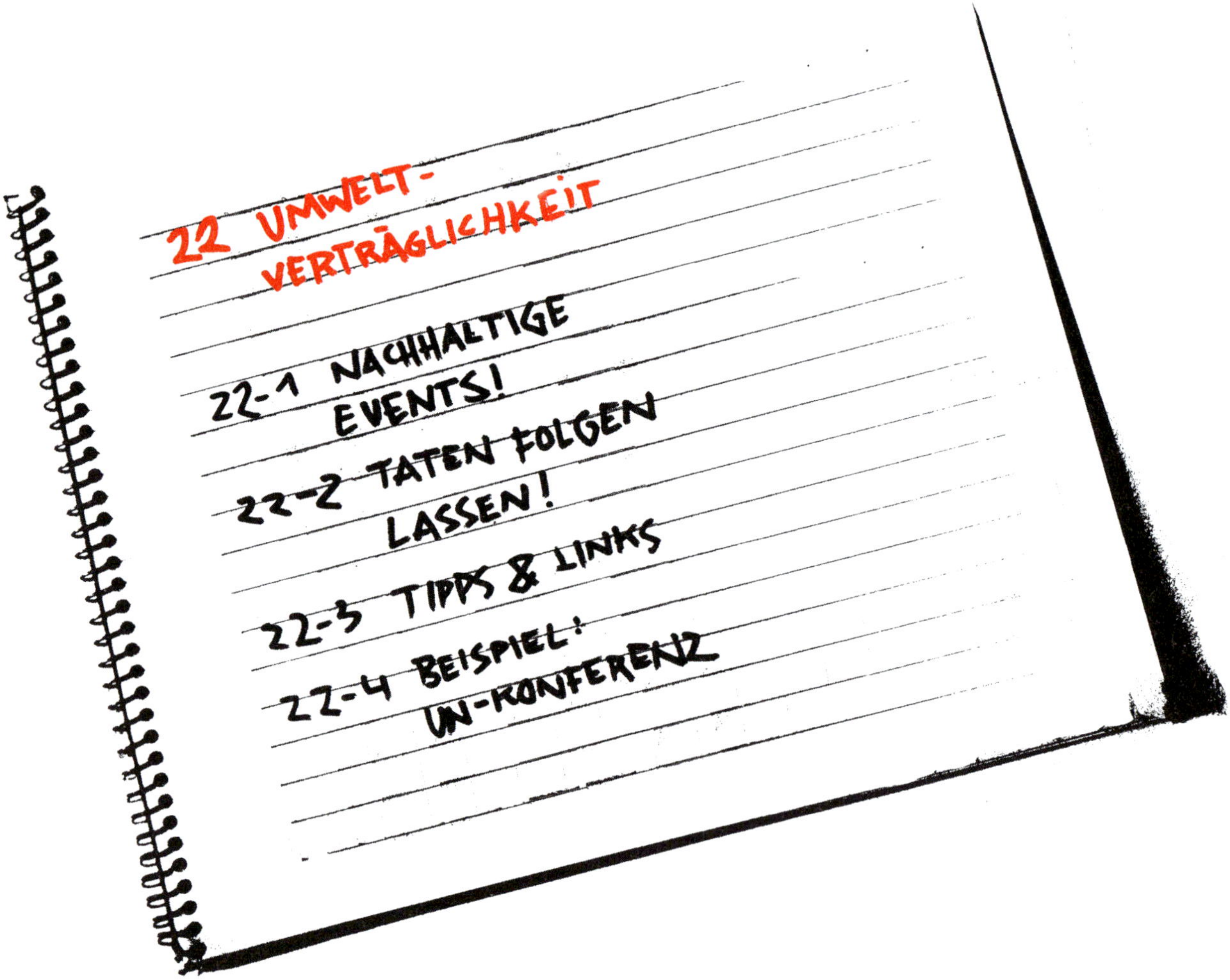

Zuerst hier die **Sau rauslassen** und dann **ein paar Bäume** für **Afrika** sponsern ?

Nachhaltige Events als Forderung

22-1

Veranstaltungen belasten die Umwelt: Flüge, Anreisen, Tagungs- und Hotelbetrieb, Dekomaterial, Teilnehmerunterlagen, Kongresstaschen und Give-aways, die im Müll landen. Häufig angefahrene Veranstaltungsorte verändern ihren Charakter und die Arbeitsbedingungen regionaler und globaler Zuarbeiter sind keineswegs immer fair.

> Beispiel
> **Bus statt Benz?**
>
> Ein global agierendes, aus Deutschland stammendes Unternehmen will eine besondere Führungskräftetagung ausrichten. Das Unternehmen steht dem Umweltschutzgedanken positiv gegenüber, Umweltberichte und Berichte zur *Corporate Social Responsibility* (CSR), also zur unternehmerischen Gesellschaftsverantwortung werden veröffentlicht, man engagiert sich in nationalen und internationalen Gremien. Der externe Berater macht den Vorschlag, die Chefetage doch mit dem öffentlichen Personennahverkehr von einem Veranstaltungsort zum anderen beziehungsweise zum Hotel fahren zu lassen – als Abenteuer und Erkundungsfahrt eingebunden in das Nachhaltigkeitsthema der Veranstaltung. Die Internen lehnen ab: Das würden die Topleute nie machen – da müsse der Audi A8, der 7er-BMW oder die Mercedes-S-Klasse mit Fahrdienst ran. Und für den Rest zumindest der Luxusbus. Hätte man sich denken können?! Andererseits: Der Gedanke sensibilisiert intern weiter für das Thema, öffnet andere Türen und in einigen Jahren mag der ÖPNV durchaus eine Chance haben.

Nachhaltigkeit: inhaltlich, sozial und ökologisch!

Die Idee der »Nachhaltigkeit«. Der ursprüngliche Wortsinn wurzelt im forstwirtschaftlichen Nachhaltigkeitsdenken. Erstmals wurde die Grundidee 1560 in der kursächsischen Forstordnung formuliert. Gefordert wurde die »nachhaltende Nutzung« der Wälder, um kontinuierlich genügend Bau- und Grubenholz zur Verfügung zu haben: Den Wäldern dürfe immer nur soviel Holz entnommen werden, als wieder nachwächst. Im 17. und 18. Jahrhundert verfestigte sich der Gedanke. Inzwischen diskutiert man den kontrollierten Erhalt regenerierbarer, lebender Systeme unter den Schlagworten »sustainable«, »zukunftsfähig« oder »umwelt- und mitweltgerecht«. »Umweltgerecht« achtet auf ökologische Faktoren, um Natur und Umwelt für nachfolgende Generationen zu erhalten. »Mitweltgerecht« zielt auf den dauerhaften Schutz wirtschaftlicher Ressourcen vor Ausbeutung, auf fairen Ausgleich sozialer Kräfte, auf förderliche Beteiligung, um eine zukunftsfähige, lebenswerte Gesellschaft zu erreichen.

Wer im Glashaus sitzt? Ein Zeitungsbericht von der Weltklimakonferenz 2007 auf Bali weist darauf hin, dass sich die UN nicht darauf einigen konnte, die Flüge für die Delegierten klimaneutral zu kompensieren.

Was tun, damit Worten Taten folgen? 22-2

Die Zeiten für Kongressorte, Stadthallen und Großveranstalter werden härter. Da machen sich »Green-Meeting«-Kampagnen gut fürs Image und fürs Marketing. Aber was kann man als Veranstalter und Planer handfest tun für mehr Umwelt- und Mitweltverträglichkeit von Events?

»Lebenslust« und »Entdeckerfreude« statt »Verzicht«. Veränderung beginnt im Kopf. Beim Ökotourismus ist es gelungen, das »Anders als bisher« positiv zu positionieren. Statt »Verzicht«, Neues erleben, Neues entdecken und ein gutes Gefühl dabei haben! Dasselbe Ziel gilt für Tagungen: Wirklich lustvolle genutzte Zeit ist die Autoanfahrt selten – meist weiß man nur nicht, wie man sonst an den Zielort kommt. Auch Hotel, Minibar, Klimaanlage, Schwimmbad und Convenience-Küche sind für routinierte Veranstaltungsbesucher kein wirkliches »Erlebnis«. Für sie haben dagegen verlangsamte Anreise, ungewöhnliche Häuser jenseits von Teppichbodenakademien und Übernachtungen im Ort in Privatquartieren durchaus ihren Reiz.

Die gute Tat: Ökologisches Kleinvieh macht auch Mist!

Das »Anders als üblich« zelebrieren. Veranstaltungsteilnehmer sollen Ungewohntes überraschend angenehm »erleben«. Da hilft bildhafte Zusatzinformation – jenseits der Tagungsinhalte: Welche Geschichte hat der Tagungsort und die Region? Wovon leben hier die meisten Menschen? Wer arbeitet vor Ort direkt und indirekt für die Veranstaltung? Wer erzeugt wie die regionalen Lebensmittel für unsere Mahlzeiten? Was tut die Veranstaltung für eine gute Ökobilanz?

Tue Gutes und rede darüber!

Flug- und Autoanreisen reduzieren. Bei Veranstaltungen sind das die größten ökologischen Belastungen. Ein Hin- und Rückflug München-Berlin für eine Person erzeugt beispielsweise rund 300 kg CO_2 (und einiges andere mehr). Das entspricht zehn Prozent des klimaverträglichen Jahresbudgets eines Weltbürgers. Günstig für die Ökobilanz sind nahegelegene Tagungsorte, gezielte Werbung für umweltfreundliche Anreisemöglichkeiten (Bahnverbindungen nennen, Busanreisen oder Abholung ab Bahnhof organisieren, Preisarrangements für Anreisen mit Bahn oder ÖPNV, persönliche Dankeschön-Geschenke für umweltfreundliche Anreise) – oder aber als Notlösung finanzielle Kompensation der erzeugten CO_2-Belastung.

Reduce – Reuse – Recycle – Restrain. Die vier R-Grundprinzipien für weniger Materialverbrauch bei Veranstaltungen:

- *Verbrauchsminderung* (Reduce): Das, was man weniger braucht, beispielsweise weniger Handouts.
- *Erneutverwendung* (Reuse): Das Noch-mal-Nutzen von Dingen, zum Beispiel Namensschilder und Dekomaterial.
- *Recycling:* Das Wiederverwenden der Dinge, die man braucht.
- *Erst-gar-nicht-brauchen* (Restrain): Verzicht auf Dinge, von denen man meint, dass man sie braucht, beispielsweise Wegwerf-Give-aways.

Was passt zum Auftraggeber? Was gibt es da bereits an Initiativen, Abläufen, Vorschriften im Bereich Umwelt und Corporate Social Responsibility? Wer unterstützt, wer braucht Impulse? Lassen sich Kostenrechnungen oder Gewinne schon vorab aufzeigen? Gibt es verborgene Wünsche, zu entwickelnden Bedarf, bisher verpasste Gelegenheiten? Wer will etwas ändern – kurz- oder langfristig? Wie viel kommunizierter und praktizierter Umweltschutz passt zu Auftraggeber und Event?

Welche Ökostandards haben die Zulieferer? Wie ist das bei Hotel, Location, Caterer, Transport und Technik? Wen kann ich in welche Prozesse einbinden? Gibt es lokale Gegebenheiten und Gelegenheiten, die man unterstützen oder nutzen kann? Was verlangt das externe Veranstaltungsumfeld (Gesetze, Regelungen vor Ort, Bedarf von Gruppen)?

Schulung und Beratung. Mitarbeiter, Zulieferer, Kunden beraten und trainieren, in Prozesse einbinden, gemeinsame Standards erarbeiten, gemeinsame konkrete Visionen entwickeln. Da helfen Checklisten, Standards, Know-how sowie Austausch und Vernetzung.

Besser kleine als keine Schritte!

Umweltverträglichkeit kommunizieren. Nicht für alle sind »Green Meetings« das Normalste der Welt. Also Stakeholder einbinden, Motto entwickeln, Symbole finden, extern berichten, Stolz und Motivation erzeugen. Möglichst in die Unternehmenskommunikation integrieren. Mit globalen, nationalen, regionalen Initiativen in Kontakt treten. Zielsetzung und Maßnahmen sollten »griffig« werden – bis hin zum Slogan und klugerweise in Veranstaltungsdesign und -organisation integriert.

»Green Meetings« müssen nicht teurer sein! Auf Planung und Argumentation kommt es an. Im Idealfall gewinnt man mehrfach: Eine umweltverträglichere Veranstaltung, einen Imagegewinn, eine interessante Bereicherung anstelle von »Verzicht«, und mit einiger Wahrscheinlichkeit rechnet sich das sogar – nicht nur für die Umwelt.

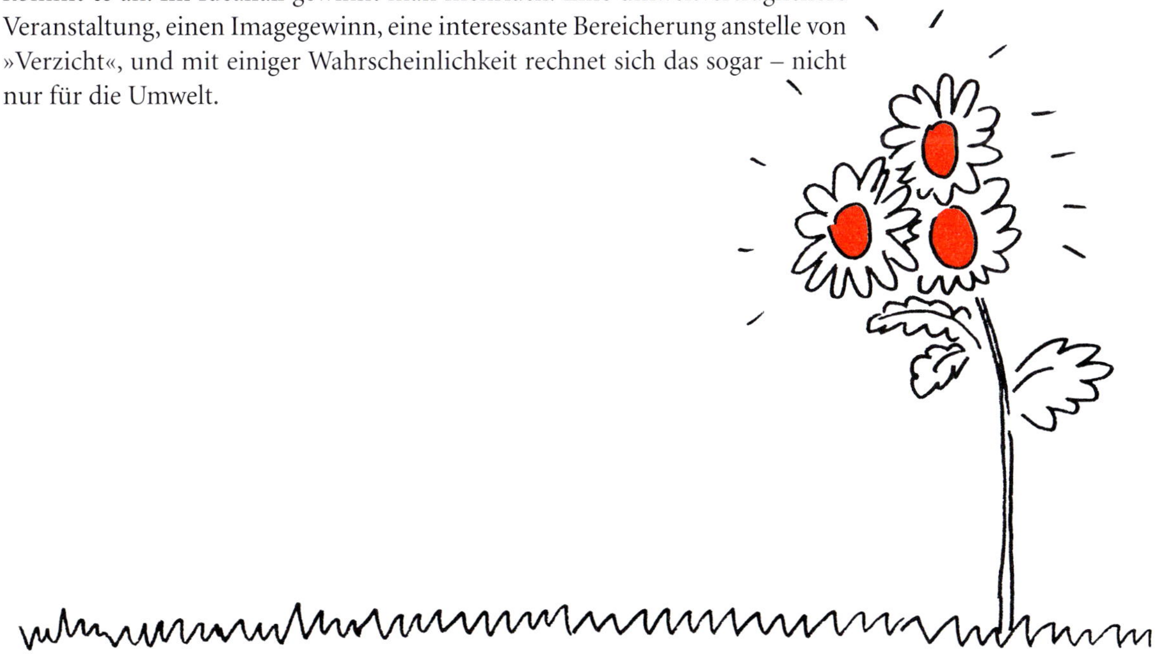

Bringt das wirklich was? Sind »Green Meetings« nicht einfach nur eine neue Marketingstrategie? Heimische Wildkräuter auf festlichem Büffet haben bestenfalls Symbolwert für ökologische Tagungen. Wiederverwendbare Namensschilder retten die Welt nicht. Weniger Veranstaltungen, weniger Teilnehmer und mehr video- oder netzgestützte Meetings wären deutlich nachhaltiger. Die Kompensation tagungsbedingter CO_2-Emissionen durch »gute Werke« irgendwo in der Welt ist vielleicht nur ein cleveres Geschäftsmodell oder neuer Ablasshandel zur Beruhigung des schlechten Gewissens. Vermutlich dienen manche dieser Maßnahmen bestenfalls dem Bewusstmachen der Problematik – das wären aber immerhin kleine ökologische Etappensiege.

Umwelt- und Mitweltgerecht!

Nachhaltigkeit auch für das Umfeld. Viel ist schon gewonnen, wenn Events selbst umweltfreundlicher werden. Ein nächster Schritt wären positive soziale, gesellschaftliche und wirtschaftliche Auswirkungen: Wie fair sind die Arbeitsbedingungen der Mit- und Zuarbeiter vor Ort und global? Wirken Tagungen positiv auf Region oder Ort der Veranstaltung – beispielsweise durch Übernachtungen in Privatquartieren, durch regionalen Einkauf, durch das Aufgreifen regionaler Impulse? Events »als gute Tat« – beispielsweise der frisch gepflanzte Lawinenschutzwald (s. Kapitel 13-5) weisen in diese Richtung.

Checkliste **Umweltverträglichkeit**

Diese Liste wird man selten voll abhaken können. Sie ist Struktur für das Nachfragen und Optimieren: Was ist Standard? Was kann wer mehr tun? Wie dokumentiert und kommuniziert man diese Maßnahmen?

- [ ] **Abfall und Entsorgung:** Location und Hotel nach Mülltrennung, Mehrweg- und Ökoverpackungen fragen. Sammeltassen statt Plastikeinwegbecher (wie beim Nürnberger Christkindlesmarkt für Glühwein). Statt Plastiknamenschildchen beispielsweise Paperclips zum Befestigen von Visitenkarten oder inszenierter Schildchenrücktausch am Ende des Events. Müllvermeidung bei Tagungsbüro, Teilnehmermaterial und Bühne.

- ☐ **Wasser, Abwasser, Boden und Natur:** Wasserverbrauch und Wasserstoppvorrichtung von Location und Hotel. Bodenverbrauch und Verschmutzung im Außenbereich (PKW, Zelte, Trucks ...).
- ☐ **Strom und Energie:** Ökostrom-Anbieter. Stromsparende Geräte, Klimatisierung (Automatik, Fenster, Raumtemperaturwahl), Tageslicht. Stromverbrauch für Hotel, Location, Scheinwerfer, Lampen, Beamer. Wie viel Energie »frisst« die Veranstaltung insgesamt?
- ☐ **Transport und Verkehr:** An- und Abreisen optimieren – beispielsweise mit Bahn, Bus, ÖPNV, Fahrgemeinschaften, Abholservice. Anreisespezialangebote in Zusammenarbeit mit Bahn oder ÖPNV, Anreize für alternative Anreisen. CO_2-Kompensation von Flügen. Vor-Ort-Mobilität mit Fahrrad (über Bahn oder Citybike), energiesparende Autos. Zulieferer und Material aus der Region. Transportprozessoptimierung der Anlieferer.
- ☐ **Veranstaltungsort und Unterkunft:** Ökobilanzen für Gebäude, Standards und Prozesse vor Ort. Allergieauslösende Reinigungsmittel und Teppichkleber, Raumklima. Alternatives Wohnen in Privatquartieren. Durchaus problematisch: Was ist mit abgelegenen Tagungsorten in strukturschwachen Regionen – werden die von den Hotelfabriken der großen Städte kannibalisiert?
- ☐ **Essen und Trinken:** Fair Trade. Regionale und saisonale Produkte aus ökologischem Anbau: Obst von den Bäumen nebenan, Käse, Schinken, Wurst, Butter, Brot, Gebäck und Marmelade aus der Region – das muss man publik machen, sonst merkt es niemand. Leitungswasser statt Flaschenwasser. Leichte Speisen statt Mastkur. Rücksichtnahme auf Vegetarier und Allergiker.
- ☐ **Technik, Dokumentation, Materialien:** Ökolabel bei Beschaffung beachten. Auf umweltschonende Technik und Materialien, giftfreie Stoffe und Emissionsvermeidung achten (Abgase, Lärm, Licht). Wie umweltfreundlich arbeitet das Tagungsbüro – vom Ökomaterial bis zur papierlosen Onlinedokumentation?

Mehr Nachhaltigkeit: Tun, was möglich ist! Gegebenenfalls »freikaufen«!

22-3 Tipps und Links zur Vertiefung

Auch inhaltlich wertvolle und inhaltlich nachhaltige Veranstaltungen belasten die Umwelt. Weniger oder kleinere Meetings oder Nicht-hinfahren wären Lösungen. Oder Teilnehmer, Veranstalter und Planer achten darauf, dass zumindest die Spuren nicht allzu »schmutzig« ausfallen. Dafür bieten viele Seiten nützliche Information und konkrete Ansatzpunkte.

Think green, watch your carbon footprint!

Der Veranstaltungsmarkt organisiert sich »grün«. In den USA macht sich das Green Meetings Council Gedanken über nachhaltige Veranstaltungen: www.greenmeetings.info. Eine praktische Checkliste gibt es beim Ableger Oceans Blue Foundation: www.bluegreenmeetings.org. Das German Convention Bureau – der Zusammenschluss deutscher Tagungsstätten und -orte – hat sich zum Thema Nachhaltigkeit bekannt und richtete seine letzte Tagung mittels Kompensation klimaneutral aus (www.gcb.de). Auch der EVVC (Europäischer Verband der Veranstaltungs-Centren, unter www.evvc.org) erkennt Nachhaltigkeit als Zukunftsgeschäftsfaktor. Einzelne Orte positionieren sich inzwischen als »nachhaltige Tagungsorte« und belegen dies durch Maßnahmen und/oder schöne Lage, beispielsweise Bonn als Austragungsort von Klimakonferenzen (http://www.international-bonn.de/de/sustainable-bonn.html).

Umweltverträgliche Betriebe, Hotels und Tagungshäuser. Noch fehlt ein einheitliches Label, man muss also stets eine ganze Reihe von Labels durchklicken: das Steinbocklabel (Schweiz), deutsche Tagungshäuser unter http://www.viabono.de oder ECHO (Environmentally Conscious Hotel Operations), Blaue Schwalbe oder Green Key (Schweden).

Diverse Umweltzeichen belegen nachhaltiges Produzieren, Wirken und Denken auf nationaler wie europäischer Ebene. Bekannt ist der blaue Engel (www.blauer-engel.de) für umweltverträgliche Produkte. Die Stiftung Ökotest (www.oekotest.de) bietet weitere Produktinformationen. Fair Trade (www.transfair.de) sorgt für fairen Handel. Einen Leitfaden für verantwortungsbewusste Beschaffung bietet www.carpe-net.org.

Zertifizierungen. Individuelle Umsetzungen, Prozesse und Anstrengungen werden im Bereich des Umweltmanagements zertifiziert: Internationale Umweltmanagementnorm ISO 14001 (www.14001news.de) und EMAS (Eco-Management and Audit Scheme, www.emas.de).
Aktuell aus dem englischen Sprachraum kommt der British Standard BIS 8901 (wird 2012 als ISO-Norm gültig), der die ökonomischen, sozialen und ökologischen Säulen spezifisch für Events prozesshaft erfasst: www.bsigroup.co.uk/en/Assessment-and-Certification-services/Management-systems/Standards-and-Schemes/BS-8901 (für etwa 150 Euro erhältlich). Green Globe ist ein aus dem Ansatz zum nachhaltigen Tourismus der Agenda 21 hervorgegangenes Programm und Zertifizierungssystem: www.ec3global.com.
Der Green Meeting Guide ist ein Leitfaden von UNEP und ICLEI für UN-Veranstaltungen (www.unep.org oder www.iclei.org).

Hier gibt's den »grünen« Stempel!

Mobile Solaranwendungen und Wiederverwendung im Systembau. Das sonnenhungrige Solarcafé (www.solarcafe.de) bringt den Umweltgedanken auf Veranstaltungen ebenso gewitzt wie nachhaltig aufs Tapet und der Systembau verwendet vorgefertigte Teile im Messewesen und Bühnenbau mehrfach und vermietet Möbel und andere Veranstaltungsdinge (www.partyrent.de oder www.orgatech-ag.com) Das hilft, den Verbrauch zu reduzieren.

»Klimaneutralität« erkauft man sich zum Beispiel unter www.atmosfair.de oder unter www.myclimate.de als Kompensation für CO_2-Belastung durch Reisen und Flüge: Pro verursachtem Kilogramm CO_2 zahlt man freiwillig Beiträge für ökologische Ausgleichsmaßnahmen vorrangig in der »Dritten Welt«.

Wuppertaler Institut für Klima, Umwelt, Energie. Dort hat man im Rahmen eines Bundes-Forschungsprojektes jede Menge wissenschaftlicher Hintergründe und praktische Tipps zu »nachhaltigen Events« zusammengetragen (für Meetings, Konferenzen, Sportgroßveranstaltungen und Messen). Unter www.eventkultur-lab.de stehen mehrere Hundert Seiten mit substanzieller Information sowie praktischen Werkzeugen zum Teil als Download bereit.

Eine ausführliche Dokumentation inklusive Arbeitsblättern (»Leitfaden für umweltgerechte Veranstaltungen«) hat das Bundesministerium für Umwelt, Naturschutz und Reaktorsicherheit mit dem Bundesumweltamt herausgegeben. 38 Seiten stehen als Download zur Verfügung (www.bmu.de/europa_und_umwelt/downloads/doc/36714.php).

22-4 Beispiel: UN-Biodiversitätskonferenz

2008 war Deutschland Gastgeber der 9. UN-Naturschutzkonferenz »Conference on Biological Diversitity: One Nature – One World – One Future«. Fast 7.000 Delegierte aus 191 Staaten kamen nach Bonn. Das Umweltziel der Konferenz: Kompensation des globalen Fußabdrucks der Veranstaltung, Ressourcen schonen, Abfälle vermeiden, regional hergestellte und fair gehandelte Produkte genießen. Konkret bedeutete das für die Tagung: Das Kongressnamensschild galt als Ticket für den Nahverkehr in der Region. Die Transportflotte für VIPs bestand aus Mittelklassegefährten mit der BlueMotion-Technik des Sponsors. Beim Catering standen Regionalität und gesundes Essen im Vordergrund. Die Hälfte des Angebots waren biologisch erzeugte Lebensmittel (die Caterer mussten das belegen). Selbst die »Pommesbude« warb mit Bio-Bratwurst und anderen Fast-Food-Bio-Köstlichkeiten. Die Konferenztasche bestand aus Recyclingmaterial und war von dauerhafter (nachhaltiger!) Qualität.

Die Klimaneutralität der Tagung wurde in drei Schritten erreicht:
Erster Schritt: Reduktion des Verbrauchs.
Zweiter Schritt: Einsatz von zertifiziertem grünen Strom.
Dritter Schritt: Kompensation des CO_2-Ausstoßes.

Errechnet wurden ungefähr 20.000 Tonnen zusätzliche CO_2-Äquivalente, die die Konferenz erzeugt. 90 Prozent davon durch internationale Flüge, sieben Prozent durch den Hotelbetrieb, zwei Prozent durch den zusätzlichen Energieverbrauch und ein Prozent durch den Verkehr. Kompensiert wurden diese 20.000 Tonnen durch Unterstützung eines Projektes in Burkina Faso. Im ländlichen Raum ersetzen dort moderene Biomassevergaser alte stromerzeugende Dieselgeneratoren. Dies spart voraussichtlich 10.000 Tonnen CO_2 pro Jahr.
Auch die Locations mussten Umweltstandards übernehmen und die Konferenz wurde nach EMAS (Eco-Management and Audit Scheme) zertifiziert. Die Budenwelt der »Plaza der Vielfalt« aus offiziellen und NGO-Infoboxen war mit Systembauelementen und wiederverwertbaren Holzplatten ausgelegt ebenfalls »grün« umgesetzt. Vor den Zelten und am Zeltrand standen Blumenkästen. Für den Empfang der 100 Bürgermeister im alten Rathaus wurden die Tische mit essbaren Wildpflanzen und Blüten dekoriert und die Gäste zum Kosten von Wildsalaten, Wildpflanzen-Empanadas und Wildkräuterdips eingeladen.

Ob Biobratwürste die Welt retten?

Event-Evaluation

23

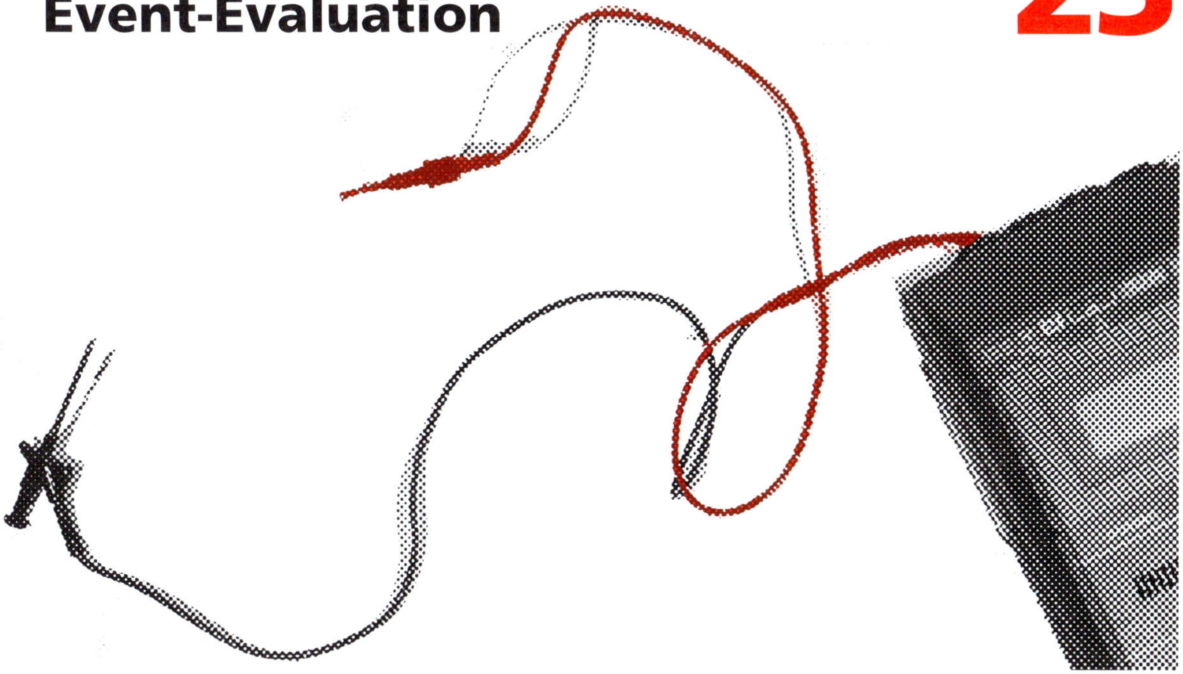

Zwischen Erfolgsmessung und Optimierungshilfe. Veranstaltungen sollen etwas »bewirken«. Deshalb liegt die Forderung nahe, den Event-Erfolg möglichst genau zu messen, vielleicht sogar den berühmten ROI (Return on Investment) zu ermitteln. In der Praxis scheitert dieser Anspruch häufig an diffusen oder multiplen Event- und Evaluationszielen, an Messproblemen und kontroversen Kriterien und Regeln fürs Bewerten. Veranstalter und Auftraggeber reduzieren deshalb Evaluation gerne auf abschließende Zufriedenheitsabfragen. Das wiederum scheint uns arg kurz gegriffen. Evaluation gewinnt Zusatzpotenzial, wenn man nicht nur den Output erfassen will, sondern sich verstärkt auf unterstützendes Optimieren konzentriert.

Geht es ums "Bewerten" (englisch: to evaluate) **oder ums "Sich-steigern, Erstarken"** (lateinisch: evalescere)**?**

Evaluation: Wer sie wann wofür braucht

23-1

Wir fragten nach der ersten Assoziation zu »Event-Evaluation« und bekamen überwiegend »Fragebogen« als Antwort. Das ist zu eng fokussiert. Darum lohnt ein Blick auf die Basisdefinition von Evaluation. Die nennt drei Kernelemente: Erstens: Ausgewählt und systematisch Informationen zu einer Veranstaltung sammeln. Zweitens: Diese Information im Vergleich zu Zielvorgaben und sonstigen Parametern bewerten. Drittens: Das geschieht zweckorientiert – man will prüfen, kontrollieren, vergleichen, optimieren (Will/ Winteler/Krapp 1987).

Unterschiedliche Fragestellungen und Blickwinkel. Diverse Stakeholder erwarten Aussagen zu »ihren« spezifischen Fragen. Die Konsequenz: Eine Evaluation »für alle und alles« hat wenig Chancen.

If you fail don't matter, fail again, fail better!

- *Veranstaltungsauftraggeber interessieren Summeneffekte:* Erreichte das Event die angestrebten Ziele ohne Nebenwirkungen? Blieben die Kosten im Rahmen? Lohnte die Investition?
- *Event-Macher freuen sich über Erfolgsdaten zur Legitimation:* »80 Prozent waren sehr zufrieden«, »85 Prozent würden die Folgeveranstaltung wieder besuchen« – das sind Argumente gegen skeptische Nachfragen.
- *Event-Macher suchen Optimierungspotenzial:* Fand die neue Event-Website Anklang? Haben sich die Themenforen bewährt? Welche Referenten sollen wir wieder einladen? Lässt sich im laufenden Event noch etwas feinjustieren?
- *Das Hotel will Feedback:* Schlägt sich die Schulung des Personals in den Bewertungen nieder? Fanden die Ökoangebote Resonanz?
- *Die Teilnehmer:* Sie könnten wissen wollen, ob ihre Vorschläge, Initiativen, Arbeitsergebnisse und Feedbacks aufgegriffen wurden.

Zeitpunkte für Evaluation. Am häufigsten sind Befragungen gegen Veranstaltungsende. Evaluation im Nachhinein recherchiert Auswirkungen: weniger Fehler oder Reklamationen, mehr Verbesserungsvorschläge, die Intensität des Presseechos. Seltener sorgt Evaluation während des laufenden Events noch vor Ort für schnelles Nachjustieren. Ebenfalls unüblich aber lohnend wäre halbwegs systematische »Zielevaluation« bereits in der Planungsphase. Weil aber vorab im Eifer des Gefechts für diese Art von »Zielarbeit« (Will 1992) selten Zeit bleibt, schlägt man sich später mit diffusen Erfolgskriterien herum.

23-2 Evaluation: Mehr Frust als Lust?

Eine Betroffene: »Ich habe die Auswertung gleich weggeworfen!«

Das »Wie« entscheidet, ob Evaluation dem Event nützt, den Spirit der Veranstaltung unterstützt, Aufbruchstimmung erzeugt. Wenn es dumm läuft, dann fühlen sich Evaluierte kontrolliert und falsch beurteilt, Evaluierende üben sich in der »Kunst manipulativer Berichtlegung«, Auftraggeber trauen dem Braten nicht – getreu dem Motto »Traue nur der Statistik, die du selbst gefälscht hast«, und Veranstaltungsmacher schimpfen über das »Desinteresse« der Auftraggeber. Es lohnt sich, Besonderheiten der Event-Evaluation genauer anzuschauen.

Einschätzungen der Macher

Event-Macher zum Stellenwert von Evaluation

Wir haben uns ein wenig in der Szene umgehört. Hier einige kritische Stimmen von Veranstaltungsplanern und Event-Machern:

»Ich kenne wirklich kein Schwein, das irgendwas evaluiert. Wer hat denn in dieser schnelllebigen Zeit noch Zeit für so was – lieber mal 40.000 Euro in den Sand gesetzt, als nochmal nachgehakt. Im Ernst, außer den üblichen Zufriedenheitsreihenschluckimpfungen habe ich noch keine Veranstaltung erlebt oder selbst organisiert, die ernsthaft in Richtung Resultat, Transfer oder Ähnlichem evaluiert wurde.«

»Ich kenne tatsächlich nur die üblichen Fragebogen. Am wichtigsten ist wirklich zunächst die Frage für wen und wozu evaluiert werden soll.«

»Man müsste eigentlich viel früher ansetzen und klären: Welche Parameter muss ich messen, um welche Aussage zu erhalten? Dazu gibt es meiner Meinung nach noch nichts Gescheites, zumal die Kunden auf dem Standpunkt stehen: Ich will irgendetwas messen, was ich hinterher als Erfolgsnachweis meinem Chef zeigen kann. Ich weiß allerdings nicht genau was, und kosten darf es auch nichts. Valide Erhebungen kosten nun einmal Geld.«

Das Phänomen multipler und lebender Zielsysteme. Man mag es bedauern, aber Veranstaltungsziele bleiben vielschichtig, partiell vage und weisen bei verschiedenen Stakeholdern in verschiedene Richtungen. Begrifflich Ähnliches bedeutet in diversen Köpfen nicht das Gleiche – vor allem nicht im Hinblick auf Prioritäten, Erfolgskriterien und Bewertung. Rechnen muss man zudem mit »heimlichen Zielen«, die niemand öffentlich nennt, beispielsweise, dass die neue Führungsspitze bei den Mitarbeitern gut ankommen soll. Und man muss wissen, dass Ziele leben: Auch bereits abgenickte Ziele entwickeln sich im Vorfeld des Events weiter. Bei Komplikationen stehen eventuell nicht mehr alle voll dahinter.

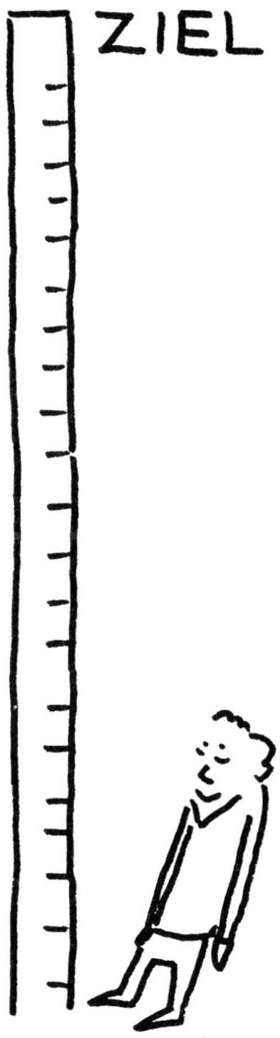

Genau das, was man wissen will, ist schwer zu fassen! Besucherzahlen einzelner Workshops, Noten für Referenten, Verweilzeiten und Fluktuationsdaten, weniger Reklamationen in den Folgemonaten oder mehr Ideen fürs Innovationsprogramm – das lässt sich halbwegs leicht erfassen. Aber was sagen solche Zahlen über den Erfolg der Veranstaltung? Und was ist mit komplexeren Zielen? Woran »misst« man beispielsweise, ob ein Führungskräftetag den neuen Führungsstil voranbringt, ob eine große Mitarbeitertagung mitten im Change-Prozess Orientierung gibt und die Mannschaft stabilisiert, ob ein Gesundheitskongress mehr als »nur« kollegialen Austausch fördert? Da hängt es davon ab, wie man dazu Daten erhebt und ob Nutzer der Evaluation mit qualitativen Aussagen auch etwas anfangen können.

Abschied vom Konzept wissenschaftlicher »Begleitforschung«! Große, langfristig angelegte Auftragsprojekte haben Evaluation obligatorisch als Qualitäts- und Erfolgskontrolle. Dieses wissenschaftliche Vorgehen passt nur bedingt für kurzlaufende, im engen Zeittakt geplante, meist einmalig stattfindende Veranstaltungen, bei denen die Event-Auftraggeber oft persönlich vor Ort sind. Da will man schnell und kostengünstig nützliches Feedback: lieber »quick-and-dirty-nützlich« als späte Rundumauswertung für die Schublade.

23-3 »Summativ« und »formativ«: zwei Wirkrichtungen von Evaluation

Der Fachjargon unterscheidet »summative« und »formative« Evaluation: »Summative« Outputevaluation untersucht das Event rückblickend. Wenn es gut geht, profitiert davon der nächste Termin. »Formative« Evaluation findet noch im laufenden Prozess statt. Die Ergebnisse dienen bereits dem aktuellen Event (sie »formen« es noch).

Post-Mortem-Erfolgsmessung

»Summative« Evaluation. Event-Auftraggeber fragen nach dem Veranstaltungserfolg, dem Nutzen einer »Jahrestagung«, einer »Bundeskonferenz«, eines »politischen Forums«. Sie interessiert der Return on Investment (ROI) oder ob anderes Vorgehen mehr erreicht hätte. Fachmessen experimentieren mit dem Messe-Nutzen-Check (www.auma-messen.de). All diese Fragen sind legitim, aber die Antworten machen Probleme: Spätestens jetzt rächen sich diffuse Ziele und Erfolgskriterien und es bleibt offen, wie man es hätte besser machen können. Zudem stellt sich ein Zeitproblem: »Was passiert ist, ist passiert!« – für Planer und Macher sind abschließende Evaluationsbefunde schnell »Schnee von gestern«. Sie sind mit dem Kopf bereits bei den Folgemaßnahmen oder denken schon an das nächste Event – mit anderen Teilnehmern, Zielen, Themen, Zuschnitten und Methoden. Da nützt ein Rückblick nicht mehr so viel.

»Formative« Evaluation als Optimierungshilfe. Ganz im Sinne des lateinischen Verbs »evalescere«, das »sich steigern, erstarken« bedeutet (Waldherr 2008), liefert sie schnelle Aussagen, die erkennbar dazu beitragen, eine noch laufende Veranstaltung oder Schritte in der Planungsphase zu optimieren. Formative Evaluation arbeitet schnell, koppelt rasch zurück und braucht flexible Leitungsteams. Methodisch nutzt man mehr »weiche« Verfahren – man will ja keine abschließende Beurteilung. Für orthodoxe Evaluatoren klingt das nach Coaching oder Intervention – für Events, die mit heißer Nadel gestrickt sind, hat das viel Potenzial.

Evaluation ohne wissenschaftlich schlechtes Gewissen

Der Vorteil des Doppelpacks. Man wird formative und summative Evaluation nicht gegeneinander ausspielen. Beide habe ihr Potenzial. Unsere Botschaft: Beides nutzen – und wenn »summativ« nicht mehr ist als ein harmloser Abschlussfragebogen, dann bleibt immer noch das Feld schneller formativer Evaluation. Es lohnt, dafür Auftraggeber, Veranstalter und Teilnehmer zu gewinnen.

23-4 Strategien und Methoden der Event-Evaluation

Wegen unterschiedlicher Anforderungen der Evaluationsnutzer, unterschiedlicher Fragestellungen formativer und summativer Evaluation und diverser Erhebungszeitpunkte braucht es manchmal mehrere Evaluationen parallel, um möglichst viele Bedürfnisse zu befriedigen.

Viele Methoden passen für summative und formative Evaluation. Summative Evaluation untersucht abschließend Outputs, nimmt sich Zeit, geschieht später – teilweise Wochen später. Formative Evaluation setzt auf schnelle Optimierung, auf hohes Tempo von Datenerhebung und Rückkopplung. Das Methodenrepertoire ist facettenreicher und reicht pragmatisch bis zu »quick and dirty«. Genommen wird, was Optimierung für eine laufende Veranstaltung verspricht.

Enttäuscht wird, wer Wunder erwartet

Was ist es wert, evaluiert zu werden? Es kommt darauf an, was wer wann wozu wissen will: finanziellen Ertrag, Umsatz. Zufriedenheit oder erfüllte Erwartungen. Kennwerte für Kontakt, Austausch und Diskurs zwischen verschiedenen Standorten. Lernzugewinn, Klarheit, Überblick und Sicherheit im Handeln. Motivation oder Begeisterung für ein Thema, handfeste Transfervorhaben, Anzahl erfolgreich realisierter Folgeaktionen. Imagezuwachs in der Öffentlichkeit. Veränderungen betrieblicher Kennzahlen, beispielsweise Kündigungen, Krankenstände, Fehlerquoten. Abbau von Konfliktpotenzial, Zusammenwachsen der Bereiche nach Fusion, Erfolg beim Start der nächsten Schritte im Change-Prozess. Rückmeldung will man vielleicht auch über die Wirkung einzelner Module, die Akzeptanz von Programmangeboten und Referenten, über die Passung des Events zur Kommunikationsstrategie des Unternehmens. Jenseits von Output und ROIs sind also viele weitere Themen eine Evaluation wert.

Anspruch an die Daten- und Aussagequalität. Wenn Veranstaltungsmacher schnelle, »formative« Feedbacks zu einem laufenden Event wollen, dann nützen ihnen bereits weiche, qualitativ gewonnene Daten mit subjektivem Einschlag. Große Auftraggeber, die die Veranstaltung nur vom Papier her kennen, wollen stattdessen belastbare Zahlen über die Wirksamkeit oder grobes Screening, damit sie entscheiden können, wo sich genauere Analyse lohnt.

Datensammlung plus Bewertung – zwei Herausforderungen. Viele Events haben komplexe, anspruchsvolle Ziele. Deren Erreichung ist nicht immer leicht, deren »Messung« ebenfalls nicht. Ebenso anspruchvoll ist die Bewertung der gewonnenen Daten: Was bedeutet eine nachweislich »lebendige Diskussion in den Workshops« für den Gesamterfolg?

Evaluation selbst in die Hand nehmen! »Wenn wir nicht beginnen zu messen, kommt jemand anderes und misst uns!« Man kann die Datenerhebung anderen überlassen, aber auf Fragestellung und Bewertungsmodus wird man Einfluss nehmen und Ziele und Kriterien von Event und Evaluation mit Auftraggebern und Beteiligten vorab klären. Das ist sinnvolle »Zielarbeit« und reduziert Widerstand gegen die Evaluation und deren Befunde.

Teilnehmer in den Evaluationsprozess einbeziehen! Abschlussfragebogen sind Teilnehmern lästig – niemand bekommt ihre Auswirkungen mit. Formative Evaluation setzt auf »von uns – für uns!« und bezieht die Teilnehmer ein. Das macht den Nutzen klar und erhöht Energie. Evaluation wird zum Steuerungsinstrument für alle.

Idealtypischer Ablauf summativer Evaluation

- Evaluationsziele bestimmen (Gesamtziele, Unterziele, Schritte).
- Messgröße, Datenräume bestimmen, entsprechend zu den Zielen.
- Eine angemessene Methode wählen, mit der diese Messgrößen erfasst und interpretiert werden können.
- Art und Zeitpunkt der Datenerhebung festlegen.
- Teilnehmer finden, die Datenmaterial liefern (können, wollen, müssen).
- Dateninterpretation unvoreingenommen und unabhängig durchführen (soweit das geht).
- Den Auftraggeber als Empfänger der Auswertung so vorbereiten, dass er anderes hören könnte, als er hören will und zu wissen meint.
- Aus der Evaluation heraus eine offene Diskussion entfachen.
- Die Ergebnisse und Erkenntnisse nicht in die Schublade legen, sondern als Anstoß für Lernen nutzen.

If you only look at what is, you might never attain what could be

Informelle Bauchevaluation. Wer bei der Veranstaltung vor Ort ist, hat subjektive Eindrücke. Gezielte Pausen- und Zwischendurchgespräche reichern die an. Außenstehenden nützt das wenig – intern hilft es –, schließlich fallen auch viele Managemententscheidungen auf Basis ähnlich »weicher« Daten.

Summatives Auswertgespräch im Nachhinein. Wir haben Dr. Markus Weingärtner von der IHK-Akademie gefragt, wie er die »IHK-Trainertage« evaluiert hat: »Wir haben nichts Besonderes gemacht – nur anschließend intern viel darüber diskutiert«. Von großen Mitarbeiterveranstaltungen kennen wir ebenfalls Auswertungsgespräche mit dem Auftraggeber zwei bis drei Wochen im Nachhinein: Vergleich der Sichtweisen, Abgleich mit zwischenzeitlich vorliegenden, informellen Rückmeldungen aus dem Teilnehmerkreis, Ideen für die nächsten Folgeschritte und »Lessons learnt« für spätere Veranstaltungen.

Viele Wege führen nach Rom!

Systematische Befragung vor Ort. Kurze teilstrukturierte Einzelinterviews über Stimmung, Lerngewinn, Ergebniseinschätzung. Ausfüllen von Schätzskalen oder Fragebogen, maschinengestützte Interviews am Bildschirm einer Befragungsstation (Laptops im Foyer), Voting als TED-Abstimmung mit Sofortauswertung im Plenum. Befragt werden Teilnehmer, Gäste, Kollegen oder Akteure.

Gruppeninterview und Gruppendiskussion. Moderierte Klein- oder Fokusgruppen – auch im Rahmen von Zielevaluation und Zielarbeit. Fishbowl-Diskussion im Plenum (s. Kapitel 10-2 und 17-4) oder eine informelle »Bierstüberl-Diskussion«. Die Ergebnisse sollte man festhalten.

»Öffentliche Planungsrunde«. Bei mehrtägigen Veranstaltungen treffen sich abends sowieso alle Planer, Macher und Moderatoren und sprechen über Abläufe, persönliche Einschätzungen, Strategien und Tools für den Folgetag. Zu diesen Runden Teilnehmer als Impuls-Gäste einladen (in der Regel ohne Stimmrecht).

Beobachtung und Auszählen vor Ort. Gebriefte Helfer erfassen Besucherzahlen von Workshops, Teilnehmerfluktuation bei Arbeitsgruppen, Verweildauer an Infoständen. Oder sie beobachten und dokumentieren beispielsweise die Reaktion des Publikums auf eine neu eingesetzte, ungewöhnliche Methode.

»Die guten ins Töpfchen – die schlechten ins Kröpfchen!«

Expertenrating. Wo Messkriterien fehlen, helfen Ratings weiter, beispielsweise zur Attraktivität von Medien, Infoständen oder Begleitprogrammen. Man trainiert die Rater vorab, damit klar ist, was sie wie beobachten und bewerten sollen.

Spätes Nachfragen. Per Fragebogen, Netz, Telefon oder im persönlichen Interview. Nach erkennbaren Auswirkungen befragt man Teilnehmer, deren Vorgesetzte, Kunden oder Kollegen. Unsere »rekonstruierende Evaluation« recherchiert Monate später die folgenden zwei Punkte. Erstens: was ehemaligen Teilnehmern rückwirkend noch einfällt. Zweitens: was sie seitdem umgesetzt haben. Das bringt schöne Euphorie auf den Boden der Realität zurück.

Analyse von Kennzahlen – Wochen nach der Veranstaltung. Beispielsweise die Zahl der Presseberichte, Krankenstände, Kundenkontakte, Umsätze, Verkaufszahlen oder erfolgreiche Kostensenkung.

»Tagebuch«. Schwerpunkte auf ausgewählte Event-Aspekte legen und Teilnehmer bitten, laufend ihre Gedanken und Einschätzungen zu notieren. Bei Kreativsessions hieß das früher »Collective Notebook«. Jetzt kann es auch elektronisch als Blog laufen oder mittels Teilnehmerkamera.

»Spiegeltheater« als Feedback und Impuls. Schauspieler sammeln systematisch – aber subjektiv gefiltert – Aussagen, Stimmungen und Eindrücke aus einem Veranstaltungstag. Als Tagesabschluss oder Einstieg in den Folgetag präsentieren sie das als Tagesfeedback in kurzen Spielszenen für das ganze Publikum. Schön, wenn das mehr als nur »lustig« ist.

Klassische Evaluation ist das nicht mehr!

Wettbewerb als Verpackung für Evaluation. Wer hat den besten Medieneinsatz, höchsten Anteil an Interaktion in Workshops, den innovativsten Beitrag? Das Publikum stimmt darüber durch die Intensität des Klatschens ab – wie beim Poetry-Slam-Wettbewerb (s. Kapitel 17).

Persönlicher Wetteinsatz. Beschlossen wird viel, aber mit wie viel Herzblut steht jeder dahinter, wenn es spitz auf Knopf steht? Wir stellen Teilnehmer auf die Probe und fordern von jedem 100 Euro Privatgeld als Wetteinsatz für das eben verabschiedete Vorhaben. Bei Erfolg kommt das Geld zurück und es gibt ein großes Fest für alle. Bei Nichterfolg geht der Betrag als Spende an einen guten Zweck.

Teilnehmer nehmen »Stellung«. Im »Erwartungsspiegel« haben Impro-Schauspieler im Laufe des Tages typische Statements zum Veranstaltungsthema gesammelt. Mehrere davon hängen dann groß an verschiedenen Stellen im großen Saal und die Teilnehmer stellen sich zu der Aussage, die ihrer am meisten entspricht. Mit diesen Gruppen dann stichpunktartig öffentliche Interviews führen.

23-5

Fragebogen: Weil sie so schön einfach sind

Fragebogen über Lerngewinn, Vorschläge, Zufriedenheit (Inhalte, Location, Organisation und anderes mehr) sind die häufigsten Instrumente summativer und formativer Evaluation. Teilnehmern sind sie lästig. Wenn es dumm läuft, werden die Bogen erst ausgeteilt, wenn alle schon wegwollen. Zudem haben sie häufig den Charme von Steuererklärungsformularen, passen nicht recht zu den Gedanken der Ausfüllenden und wecken den Verdacht, dass damit nicht viel passiert. Entsprechend lieblos fallen die Antworten aus. Zudem sind die Ergebnisse stark situationsabhängig, Erwartung und Zufriedenheit flüchtig und oft nicht das zentrale Erfolgskriterium. Trotzdem gibt es gute Gründe für Fragebogen – gerade für kurze.

Auswertungsergebnis: »80 Prozent« fanden's super!«

Legitimation. Auch wenn niemand eine Evaluation fordert, sammeln vorsichtige Macher ein paar quantifizierbare Aussagen – man kann ja nie wissen, und für die Dokumentation ist das auch nicht schlecht.

Schnelles Screening – vertieft nachfragen kann man immer noch. Einschätzungs- und Zufriedenheitsabfragen informieren Macher und Auftraggeber schnell und kostengünstig, ob »alles im grünen Bereich« war oder ob und wo sie gegebenenfalls genauer nachbohren sollten.

Zufriedenheit hat viele Ursachen und hängt von Erwartungen ab. »Erfüllte die Veranstaltung Ihre Erwartungen?« setzt klare Erwartungen voraus. Aber das Geflecht individueller Basic Needs (s. Kapitel 3) ist vielschichtig und nur über Bauchbewertungen abfragbar und es gibt Teilnehmer-, Mitarbeiter-, Kunden-, Gäste-, Chefzufriedenheit. Je nach Perspektive ist bei Change-Events vielleicht auch Unzufriedenheit ein »Erfolg«, denn brisante Inhalte und Infos zu schmerzhaften Veränderungen tun weh. Andersherum sind vielleicht alle Teilnehmer zufrieden, die Ziele aus Sicht des Auftraggebers aber in keiner Weise erreicht.

Zur Formulierung von Fragebogen-Items. Das Wichtigste vorweg: Überlegen, welche Erkenntnisse die möglichen Antworten liefern sollen. Dann helfen ein paar einfache Formulierungsregeln: Konkret, klar und eindeutig fragen. Keine Kombifragen: Immer nur einen Sachverhalt abfragen. Suggestion und Verneinungen vermeiden. Variieren der Frageformen: Geschlossene und offene Fragen. Kategorien und Skalen zum Ankreuzen – mit vier oder sechs Antwortmöglichkeiten. Ausweichlösungen schaffen: »Trifft für mich nicht zu« oder »Habe dazu keine Meinung«. Denkimpulse setzen mit »Übrigens …«. Genügend Raum für frei formulierte Antworten und Anregungen lassen.

Ideen für Feedbackabfragen. Kein sinnloses Abfrageritual. Weder Wegwerffragebogen noch Beschäftigungstherapie!

- *Den Nutzen deutlich machen:* Befragungsergebnisse helfen Folgeveranstaltungen besser zu machen. Noch überzeugender: Die Feedbacks wirken sich erkennbar auf die laufende Veranstaltung aus.
- *Konzentration auf das Wesentliche:* Nur wenige Fragen, und nicht jeden kleinen Workshop separat evaluieren!
- *Persönliche Fragen:* Zu persönlichem Wachstum oder Zugewinn.
- *Grafische Qualität:* Gute Lesbarkeit. Erkennbar liebevolle Gestaltung fördert sorgfältige Beantwortung.
- *Testleser:* Vorab Unbefangene um Feedback zum Bogen bitten.
- *Anreize setzen:* Der Moderator bittet, sich die Bogen »zu Herzen zu nehmen« und gibt Anreize für das Ausfüllen – Verlosung, Freibier …
- *Gruppenfeedback:* Kleine Gruppen diskutieren ihre Antworten und liefern gemeinsam formulierte Ergebnisse ab.
- *Riesenwandzeitungen:* Alle Feedbacks auf große Kartons schreiben lassen und im Foyer für alle lesbar aufhängen.
- *Drei-Minuten-Evaluationsinterviews:* Interviews mit ausgewählten Teilnehmern in Pausen- und Randzeiten. Die Interviewer notieren die Antworten in Kurzform und fragen nach, ob ihre Zusammenfassung den Kern trifft. Bei einem Kongress sind das gegebenenfalls nur zwei Fragen: Erstens: »Welche Angebote würden Sie weiterempfehlen und warum?« Und zweitens: »Was sollte beim nächsten Mal insgesamt anders sein?«.

Bei diesem Kapitel 23 haben besonders viele Kolleginnen und Kollegen kontrovers mitgedacht. Ihnen allen herzlichen Dank!

Wer Fragebogenevaluation delegieren will: Dienstleister führen summative Befragungen im Auftrag online durch und werten sie schnell automatisiert aus, beispielsweise: www.surveyworks.com, www.2ask.de oder www.inworks.de. Aber was man wozu fragen will und wer die Ergebnisse bekommen soll und wofür verwenden will, muss man vorab selbst entscheiden. Das ist Dreh- und Angelpunkt aller Event-Evaluation.

Mitdenker, Impuls- und Beispielgeber

24

Ein herzliches Dankeschön an alle, die inhaltlich zum Entstehen dieses Buches beigetragen haben. Event-Ideen haben viele Eltern. So ist es auch bei unserem Ideenbuch. Wir baten Kolleginnen und Kollegen um Beispiele, Ablaufpläne, Fotos, Tipps, Statements und ums kritische Testlesen einzelner Kapitel. Auf den Folgeseiten finden Sie das WHO IS WHO dieser Mitdenker, Impuls- und Beispielgeber. Inspirierend darüber hinaus waren viele Teilnehmer, Referenten und Auftraggeber unserer großen und kleinen Veranstaltungen und viele Gesprächspartner. Ein ganz ganz herzliches Dankeschön an sie alle!

Hermann Beiler, WUP-NETZWERK.
D-94518 Spiegelau. www.beiler-spiegelau.de.

- WUP Sommer-Akademien Veranstaltungs-Designs. Fotografie, Event-Zeitung, Dokumentation, Ansteckbuttons. Datensicherung, Fotoauswahl.

Ralf Besser, WUP-NETZWERK.
D-28357 Bremen. www.besser-wie-gut.de.

- Testleser, engagierter Ideengeber. Glaubwürdigkeit (Kapitel 6-6), Open Space (Kapitel 9-6), Betriebsversammlung Open Space (Kapitel 10-6)

Dr. Karl Bever, Essex Pharma, Leiter Trainingsabteilung.
D-81737 München. www.essex.de.

- Testleser. Anregungen zu Lern-Events.

Anke Bogatzky, WUP-NETZWERK.
D-81243 München. www.wup.info.

- Testleserin. Beispiele für Kapitel 13-7: Larps.

Dr. Ulrike Bollmann, BGAG – Institut Arbeit und Gesundheit der Deutschen Gesetzlichen Unfallversicherung.
D-01109 Dresden. www.dguv.de und www.enetosh.net.

- Testleserin. Kapitel 12-5: Internationale Lerntagung Arbeitsschutz.

Thade Bredtmann, Daimler AG, Mercedes-Benz Werk Sindelfingen, Betriebliche Ausbildung. D-71059 Sindelfingen. www.daimler.de.

- Testleser. Feedback zur Event-Evaluation. Kapitel 12-5: »Das neue Ausbildungskonzept«.

Lüder Cammann, InWEnt Internationale Weiterbildung und Entwicklung gGmbH.
D-82340-Feldafing. www.inwent.org.

- Lern-Events und Fusions-SommerCamp.

Richi Diener, Theater COLORi St. Gallen
CH-7000 Chur, www.colori.ch

- Theateranimierte Planspiele. Kapitel 13-7 (»Alles nur Theater?«) und 13-8 (Simulation).

Günter Dörr, ABT – Ausbildung. Beratung. Training.
D-83236 Übersee. www.abt-doerr.de.
- Kapitel 13-5: »Events als gute Tat«.

Margit Ernst, Wiener Krankenanstaltenverbund, Geschäftsbereich Qualitätsarbeit und OPE.
A-1030 Wien. www.wienkav.at.
- Kapitel 8-4: »Qualität im Krankenhaus«.

Samuel J. Fleiner, Concept Nouveau. Konzeptkünstler, Firmen- und Mitarbeiterevents, Welturaufführungen im Unternehmenskontext.
D-69257 Wiesenbach-Langenzell. www.concept-nouveau.de
- Kapitel 18-1: »Tango Tonnage«.

Rosemarie Folle, Verband kommunaler Unternehmen.
D-10117 Berlin. www.vku.de.
- Testleserin. Anregungen zum Thema Fachkongress.

Hans-Jürgen Frank, Dialogarchitekt®, WUP-NETZWERK.
D-81371 München. www.dialogarchitektur.de.
- Testleser und inspirierender Ideengeber. Prozessvisualisierung (Kapitel 18-4), Virtual Communities (Kapitel 16-7).

Dr. Reiner Fuest, Albert-Ludwigs-Universität Freiburg, Stabsstelle Marketing und Wissensmanagement.
D-79085 Freiburg i. Br. http://blog.mw.uni-freiburg.de
- Kapitel 8-1: Humboldt-Labor.

Franziska Garagnon, Central Krankenversicherung AG.
D-50670 Köln. www.central.de.
- Testleserin. Auftraggeberin fürs »Führungsforum«: Kapitel 10-2.

Marianne Grobner, MCV Management- und Organisations.Entwicklung.
A-6890 Lustenau. www.mcv.at.
- Gemeinsame Konzeption und Moderation des »Humboldt-Labors«: Kapitel 8-1.

Monika von der Haar, Volkshochschule Osnabrücker Land.
D-49082 Osnabrück. www.vhs-osland.de

- Testleserin.

Dr. Walter Häcker, D-73650 Winterbach. dr.walter.haecker@web.de.

- Erfahrungsbericht zu Kapitel 9-8: Robert Jungk und die »Zukunftswerkstatt«.

Hans Holzinger, Robert-Jungk-Bibliothek für Zukunftsfragen.
A-5010 Salzburg. www.jungk-bibliothek.at.

- Anregungen zu Kapitel 9-8: Zukunftswerkstatt.

Guido Hornig, Theater-Interaktiv, Unternehmenstheater für Change-Events, Personalentwicklung und Business-Entertainment.
D-80337 München. www.theater-interaktiv.net.

- Fotos und Beispiele zu Kapitel 13.

Dr. Sigurd Karrass, Lilly Deutschland.
D-52066 Aachen. www.lilly-pharma.de.

- Testleser. Ideen zu Außendienst-Events.

Dr. Güler Kici, BGAG-Institut Arbeit und Gesundheit der Deutschen Gesetzlichen Unfallversicherung.
D-01109 Dresden. www.dguv.de.

- Kapitel 12-6: Fusionen als Herausforderung.

Florian Kirchner, Leiter Personal und Entwicklung, Kulmbacher Brauerei AG.
D-95326 Kulmbach. www.kulmbacher.de.

- Kapitel 10-5: Wir Kulmbacher – immer besser!

Rainer Kittelberger, WUP-NETZWERK.
D-26603 Aurich. www.kittelberger-partner.de.

- Testleser. Anregungen zu den Themen Planung und Event-Evaluation.

Thomas Ködelpeter, Ökologische Akademie e.V.
83623 Dietramszell-Linden. www.oeko-akademie.de.

- Ideen zu Partizipativen Verfahren. Kapitel 10-7: Zukunftswerkstatt Schülercafé Bobingen.

Prof. Dr. Andreas Krapp, Universität der Bundeswehr München.
WUP-NETZWERK. D-81739 München. www.unibw.de/sowi1_1/personen.

- Testleser. Beratung zu »Basic Needs«, Wissenschaftskongressen und Event-Evaluation (Kapitel 3, 9, 23). Jurymitglied Illustrations-Wettbewerb.

Burkhard Kück, T-Systems, Prozess- und Qualitätsmanagement.
D-82284 Grafrath.

- Anregungen zur Event-Evaluation: Kapitel 23.

Prof. Dr. Kum a N'dumbe III, Afric Avenir, Duala/Kamerun und Berlin.
www.africavenir.com.

- Beratung zu afrikanischen Veranstaltungsformen.

Ulrich Lipp, WUP-NETZWERK.
D-94419 Reisbach. www.wup.info.

- Testleser und Textberater für mehrere Kapitel. Jurymitglied beim Illustrations-Wettbewerb Designschule München.

Carol Maleh, cama Institut für Kommunikationsentwicklung.
D-30159 Hannover. www.cama-institut.de.

- Anregungen zu partizipativen Großgruppenverfahren.

Margit Maschek-Grüneisl, Kultur & Spielraum e.V.
D-94139 Breitenberg. www.villabreitenberg.de.

- Projektleitung »Mini-München«: Kapitel 13-8.

Cyril Meier, Leiter Center for Communications, HWZ Hochschule für Wirtschaft Zürich.
CH-8021 Zürich. cyril.meier@fhhwz.ch.

- Event-Beratung, Testleser, Praxistipps.

Dr. Dorothea Michaelis, Tiroler Landeskrankenanstalten.
A-6020 Innsbruck. dorothea.michaelis@tilak.at.
- Testleserin. Tipps zum Thema Kongress.

Barbara Mönnichs, Wyeth Pharma, Trainingsabteilung.
D-48159 Münster. MoenniB@wyeth.com, www.wyeth.com.
- Kapitel 12-4: »Regionade«

Dr. Birgit Müller-Großer, WUP-NETZWERK.
D-80636 München. www.mueller-grosser.de.
- Kapitel 4-4 und 17-6: Arbeitswanderung.

Dr. Norbert Müllert, Institut für Soziale Kreativität, Erfindungen und Experimente.
D-83487 Marktschellenberg.
- Anregungen zur Zukunftswerkstatt.

Dr. Wilhelm Nier, Bayer HealthCare, Bayer Vital GmbH.
D-51368 Leverkusen. www.bayerhealthcare.com.
- Kapitel 12-3: »Lern-Symposium«.

Gabriele Nosswitz, Designschule München, Städtische Berufsfachschule für Kommunikationsdesign an der Deutschen Meisterschule für Mode.
D-80331 München. www.designschule-muenchen.de.
- Projektleitung für die Buch-Illustrationen.

Johann Pavelka, WUP-NETZWERK.
A-2732 Zweiersdorf. www.pavelka.at.
- Auftraggeber der ersten großen Kreativ-Werkstatt in Wien: Kapitel 12-2.

Markus Püttmann, impulsraum.
D-65779 Kelkheim Ts. www.impulsraum.eu.
- Prozessfotograf (Kapitel 18-2) und Facilitator.

Dr. Sonia Raviola, Arbeiterkammer Niederösterreich. Projektleiterin Dialogforum Hirschwang.
A-1060 Wien. www.dialog-forum.eu.
- Kapitel 8-3: Dialogforum Hirschwang.

Rauthgundis Reck, Allianz Deutschland AG.
D-85765 Unterföhring. www.allianz.de.
- Kapitel 8-8: Schwarzmarkt des Wissens.

Michaela Reichle, Berufsbildungswerk der Deutschen Versicherungswirtschaft (BWV) e.V.
D-81925 München. www.lernpark-versicherungswirtschaft.de.
- Checklisten zur Veranstaltungsplanung.

Franz Reisbeck, frappanti.
D-80469 München. www.cefa.biz (früher www.ghm.de).
- Kapitel 8-6: 10-Minuten »Messeforen« und Kapitel 12-7: »Young Generation« auf der Handwerksmesse.

Janko Röttgers, Journalist und Autor.
Los Angeles. www.lowpass.cc.
- Kapitel 8-7: BarCamp.

Dr. Walter Satzinger, Gesundheitswissenschaftler.
D- 83123 Amerang. walter.satzinger@t-online.de.
- Testleser.

Prof. Dr. Heiner Schanz, Albert-Ludwigs-Universität Freiburg, Rektorat.
D-79085 Freiburg. www.uni-freiburg.de.
- Kapitel 8-1: Humboldt-Labor.

Dr. Christina Schoch, Albert-Ludwigs-Universität Freiburg, Stabstelle Marketing und Wissensmanagement.
D-79085 Freiburg i.Br. www.zukunftskongress.uni-freiburg.de/home.
- Kapitel 8-1: Humboldt-Labor.

Erika Schönmoser, Veranstaltungsmanagement, Central Krankenversicherung.
D-50670 Köln. www.central.de.

- Organisation des »Führungsforums«: Kapitel 10-2 und Praxistipps.

Beate Seitz-Weinzierl, Umweltzentrum Schloss Wiesenfelden.
D-94344 Wiesenfelden. www.schloss-wiesenfelden.de.

- Beratung zu Kapitel 23: Nachhaltigkeit.

Gudrun Steinke, Allianz Deutschland AG.
D-85765 Unterföhring. www.allianz.de.

- Projektleiterin von »Die Allianz hebt ab«: Kapitel 12-1.

Holger Syhre, Rhein-Main-Hallen Wiesbaden Betriebsgesellschaft mbH.
D-65185 Wiesbaden. www.rhein-main-hallen.de.

- Event-Beratung, Praxistipps.

Günter Vierow, Atelier für Kommunikation und Gestaltung.
D-81541 München. www.atelier-vierow.de.

- Jurymitglied beim Illustrations-Wettbewerb Designschule München.

Tobias Volke, fehlfarben.
D-81369 München. www.fehlfarben.net.

- Technische Bildberatung und Bilderstellung.

Prof. Dr. Franz Waldherr, DIZ Zentrum für Hochschuldidaktik der Fachhochschulen in Bayern.
D-85049 Ingolstadt. www.diz-bayern.de.

- Testleser. Beratung zu Hochschul-Foren und Kapitel 23: Event-Evaluation.

Peter Weckesser, Pro Mensch im Unternehmen.
D-63303 Dreieich. www.promensch.de.

- Kreativ inszenierte Gastronomieforen mit Begleitmessen.

Dr. Markus Weingärtner, IHK Akademie Westerham.
D-83620 Feldkirchen-Westerham. www.akademie.ihk-muenchen.de.

- IHK-Trainertag. Jurymitglied beim Illustrations-Wettbewerb Designschule München.

Ludwig Weitz, ViS!ON.
D-53123 Bonn. www.vision-bonn.de.

- Beratung zu Großgruppen und Bürgerbeteiligung.

Matthias Wilke, WUP-NETZWERK.
D-53505 Kirchsahr. www.die-Leute-mitnehmen.de.

- Testleser diverser Kapitel. Beratung zu partizipativen Großgruppenverfahren. Kapitel 9-7: Zukunftskonferenz.

Dr. Gerd Wirtz, face to face.
D-50670 Köln. www.facetoface-gmbh.de.

- Anregungen zur Event-Planung und Event-Evaluation, Praxistipps.

Bernhard Wolff, Think-Theatre.
D-12161 Berlin. www.think-theatre.de.

- Kapitel 18-5: Tageszeitung zum Change-Prozess.

Roger Wüthrich, Schauspiel – Moderation – Stimmtraining.
Theater-Interaktiv.
D-81667 München. www.roger-wuethrich.de.

- Beispiele für Kapitel 13.

Listen mit herzlichen Dankeschöns sind riskant: Irgendjemand, die oder der es verdient hätte, hier aufgeführt zu werden, fehlt dann doch. Wir hoffen, diesmal ist es anders – und wenn, dann hiermit noch nachträglich **herzlichen Dank!**

Bücher, Quellen, Links

25

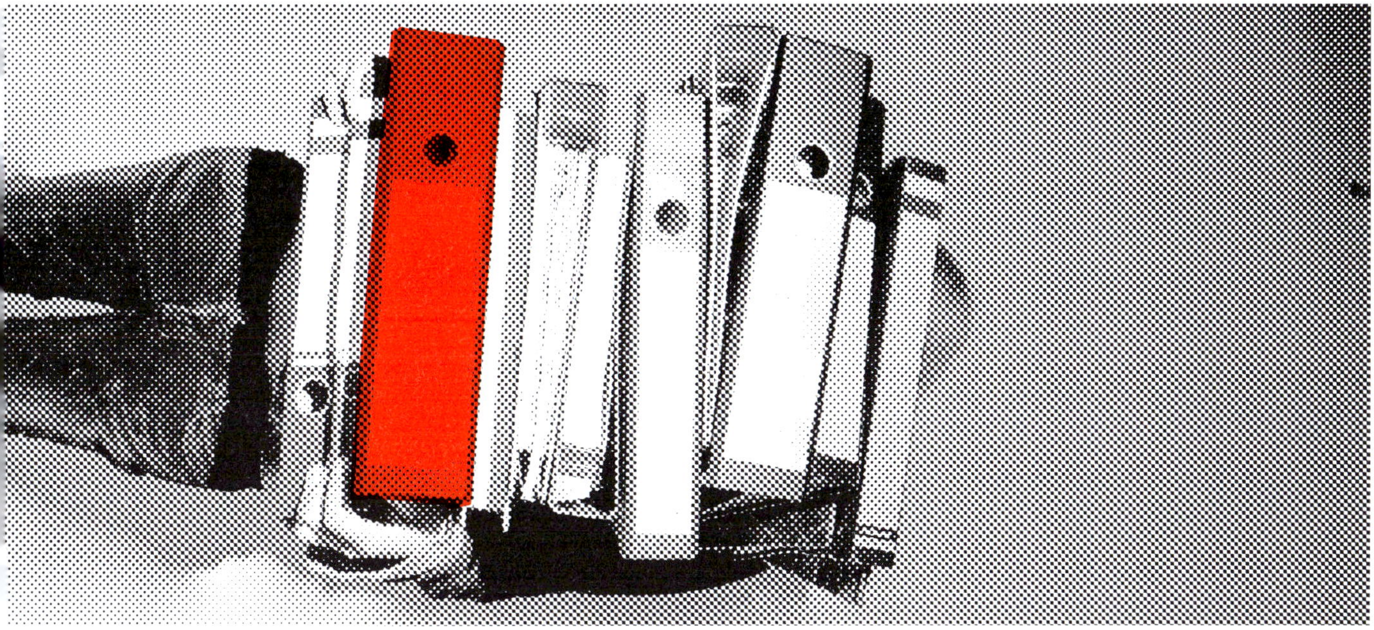

Für alle, die noch mehr wissen und finden wollen. Brave Veranstaltungen gibt's genug! Da lohnt es, Ausschau zu halten nach ungewöhnlichen Ideen – für frischen Wind in Events. Dann können Sie immer noch entscheiden, ob das für Sie so passt oder abgewandelt oder eben gar nicht passt. Stimulierende Ideen-Quellen: Gespräche mit Kolleginnen, Kollegen oder Auftraggebern, Zuschauen bei klug gemachten Events – oder aber Sie stürzen sich in Bücher und ins Netz. Dafür haben wir hier zwar keine vollständige Datenbank aller einschlägigen Quellen zusammengetragen – aber das, was uns nützlich erscheint.

25-1 Bücher und Texte

Berg, Markus/Ritscher Jörg/Orthey, Frank M. (2002): Unternehmenstheater interaktiv. Themenorientierte Improvisation (TOI) in der Personal- und Organisationsentwicklung. Beltz, Weinheim und Basel.

Besser, Ralf (2007): Betriebsversammlungen, die etwas bewegen. 22 innovative Praxisbeispiele. Beltz, Weinheim und Basel.

I am still confused but on a higher level!

Bleile, Gerhard/Schüller, Kurt/Wiesner, Marcus (^{2}2005): schüller's veranstaltungsfibel.de: Das Lexikon für Veranstaltungsplaner. Über 2000 Fachbegriffe. Kurt Schüller Medien, Bad Kreuznach.

zur Bonsen, Matthias/Maleh, Carole (2001): Appreciative Inquiry (AI): Der Weg zu Spitzenleistungen. Beltz, Weinheim und Basel.

Brown, Juanita/Isaacs, David (2007): Das World Café. Kreative Zukunftsgestaltung in Organisationen und Gesellschaft. Carl-Auer, Heidelberg.

Bruck, Walter/Müller, Rudolf (2007): Wirkungsvolle Tagungen und Großgruppen. Ziele, Wirkfaktoren und Designs: Appreciative Inquiry, World Café, Open Space, Open Space-Online, RTSC, Zukunftskonferenz, klassische Tagung. Gabal, Offenbach.

Cilauro, Santo/Gleisner, Tom/Sitch, Rob (^{10}2006): Molwanien. Land des schadhaften Lächelns. Heyne, München.

Dittrich-Brauner, Karin/Dittmann Eberhard/List, Volker/Windisch, Carmen (2008): Großgruppenverfahren – lebendig lernen – Veränderung gestalten. Springer, Heidelberg.

Elsborg, Steen/Ravn, Ib (2006): Learning Meetings and Conferences in Practise. People's Press, LearningLab.denmark.

Frank, Hans-Jürgen (2004): Ideen zeichnen. Ein Schnellkurs für Trainer, Moderatoren und Führungskräfte. Beltz, Weinheim und Basel.

Geißlinger, Hans/Raab, Stefan (2007): Strategische Inszenierung. Story-Dealing für Marketing und Management. Carl-Auer, Heidelberg.

Geißlinger, Hans (1999): Überfälle auf die Wirklichkeit: Berichte aus dem Reich der Story Dealer. Carl-Auer, Heidelberg.

Heindl, Andreas (2007): Theatrale Interventionen. Von der mittelalterlichen Konfliktregelung zur zeitgenössischen Aufstellungs- und Theaterarbeit in Organisationen. Carl-Auer, Heidelberg.

Klare, Jean/van Swaaij, Louise (2000): Atlas der Erlebniswelten. Eichborn, Frankfurt am Main.

Ködelpeter, Thomas/Nitschke, Ulrich (2008): Jugendliche planen und gestalten Lebenswelten. Partizipation als Antwort auf den gesellschaftlichen Wandel. VS-Verlag, Wiesbaden.

Krapp, Andreas (1998): Entwicklung und Förderung von Interessen im Unterricht. Psychologie in Erziehung und Unterricht, 45, 186-203.

Kuhnt, Beate/Müllert, Norbert R. (1998): Moderationsfibel Zukunftswerkstätten: Verstehen, Anleiten, Einsetzen. Das Praxisbuch zur Sozialen Problemlösungsmethode Zukunftswerkstatt. Ökotopia, Münster.

Langer, Inghard/Schulz v. Thun, Friedemann/Tausch, Reinhard (^{8}2006): Sich verständlich ausdrücken. Reinhardt, München.

Leao, Anja/Hofmann, Mathias (Hrsg.) (^{2}2009). Fit for Change I. 44 praxisbewährte Tools und Methoden. managerSeminare, Bonn.

Leao, Anja/Hofmann, Mathias (Hrsg.) (2009). Fit for Change II. 44 praxisbewährte Tools und Methoden. managerSeminare, Bonn.

Ley, Astrid/Weitz, Ludwig (Hrsg.) (2003): Praxis Bürgerbeteiligung. Ein Methodenhandbuch. Stiftung Mitarbeit (Arbeitshilfen Nr. 30). Bonn.

Lipp, Ulrich (2008): 100 Tipps für Training und Seminar. Beltz, Weinheim und Basel.

Lipp, Ulrich/Will, Hermann ([8]2008): Das große Workshop-Buch. Beltz, Weinheim und Basel.

Lucas, Rainer (Hrsg.) (2006): Zukunftsfähiges Eventmarketing – Strategien, Instrumente, Beispiele. Erich Schmidt Verlag, Berlin.

Lutz, Rüdiger (Hrsg.) (1981): Sanfte Alternativen. Materialien zur Gestaltung wünschenswerter Zukünfte. Ein ÖKO-LOG-Buch. Beltz, Weinheim und Basel.

Maleh, Carol (2000): Open Space: Effektiv arbeiten mit großen Gruppen. Weinheim, Beltz, Weinheim und Basel.

Maleh, Carol (Hrsg.) (2002): Open Space in der Praxis. Beltz, Weinheim und Basel.

Mikunda, Christian (2009). Warum wir uns Gefühle kaufen: Die 7 Hochgefühle und wie man sie weckt. Econ, Düsseldorf.

Mikunda, Christian ([2]2005). Der verbotene Ort oder Die inszenierte Verführung. Unwiderstehliches Marketing durch strategische Dramaturgie. Redline, München.

Rohm, Armin (Hrsg.) ([3]2008): Change-Tools – Erfahrene Prozessberater präsentieren wirksame Workshop-Interventionen. managerSeminare, Bonn.

Seliger, Ruth (2008): Einführung in Großgruppen-Methoden. Carl-Auer, Heidelberg.

Waldherr, Franz/Walter, Claudia/Heider, Julia (2008): »evalescere«: Ihre Meinung zum DIZ. DiNa 04/2008. Didaktiknachrichten, Zentrum für Hochschuldidaktik bayerischer Fachhochschulen (DIZ). www.diz-bayern.de (downloadbereich).

Weber, Susanne (2005): Rituale der Transformation. Großgruppenverfahren als pädagogisches Wissen am Markt. Verlag für Sozialwissenschaften, Wiesbaden.

Will, Hermann/Winteler, Adi/Krapp, Andreas (Hrsg.) (1987): Evaluation in der beruflichen Aus- und Weiterbildung. Sauer, Heidelberg.

Will, Hermann (1992): Zielarbeit in Organisationen. Analyse, Bewertung und Entwicklung von Organisations- und Unternehmenszielen. Peter-Lang, Frankfurt am Main.

Will Hermann (⁶2007): Mini-Handbuch Vortrag und Präsentation. Beltz, Weinheim und Basel.

Wirtz Gerd (2008): Die Regenmacher. Eventmarketing der Zukunft. Deutscher Fachverlag, Frankfurt am Main.

Wünsch Ulrich (Hrsg.) (2008). Facets of Contemporary Event Management – Theory & Practice for Event Success. Verlag K.H. Bock, Bad Honnef.

Wünsch, Ulrich/Thuy, Peter (Hrsg.) (2007): Handbuch Event-Kommunikation. Grundlagen und Best Practice für erfolgreiche Veranstaltungen. Erich Schmidt Verlag, Berlin.

25-2 Links rund um »Event«

Mit folgenden Adressen kommt man durch und weiter, egal ob Locations (Orte), Künstler, Tools (Werkzeuge aller Art), Redner, Krimskrams, Technik jeder Art, Agenturen, Catering (Essen und Trinken) … gesucht werden. Oder aber, Sie entdecken Ideen zum Weiterdenken. Die Angebote sind nicht qualitativ bewertet. Nach Referenzen fragen, um leidvolle Erfahrungen zu vermeiden!

www.eventmanager.de – die komplette und kompetente Seite im Netz für Deutschland. Viele Adressen, viele Bezüge und Bereiche. Ziemlich vollständig. Man kann sich treiben lassen oder gezielt suchen.

www.memo-media.de – ähnlich wie www.eventmanager.de, doch mit mehr Künstlerinfos, Spielen, etc.

www.event-partner.de – Website der Zeitschrift »Event Partner« mit Beispielen, Informationen, Reportagen aus der Welt der großen Unternehmensevents und Produktpräsentationen.

www.tagungsplaner.de – Sammel- und Informationsquelle für Hotels Locations, Dienstleister und einiges mehr. Der Betreiber gibt auch »schüller's veranstaltungsfibel.de« heraus (Bleile/Schüller/Wiesner 2005).

www.cim-publications.de – die Zeitschrift für Konferenzen und Incentives mit Länder-, Orts- und Hotel-Infos, aber auch Tipps und Trends.

www.eventforum.de – nicht so komplett wie eventmanager.de. Die Adressen überschneiden sich aber nicht 100 Prozent.

www.guxme.de – weitere Suchseite für Events. Unübersichtlich. Adressen überschneiden sich aber nicht 100 Prozent mit den anderen. Auch mit Blick auf die Kommunikationsbranche.

www.lighthouse-entertainment.de – für Künstleragenturen.

www.famab.de/eva/teilnehmer.html – der Eventverband FAMAB veranstaltet den EVA-Eventaward. Der wird vom Forum Marketing-Eventagenturen für herausragende Marketing-Events und Maßnahmen der Live-Kommunikation vergeben. Ziel des EVA ist es, Projekte zu prämieren, in denen Marketinginhalte besonders erlebnisorientiert und erfolgreich umgesetzt wurden. Das ist zwar nicht so ganz die Baustelle unseres Buches, aber beim Klicken durch die Bewerber- und Gewinnerbeispiele entstehen viele Ideen.

www.meetingsupport.org – neutrale, nicht so opulente Sammelwebseite aus dem englischsprachigen Raum, mit manchmal interessanten Hinweisen und Ideen.

www.all-in-one-spirit.de/res/kunst.htm – Anbieterverzeichnis zu künstlerischer und erlebnisaktivierender Begleitung von Großgruppen-Konferenzen.

www.the-event-site.com – kleinere europaweite Datenbank (im Aufbau).

www.corbinball.com – die Event IT-Übersicht für den US-amerikanischen Raum, immer wieder ergänzt.

www.veranstaltungsplaner.de – Vereinigung Deutscher Veranstaltungsorganisatoren e. V. mit Mitgliederservice.

25-3 Eventmessen

www.universeofevents.de – Messe und Kongress für Event-Management und Services. Rhein Main Hallen Wiesbaden in Kooperation mit Messe Frankfurt.

www.noehre.net – Messe »Best of Events International«, Schau der Event-Agenturen und -Service-Branche. Westfalenhalle Dortmund.

www.showtech.de – Fachmesse und Kongress für Veranstaltungstechnik, Event und Services. Berlin.

www.prolight-sound.com – Veranstaltungs- und Kommunikationstechnik, AV-Produktion und Entertainment. Messe Frankfurt.

www.livecomm.eu – die Event-Messe mit Kongress und Preis für Österreich.

www.xaver-award.ch – der Event-Treffpunkt mit Preis für die Schweiz.

Illustrationen und Bildquellen

Für alle, die wissen wollen, was sie sehen. Events sind sinnlich. Ein Ideenbuch über Veranstaltungen soll das ein wenig widerspiegeln. Hier finden Sie die Entstehungsgeschichte der Kapitel- und Textillustrationen und die Bildquellen. Ein herzliches Dankeschön an die Schülerinnen und Schüler, an Schulleitung, Lehrerinnen und Lehrer der Berufsfachschule für Kommunikationsdesign, genannt Designschule München, Fachrichtung Grafik und Medien. Herzlichen Dank auch an all die kulanten Fotografen und Grafiker, die uns ihre Werke für den Abdruck frei überlassen haben.

26-1 Die Illustrationsgeschichte dieses Buches

»Warum eigentlich nicht Studenten für die Buchillustration gewinnen!« Nach einigen anderen Anläufen stand plötzlich diese Idee im Raum. Studenten haben frische Ideen und den Ehrgeiz ihr »erstes« Buch zu gestalten. Über Dozentin Gabi Nosswitz entstand der Kontakt zur Designschule München, und die Sache nahm ihren Lauf.

Illustrations-Wettbewerb. Aus drei Klassen reichten Schülerteams Beispielarbeiten ein für: »anmachender« Kapiteleinstieg, orientierender Inhaltsüberblick und textbegleitende Illustrationen. Jury-Mitglieder waren: Prof. Dr. Andreas Krapp, Universität der Bundeswehr, Ingeborg Sachsenmeier, Beltz Verlag, Günter Vierow, Atelier für Innovation und Gestaltung, Dr. Markus Weingärtner, IHK-Akademie Westerham und für WUP WILL UND PARTNER: Ulrich Lipp, Susanne Polewsky und Dr. Hermann Will.

Projektabwicklung durch die Designschule München. Schulleitung und mehrere Dozenten unterstützten und betreuten die Realisierung – vom Wettbewerb bis zur Abgabe. Federführend war Gabi Nosswitz, die in das »Beltz-Projekt« der Schule sehr viel mehr Zeit und Energie investierte, als ursprünglich veranschlagt. Ganz herzlichen Dank an alle.

Berufsfachschule für Kommunikationsdesign
Fachrichtung Grafik und Medien
An der Deutschen Meisterschule für Mode München
Roßmarkt 15
D-80331 München
www.designschule-muenchen.de

Die drei siegreichen Illustrationsteams mit dem Auftrag für die Buchillustration (von ihnen kommen die Kapiteleinstiege, Inhaltsüberblicke und Illustrationen im Text):

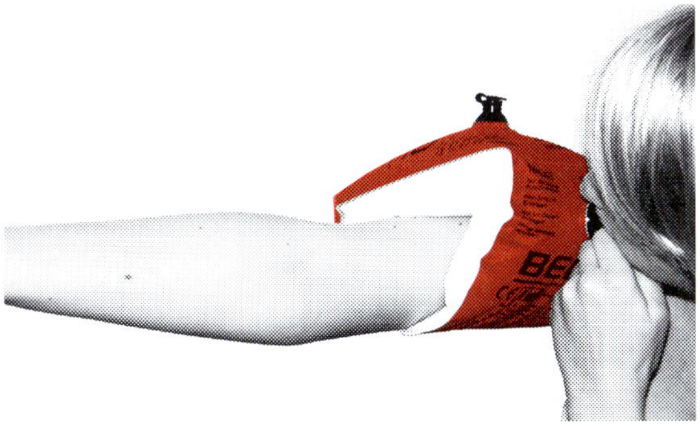

Kapiteleinstieg

Gundi Schillinger
gundilie@gmx.de

Maximilian Giesenkämper
blumbumm@googlemail.com

Inhaltsüberblick

Andrés Torres
Framcois87@hotmail.com

David Czobel
d.czobel@arcor.de

Textbegleitende Illustrationen

Eva Gnettner
evagnettner@web.de
www.evagnettner.de

26-2 Bildquellen

Kapitel 1

1-1, 20	Kupferstich: Museen der Stadt Regensburg, D-93047 Regensburg
1-2, 22	Foto: Universität Freiburg, D-79085 Freiburg, www.zukunftskongress.uni-freiburg.de/Thomas Kunz, E-Mail: Kunztfoto@web.de

Kapitel 2

2-7, 41	Foto: Hermann Beiler, WUP-NETZWERK, D-94518 Spiegelau beiler@wup.info
2-7, 42	Fußstempel: Lena Lipp, D-94419 Reisbach/Geigenkofen

Kapitel 4

4-3, 71	Zeitungs-Textausriß. Quelle unbekannt
4-4, 73	Foto und Fotomontage: Hermann Beiler, WUP-NETZWERK, D-94518 Spiegelau, beiler@wup.info
4-4, 74	Foto: Claus Uhlendorf: Fotografie und Werbung, D-81379 München, claus.uhlendorf@t-online.de
4-5, 78	Foto: Hermann Beiler, WUP-NETZWERK, D-94518 Spiegelau, beiler@wup.info

Kapitel 5

5-5, 93	Foto: Kloster Seeon, Kultur- und Bildungszentrum des Bezirks Oberbayern. Sieglinde Aiblinger, D-83370 Seeon, www.kloster-seeon.de

Kapitel 8

8-1, 127	Kongresslogo: Universität Freiburg, D-79085 Freiburg, www.zukunftskongress.uni-freiburg.de
8-1, 128	Zwei Fotos: Universität Freiburg, D-79085 Freiburg, www.zukunftskongress.uni-freiburg.de/Thomas Kunz, E-Mail: Kunztfoto@web.de
8-1, 129	Kongresslogo: Universität Freiburg, D-79085 Freiburg, www.zukunftskongress.uni-freiburg.de
8-1, 131	Foto links: Hermann Will, WUP WILL UND PARTNER, D-82335 Berg
8-1, 131	Foto rechts: Marianne Grobner, MCV, A-6890 Lustenau, www.mcv.at
8-2, 132	Grafik: Atelier Günter Vierow, D-81541 München, atelier.vierow@t-online.de
8-2, 133	Foto: Johann Pavelka, WUP-NETZWERK, A-2732 Zweiersdorf, www.pavelka.at
8-2, 134	Foto: Hermann Beiler, WUP-NETZWERK, D-94518 Spiegelau, beiler@wup.info
8-2, 135	Foto: Johann Pavelka, WUP-NETZWERK, A-2732 Zweiersdorf, www.pavelka.at
8-3, 137	Foto: Archiv Arbeiterkammer Niederösterreich, A-1060 Wien, www.aknoe.at
8-4, 140	Foto: Archiv KAV Wiener Krankenanstaltenverbund, A-1030 Wien, www.wienkav.at
8-5, 144	Bildschirmausschnitt: TED, www.ted.com
8-8, 149	Foto: Rautgundis Reck, Allianz Deutschland, D-85765 Unterföhring, www.allianz.de

Kapitel 9

9-1, 160 Foto: Hermann Beiler, WUP-NETZWERK, D-94518 Spiegelau, beiler@wup.info
9-6, 167 Foto: Peter Müller, Bamberg
9-7, 170 Foto: Matthias Wilke, WUP-NETZWERK, D-53505 Kirchsahr, www.die-leute-mitnehmen.de
9-8, 173 Foto: Lilian Birnbaum / Robert Jungk Archiv Salzburg, A-5010 Salzburg, www.jungk-bibliothek.at
9-8, 176 Grafik: Rüdiger Lutz (Hrsg.): Sanfte Alternativen, Materialien zur Gestaltung wünschenswerter Zukünfte. Beltz 1981, Seite 51

Kapitel 10

10-1, 183 Zwei Fotos: Fotograf unbekannt, Fotos einer zirkulierenden Teilnehmerkamera
10-1, 184 Foto: Fotograf unbekannt, Foto einer zirkulierenden Teilnehmerkamera
10-1, 185 Foto: Susanne Polewsky, WUP WILL UND PARTNER, D-82335 Berg
10-2, 187 Logo Führungsforum: Central Krankenversicherung AG, D-50670 Köln, www.central.de
10-2, 190 Sechs Fotos: Andreas Troger Fotografie, D-50354 Hürth, www.andreastroger.de
10-3, 193 Foto: Susanne Polewsky, WUP WILL UND PARTNER, D-82335 Berg
10-3, 194 Foto: Susanne Polewsky, WUP WILL UND PARTNER, D-82335 Berg
10-3, 195 Foto: Susanne Polewsky, WUP WILL UND PARTNER, D-82335 Berg
10-3, 197 Foto: Susanne Polewsky, WUP WILL UND PARTNER, D-82335 Berg
10-3, 199 Foto: Susanne Polewsky, WUP WILL UND PARTNER, D-82335 Berg
10-4, 200 Foto: Thade Bredtmann, Daimler AG, D-71059 Sindelfingen, www.daimler.de
10-5, 203 Projektlogo: Kulmbacher Brauerei AG, D-95326 Kulmbach, www.kulmbacher.de
10-5, 204 Foto: Kulmbacher Brauerei AG, D-95326 Kulmbach, www.kulmbacher.de
10-5, 205 Zwei Fotos: Kulmbacher Brauerei AG, D-95326 Kulmbach, www.kulmbacher.de
10-6, 207 Foto: Peter Müller, Bamberg
10-7, 210 Zeitungsausschnitt: Schwabmünchner Zeitung vom 13-12-2006 / Foto Brigitte Kessler

Kapitel 11

11-2, 218 Foto: Ulrich Lipp, WUP-NETZWERK, D-94419 Reisbach / Geigenkofen, lipp@wup.info

Kapitel 12

12-1, 227 Montage Flugticket: Projektarchiv Allianz/Karsten Stegmann, D-81677 München
12-2, 231 Foto: Johann Pavelka, WUP-NETZWERK, A-2732 Zweiersdorf, www.pavelka.at
12-3, 233 Fotomontage: Ulrich Nier, D-51368 Leverkusen, www.bayerhealthcare.com
12-5, 240 T&I Logo: Claus Dethleff, headlog multimedia/DGUV Deutsche gesetzliche Unfallversicherung, D-01109 Dresden, www.dguv.de
12-5, 240 ENETOSH Logo: Kati van der Seylberg/DGUV und European Network Education and Training in Occupational Safety and Health, www.enetosh.net
12-5, 242 Foto: Stephan Floss Fotografie, D-01097 Dresden, www.stephanfloss.com
12-6, 243 Foto: Archiv Ulrich Lipp, WUP-NETZWERK, D-94419 Reisbach/Geigenkofen, lipp@wup.info

12-7, 247 Foto: Franz Reisbeck/Archiv der GHM, Gesellschaft für Handwerksmessen mbH, D-81829 München, www.ghm.de

12-7, 248 Foto: Franz Reisbeck/Archiv der GHM, Gesellschaft für Handwerksmessen mbH, D-81829 München, www.ghm.de

Kapitel 13

13-2, 253 Foto: Jan Ströter, IHK Akademie München-Westerham, D-83620 Feldkirchen-Westerham, www.akademie.ihk-muenchen.de

13-3, 255 Foto: Proteco Marketing-Service GmbH, D-86420 Diedorf/Augsburg, www.proteco.de

13-4, 258 Schattenfigur: Münchner Bilderbogen 136, Maskenzug

13-5, 259 Foto: Günter Dörr, ABT, D-83236 Übersee, www.abt-doerr.de

13-5, 261 Logo: Tour der Hoffnung, www.tour-der-hoffnung.de

13-7, 263: Foto: Theater Interaktiv/Guido Hornig, D-80337 München, www.theater-interaktiv.net

13-7, 265 Foto: Hermann Beiler, WUP-NETZWERK, D-94518 Spiegelau, beiler@wup.info

13-7, 267 Foto: Theater Interaktiv/Guido Hornig, D-80337 München, www.theater-interaktiv.net

13-7, 268 Vier Fotos: Theater Colori St. Gallen/Richi Diener, CH-7000 Chur, www.colori.ch

13-8, 269 Foto: Carolin Hintermair, D-94253 Bischofsmais, www.camerata-pledelinga.de

13-8, 271 Foto: Albert Kampfhammer, Kultur & Spielraum e.V. München, D-80802 München, www.kulturundspielraum.de

Kapitel 14

14-1, 275 Grafik: Atelier Günter Vierow, D-81541 München, atelier.vierow@t-online.de

14-5, 280 Foto: Tobias Pabst, D-79100 Freiburg

14-5, 281 Grafik: Aus Denis Diderots Enzyklopädie

14-6, 283 Foto: Hermann Beiler, WUP-NETZWERK, D-94518 Spiegelau, beiler@up.info

14-7, 288 Projektlandkarte: Projektarchiv. Angelehnt an: Klare, Jean u. a. (2000): Atlas der Erlebniswelten. Eichborn, Frankfurt am Main

Kapitel 15

15-2, 294 Foto: Hermann Beiler, WUP-NETZWERK, D-94518 Spiegelau, beiler@wup.info

15-2, 295 Foto links: Franz Will, WUP-NETZWERK, D-81371 München, www.was-bremst-mein-team.de

15-2, 295 Foto rechts: Ralf Besser, WUP-NETZWERK, D-28357 Bremen, www.besser-wie-gut.de

15-2, 296 Foto: Franz Waldherr, DIZ, D-85049 Ingolstadt, www.diz-bayern.de

15-2, 297 Foto: Hermann Beiler, WUP-NETZWERK, D-94518 Spiegelau, beiler@wup.info

15-2, 299 Foto: Hermann Beiler, WUP-NETZWERK, D-94518 Spiegelau, beiler@wup.info

15-2, 301 Zwei Fotos: Unbekannter »guter Geist« der WUP-Sommer-Akademie VERANSTALTUNGS-DESIGNS

15-2, 302 Foto: Ralf Besser, WUP-NETZWERK, D- 28357 Bremen, www.besser-wie-gut.de

15-2, 303 Zwei Fotos: Hermann Beiler, WUP-NETZWERK, D-94518 Spiegelau, beiler@wup.info

15-2, 304 Zwei Fotos: Hermann Beiler, WUP-NETZWERK, D-94518 Spiegelau, beiler@wup.info

15-2, 305 Zwei Fotos: Hermann Beiler, WUP-NETZWERK, D-94518 Spiegelau, beiler@wup.info
15-2, 306 Foto oben: Ralf Besser, WUP-NETZWERK, D-28357 Bremen, www.besser-wie-gut.de
15-2, 306 Foto unten: Lüder Cammann, InWEnt, D-82340 Feldafing, www.inwent.org
15-2, 307 Foto: Unbekannter »guter Geist« der WUP-Sommer-Akademie VERANSTALTUNGS-DESIGNS
15-2, 308 Foto: Jan Ströter, IHK Akademie München-Westerham, D-83620 Feldkirchen Westerham, www.akademie.ihk-muenchen.de
15-3_309 Foto: Beamerprojektion Mars, Fotograf unbekannt

Kapitel 16
16-2, 314 Foto: Hermann Beiler, WUP-NETZWERK, D-94518 Spiegelau, beiler@wup.info
16-2, 315 Foto: Hermann Beiler, WUP-NETZWERK, D-94518 Spiegelau, beiler@wup.info
16-3, 316 Foto: Jan Ströter, IHK Akademie München-Westerham, D-83620 Feldkirchen Westerham, www.akademie.ihk-muenchen.de
16-3, 317 Vier Fotos: Hermann Beiler, WUP-NETZWERK, D-94518 Spiegelau
16-4, 322 Drei Fotos: Hermann Beiler, WUP-NETZWERK, D-94518 Spiegelau, beiler@wup.info
16-4, 323 Drei Fotos: Hermann Beiler, WUP-NETZWERK, D-94518 Spiegelau, beiler@wup.info
16-5, 324 Foto: Hermann Beiler, WUP-NETZWERK, D-94518 Spiegelau, beiler@wup.info
16-7, 329 Bildschirmkopie: Hans-Jürgen Frank, WUP-NETZWERK, D-81371 München, www.dialogarchitektur.de

Kapitel 17
17-2, 336 Foto: Hermann Beiler, WUP-NETZWERK, D-94518 Spiegelau, beiler@wup.info
17-3, 341 Foto: Lüder Cammann, InWEnt, D-82340 Feldafing, www.inwent.org
17-4, 343 Foto: Lüder Cammann, InWEnt, D-82340 Feldafing, www.inwent.org
17-4, 349 Foto: Ludwig Weitz, Vision!, D-53123 Bonn, www.vision-bonn.de
17-5, 351 Foto: Markus Püttmann, Impulsraum, D- 65779 Kelkheim, www.impulsraum.eu
17-6, 357 Foto: Claus Uhlendorf: Fotografie und Werbung, D-81379 München, claus.uhlendorf@t-online.de
17-7, 359 Foto: Hermann Beiler, WUP-NETZWERK, D-94518 Spiegelau, beiler@wup.info
17-8, 361 Montage AI-Fragebogen: Guido Hornig/Theater Interaktiv, D-80337 München, www.theater-interaktiv.net

Kapitel 18
18-1, 366 Foto: Hamm AG, D-95643 Tirschenreuth, www.hamm.eu
18-2, 367 Vier Fotos: Archiv Central Krankenversicherung AG, D-50670 Köln, www.central.de
18-2, 368 Drei Fotos: Markus Püttmann, Impulsraum, D-65779 Kelkheim, www.impulsraum.eu
18-2, 369 Foto: Hermann Beiler, WUP-NETZWERK, D-94518 Spiegelau, beiler@wup.info
18-3, 372 Veranstaltungszeitung (Ausschnitt): Hermann Beiler, WUP-NETZWERK, D-94518 Spiegelau, beiler@wup.info

18-3, 373 Foto: Hermann Beiler, WUP-NETZWERK, D-94518 Spiegelau, beiler@wup.info
18-4, 374 Foto: Hermann Beiler, WUP-NETZWERK, D-94518 Spiegelau, beiler@wup.info
18-4, 375 Foto: Hermann WILL, WUP WILL UND PARTNER, D-82335 Berg
18-4, 376 Drei Storyboarding®-Zeichnungen: Hans-Jürgen Frank, WUP-NETZWERK, D-81371 München, www.dialogarchitektur.de
18-4, 378 Vier Fotos: Hans-Jürgen Frank, WUP-NETZWERK, D-81371 München, www.dialogarchitektur.de und Hermann Will, WUP WILL UND PARTNER
18-5, 379 Foto: Claus Uhlendorf: Fotografie und Werbung, D-81379 München, claus.uhlendorf@t-online.de
18-5, 381 Vier Comiczeichnungen: Unbekannte Teilnehmergruppen der Veranstaltung

Kapitel 19

19-2, 386 Foto: Marco Morgante, LU-3347 Leudelange/Luxembourg, www.morgante.lu
19-2, 387 Grafik: Hermann Will, WUP WILL UND PARTNER, D-82335 Berg
19-3, 388 Ulrich Wünsch, congruens, D-53773 Hennef, www.congruens.de
19-4, 391 Ulrich Wünsch, congruens, D-53773 Hennef, www.congruens.de

Kapitel 21

21-1, 418 Foto oben: Hermann Beiler, WUP-NETZWERK, D-94518 Spiegelau, beiler@wup.info
21-1, 418 Zwei Fotos unten: Franz Reisbeck/Archiv der GHM, Gesellschaft für Handwerksmessen mbH, D-81829 München, www.ghm.de
21-3, 422 Foto: Universität Freiburg, D-79085 Freiburg, www.zukunftskongress.uni-freiburg.de/Thomas Kunz, E-Mail: Kunztfoto@web.de
21-4, 424 Foto: Markus Püttmann, Impulsraum, D-65779 Kelkheim, www.impulsraum.eu
21-5, 426 Foto: KAV Wiener Krankenanstaltenverbund, A-1030 Wien, www.wienkav.at

Kapitel 22

22-2, 433 Foto: Markus Püttmann, Impulsraum, D-65779 Kelkheim, www.impulsraum.eu